空间密码

循环素数下的宇宙帝国

姜 放 著

中国财富出版社有限公司

图书在版编目（CIP）数据

空间密码：循环素数下的宇宙帝国／姜放著 . —北京：中国财富出版社有限公司，2021.2（2023.6 重印）

ISBN 978 - 7 - 5047 - 7046 - 2

Ⅰ . ① 空… Ⅱ . ① 姜… Ⅲ . ① 物理学—普及读物 Ⅳ . ① O4 - 49

中国版本图书馆 CIP 数据核字（2021）第 031560 号

策划编辑	宋　宇	责任编辑	郭逸亭	版权编辑	李　洋
责任印制	梁　凡	责任校对	张营营	责任发行	黄旭亮

出版发行	中国财富出版社有限公司		
社　　址	北京市丰台区南四环西路 188 号 5 区 20 楼	邮政编码	100070
电　　话	010 - 52227588 转 2098（发行部）	010 - 52227588 转 321（总编室）
	010 - 52227566（24 小时读者服务）	010 - 52227588 转 305（质检部）
网　　址	http://www.cfpress.com.cn	排　　版	宝蕾元
经　　销	新华书店	印　　刷	北京九州迅驰传媒文化有限公司
书　　号	ISBN 978 - 7 - 5047 - 7046 - 2/O · 0059		
开　　本	787mm × 1092mm　1/16	版　　次	2022 年 2 月第 1 版
印　　张	17.75	印　　次	2023 年 6 月第 3 次印刷
字　　数	389 千字	定　　价	55.00 元

探索，继续探索，直到整个宇宙！

　　亿万年来，无数人仰望星空，无不引发出同样一个跨越历史时空的思索：宇宙万物究竟来自何方？1193，来自宇宙深处的、闪耀着终极文明曙光的空间密码，是这个亘古问题的完美答案！

　　时间进入 20 世纪，随着科学家们奇迹般地发现了整个宇宙空间中都弥漫着一种被称作微波背景辐射的热辐射能量，人类认识到整个宇宙其实都沉浸在某种温度为 2.725 开尔文（零下 270.425 摄氏度）的空间物质中，这一现象同时也毫无疑问地揭示出：空间是由某种基本物质构成的。本书称这种空间基本物质为"空间基本单元"。沿着这个线索，在十多年里，我对空间基本单元的存在形式以及构成万物的规则（从基本粒子、元素、化合物、生命现象到星球与星系）展开了深入的、系列性的探索研究。研究成果奇迹般地展示出：从微小的粒子构成、原子构成，到宏大的引力构成、星系构成、行星运动等，甚至包括生命现象在内，居然都是在统一的数字规则下遵循着统一的空间物理规则，本书称这种数字规则为"空间密码"。整个探索过程始于发现宇宙统一的物质构成法则、统一的宇宙物理法则，终止于发现宇宙中所有稳定的物质形态的形成源于更加精密的空间基本单元的循环素数构造，即"空间密码"。无疑，空间基本单元的无序运动会在宇宙空间中存在无数种，但是能够因无序运动而形成稳定物质形态的因素似乎只有一种。"循环素数引导空间基本单元形成稳定的宇宙万物及其运动"这一发现，是我称本书为《空间密码——循环素数下的宇宙帝国》的根本原因，空间无疑为宇宙万物之母。

　　1193 是宇宙中仅有的 55 个循环素数之一，其组合规则与 $6n + 5$ 的"生命之花"结构形成完美匹配，更为重要的是，1193 的二进制数 10010101001 是这 55 个循环素数中唯一一个百以上的中心对称二进制数。也许正是这样的超级的、独特的属性，使得 1193 个空间基本单元以某种周而复始、循环往复的运动形式构成了空间中最基本的、稳定的运动状态，并成为形成包括生命体在内的宇宙万物的稳定物质形态的基础。与 1193 循环同时伴生的还有两种重要的基础循环周期：空间基本单元的 137（$137 = 6 \times 22 + 5$）及 137 的 729（$729 = 9 \times 9 \times 9$）倍周期。137 作为基础循环周期参与构成的稳定物质形态之间的空间相互作用并最终构成了精细结构常数，进而将强力转化成电磁力、弱力、万有引力等各种相互作用力；729 循环周期则形成于核子内部的封闭空间效应并引发弱电相互作用力。基于本书中众多的重要发现及万物的统一构成规则，我们称循环素数1193为宇宙中的"生命之数"。

建立在现代物理学实践的最新成就基础之上，空间基本单元的系列性探索成果分别在2009年出版的《构造宇宙的空间基本单元：统一的物质统一的力》、2013年出版的《统一物理学》、2018年出版的《统一物理学》（第2版）中逐步发布。在这些研究的基础上，《空间密码——循环素数下的宇宙帝国》一书从独特的视角发现：当前最先进的世界科学研究进展与最古老的人类文明（古苏美尔文明的"生命之花""生命之树"）居然都是在哲学与数学层面上讲述着同样一个物理故事——宇宙万物究竟源于何方？从某种意义上讲，不断进步的现代科学也是在逐步地验证人类最古老的文明流传下来的宇宙真理。假如真的是这样，那么当代人类文明似乎可以从远古的文明遗产中吸取营养，远古文明或许可以指引现代科技的进步而不仅仅是一种传说。《道德经》中的"一生二，二生三，三生万物"的理论，被20世纪的数学家以"周期3意味着混沌"理论所验证，可见人类跨越了2500多年仍诉说着一个相同的宇宙真理。这说明了宇宙真理能跨越任何时间、空间的限制。

目　录

第1章　宇宙空间是物质的——空间基本单元启示录

1.1　历经60年的探索发现：整个宇宙空间都弥漫着2.725K的微波背景辐射

对于宇宙的起源学说，当今最流行的仍然是近代的"宇宙大爆炸理论"，这个理论是由俄裔美国科学家伽莫夫在1948年提出来的。该理论认为：宇宙开始于高温、高密度的原始物质，最初的温度超过几十亿度，随着温度的持续下降，宇宙开始膨胀。随着温度和密度的降低，宇宙早期存在的微小涨落在引力作用下不断增大，最后逐渐形成今天宇宙中的各种天体。

如果宇宙起始于某次大爆炸，那么这种爆炸理应在宇宙太空中留下某种遗迹，果然大爆炸的遗迹被找到了。1964年，美国贝尔实验室的工程师阿诺·彭齐亚斯（Penzias）和罗伯特·威尔逊（Wilson）在一次检测天线噪声性能的实验中偶然发现了太空中存在波长为7.35cm的微波辐射，并且是360度全方向、永恒存在的，既没有周、日变化也没有季节变化的无线电讯号。这个辐射就是宇宙空间微波背景辐射，对应到约为3K（K为热力学温度单位开尔文Kelvins的英文简写，0K为−273.15℃）的宇宙空间黑体辐射。彭齐亚斯和威尔逊也因发现宇宙微波背景辐射获得了1978年的诺贝尔物理学奖。根据1989年11月升空的宇宙背景探测者COBE（Cosmic Background Explorer）测量到的结果，存在于整个宇宙中的宇宙微波背景辐射谱非常精确地符合温度为2.726 ± 0.010K的黑体辐射谱。继COBE之后，比COBE角分辨率高近70倍的WMAP（Wilkinson Microwave Anisotropy Probe，威尔金森微波各向异性探测器）于2001年进入太空，对宇宙微波背景辐射进行了更精确的观测。WMAP测量到的结果显示，宇宙微波背景辐射谱非常精确地符合温度为2.72548 ± 0.00057K的黑体辐射谱，如图1−1所示。

另外，在宇宙大爆炸模型下，当宇宙空间冷却形成氢原子后，光子就不再与电中性的原子相互作用，并开始自由地在空间中旅行，这就导致了物质与辐射退耦合，通俗地讲就是空间的低能量光波不再与原子相互作用（如激发原子发光等）。脱耦光子的色温伴随宇宙空间的膨胀逐渐降低，如今降至2.7260 ± 0.0013K[①]。因此，WMAP的

---

① Fixsen, D. J. The Temperature of the Cosmic Microwave Background. The Astrophysical Journal. December 2009, 707 (2)：916 - 920.

功劳在于清晰地确认了 COBE 的成果。由此，我们可以说：宇宙空间是一个有着温度为 2.725K 或 −270.425℃ 的空间。我们的宇宙空间密码的探索之路就从这个重要的温度开始，并以发现 2.725K 的来源为终结。

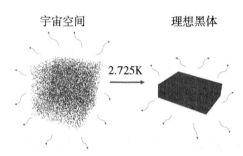

宇宙空间　　　　　理想黑体

2.725K

图 1-1　　在整个宇宙空间中弥漫着 2.725K 的微波背景辐射

1.2　2.725K 的宇宙空间微波背景辐射揭示出宇宙空间的物质属性

尽管物理学界还没有确定宇宙空间及构成宇宙空间的最基本物质单元是什么，但是我们可以先总结一下已经被人类确认的宇宙空间的物质属性。

①无论是古希腊的亚里士多德称谓的"以太"、牛顿提出的"光微粒"、现代物理理论中的"弦"学说，还是宇宙大爆炸学说中的"原始物质"，都在猜想宇宙空间中必定存在着某种基本物质单元。

②由于光、电磁波、引力均由空间传播，所以宇宙空间一定还存在着承载这些物理现象的基本物质单元（本书中简称为"空间基本单元"），并且正是这种基本物质单元的光速运动才使得这些能量波动以光速在空间中传播。

③在科学家们已经排除了宇宙空间中存在着其他的有形物质辐射，如恒星辐射等能量后，宇宙空间中还依然到处存在着温度为 2.725K 的热辐射。热辐射是物质热运动的一种直接表征，这也就直接证明了宇宙空间确实是存在某种基本物质单元的，并且是因为这种基本物质单元的热运动才引发了温度为 2.725K 的热辐射。

根据以上描述的宇宙空间所表现出的物质属性，我们有理由假设存在这样的空间基本单元，并由这种空间基本单元构成宇宙中所有的衍生物质，小的如电子、质子、中子、中微子等基本粒子，大的如行星、恒星、星系、黑洞等，当然也包括我们苦苦寻找的暗物质等。基于这种假设，我们自然就会联想到，甚至确认宇宙空间存在相当于 2.725K 左右的电磁辐射就是由这种空间基本单元的运动引起的，类似于空气分子的运动导致声音在空气中的传导。由此，我们进一步假设，空间基本单元的运动导致了光、电磁波、引力在空间的传播，由于它们在空间传播的速度都是光速，就自然而然地可以假定空间基本单元传递能量的速度也是光速，光速是空间基本单元的物理属性。

本书中所涉及的空间基本单元的各种假设、证明过程、发现的空间密码、探索成果等，均统称为"空间基本单元理论"。

1.3　宇宙物质构成的统一理论：存在构成整个宇宙万物的空间基本单元

根据上一节推理，我们基于基本的物理学常识和经验，做出以下 3 个假设：

假设 1：宇宙空间是物质的并且存在空间基本单元，这种空间基本单元以不同的能量形态构成了宇宙中所有形态的物质，并成为所有物质间相互作用力的基本媒介。假定空间基本单元处于空间温度为 2.725K 基本能量态下的等效质量为 m_0（非惯性质量），则相应能量为 $m_0 c^2$。

假设 2：这种空间基本单元的运动（波动、振动或其他形式的能量交换形式）导致宇宙空间存在 2.725K 左右的微波背景辐射。

假设 3：空间基本单元的运动速度（采用均方根速度，均方根速度是能量传递的速度）或能量交换速度为光速，即 $u_{rms} = c$。

宇宙空间是物质的，这一点很早就已经被现代物理学所认可，但是只有空间基本单元理论给出了明确的空间最基本物质单元的能量量化值和确切的理论与实验依据。既然我们认定宇宙空间微波背景辐射源于宇宙空间，同时我们也认为空间存在基本单元，那么就可以推论，这个宇宙空间微波背景辐射源于宇宙空间基本单元的运动。根据量子物理学对于（温度为 T 的）黑体辐射的解释：每个空间基本单元在空间的运动可以分解为在 0 至无限大的频率范围内的谐振子的振动模式。在热平衡状态下，根据玻尔兹曼正则分布，每个维度的谐振子的能量范围为 E 的概率正比于 $\exp^{-E/k_B T}$。因此谐振子的平均能量为[1]：

$$\overline{E} = \frac{\int_0^\infty E \times e^{-E/k_B T} \mathrm{d}E}{\int_0^\infty e^{-E/k_B T} \mathrm{d}E} = k_B T \tag{1.1}$$

式中 k_B 为玻尔兹曼常数。

由于空间基本单元的运动是三维的，因此，空间基本单元的总平均能量为：

$$\overline{E}_{总平均能量} = 3 k_B T \tag{1.2}$$

同时，在每一个周期内，谐振子的平均动能能量与平均势能能量相等，即[2]：

$$\overline{E}_{平均动能} = \overline{E}_{平均势能} = \frac{3}{2} k_B T \tag{1.3}$$

$$\overline{E}_{总平均能量} = \overline{E}_{平均动能} + \overline{E}_{平均势能} = 3 k_B T \tag{1.4}$$

---

[1]　王永昌. 近代物理学 [M]. 北京：高等教育出版社，2006：31.
[2]　同上.

根据假设 1、假设 2、假设 3 及质量—能量关系式，空间基本单元的总等效平均能量为 $m_0 c^2$，因此有：

$$\overline{E}_{\text{总平均能量}} = 2\,\overline{E}_{\text{平均势能}} = 2\,\overline{E}_{\text{平均动能}} = 3\,k_B T = m_0 c^2 \qquad (1.5)$$

$$\frac{1}{2} m_0 c^2 = \frac{3}{2} k_B T \qquad (1.6)$$

其中 $c = 299792458 \text{m/s}$ 为真空中光速，$k_B = 1.380649 \times 10^{-23} \text{J/K}$ 为玻尔兹曼常数，T 为空间绝对温度（$T = 2.725\text{K}$），m_0 为空间基本单元在 2.725K 空间能量态下的能量等效质量。

不要试图将 $m_0 c^2/2$ 理解为一个惯性质量 m_0 的以光速运动的粒子。$m_0 c^2/2$ 只是作为由无数在空间中以光速传播的各种波的平均动能（或平均势能）能量，这个能量可以是我们可理解的波动、振动能量等形式，并以动能或势能的形式表现出来。当空间背景辐射的等效温度 $T=0$ 时，可以看出：空间基本单元的能量为 0，等效质量为 0。因此空间基本单元不具备惯性质量，或者惯性质量极其微小而不在检测范围之内。我们可以进一步认为，在一定的检测范围内：空间基本单元惯性质量为 0，静止质量也为 0。由此而来，根据量子物理学理论以及发现空间存在的 2.725K 的空间背景辐射来推导并证明：空间基本单元作为空间存在的物质，具有可以在能量激发下产生波动（光波），以及可以以光速传播波动能量的真实属性。

在假设 3 中，我们提出空间基本单元的运动速度（均方根速度）为光速，由于均方根速度（root mean square velocity）是空间基本单元运动速度平方的平均值，用 u_{rms} 表示。例如，有 n 个空间基本单元，其速度分别为 u_1，u_2，$\cdots$，u_n，则其速度的均方根值 u_{rms} 为：

$$u_{rms} = \sqrt{\frac{u_1^2 + u_2^2 + \cdots + u_n^2}{n}} \qquad (1.7)$$

u_{rms} 可用于表示空间基本单元的平均动能 ε。如每个空间基本单元的能量等效质量用 m_0 表示，则空间基本单元的平均动能为：

$$\varepsilon = \left(\frac{1}{2} m_0 u_1^2 + \frac{1}{2} m_0 u_2^2 + \cdots + \frac{1}{2} m_0 u_n^2 \right) \Big/ n = \frac{1}{2} m_0 u_{rms}^2 \qquad (1.8)$$

由此，经典的热力学理论的粒子运动速度（均方根速度）与温度的关系有（见：Physics：Calculus，Eugene Hecht，P525）：

$$u_{rms} = c = \sqrt{\frac{3 k_B T}{m_0}} \qquad (1.9)$$

这样一来，在推导空间基本单元能量的等效质量过程中，由量子物理学和质能关系的推导公式（1.6）同经典热力学的粒子均方根速度与温度关系的推导式（1.9）形成了一致的结果。由此而来，由宇宙微波背景辐射测量结果以及经典分子热力学理论推导来的宇宙空间基本单元的等效质量 m_0 则有：

$m_0 = 3k_B T/c^2 = 3 \times 1.380649 \times 10^{-23} \times 2.725/ \ (8.987551787 \times 10^{16}) \ \text{kg} = 1.255826 \times 10^{-39} \text{kg}$

(1.10)

2.725K 下的空间基本单元能量折合电子伏为：

$$m_0 c^2/ \ (1.602176634 \times 10^{-19}) \ \text{eV} = 0.704467 \text{meV}$$

(1.11)

想象中的空间基本单元形态或许更近似于当代物理学讨论的弦、环形或类球形的形态，依据能量结构而定，并卷曲在一个各向同性的多维度的微小空间区域，如图 1 - 2 所示，其等效质量为 1.255826×10^{-39} kg，约 0.704467×10^{-3} eV。空间基本单元的质量与形态同空间基本单元所处的能量状态是直接相关的，并且处于 2.725K 温度下基态的空间基本单元不具有自旋角动量属性。由于我们仅仅是根据能量与温度关系来确定空间基本单元的等效质量，当然这种等效质量并不是惯性质量，同时也并没有科学的观察结果和数据给出空间基本单元的形状，所以不能给出确切的空间基本单元的形状。但是，从完整的空间基本单元理论的探索成果来看，能够构成各种物质形态的空间基本单元在能量的作用下会形成封闭的圆形或球形一类的空间，并将光波波动能量永恒地囚禁在它的封闭空间里，因而形成所谓的惯性质量。空间基本单元的形态也随着能量状态的变化而变化，进而出现形形色色的物质形态。

图 1-2　各种形态的空间基本单元想象图

1.4　人类探索宇宙暗物质轴子的实践间接验证了空间基本单元的存在

自从原子论成为近代物理学主导理论以来，人们普遍认为宇宙是以由原子构成的物质为主体的。但是伴随着科技的发展，现代宇宙物理学发现：宇宙可见物质仅占宇宙总物质的 4% 左右，大概 96% 的物质是不可见的，也称暗物质、暗能量，如图1 - 3所示。

在宇宙刚刚形成 38 万年时，暗物质（Dark Matter）占宇宙物质的 63%，其余的是中微子（Neutrions）占 10%、光子（Photons）占 15%、原子（Atoms）占 12%；而到了今天，暗物质占宇宙物质的 23%，原子（Atoms）占 4.6%，暗能量占 72%。

这说明，诞生前的宇宙空间应该全部都是暗物质，也就是大爆炸理论所说的"原始（基本）物质"，诞生后一部分暗物质逐步合成各种粒子，如原子、光子等，其中原子形成各类星球、星系，直到宇宙诞生 137 亿年后的今天。暗物质因不断合成各种粒子，其在宇宙物质中的总占比在逐步降低。

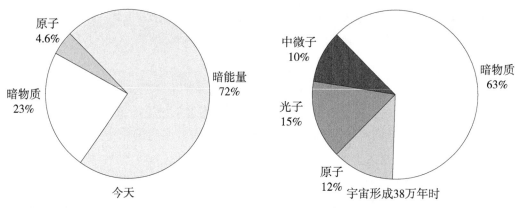

资料来源：美国宇航局 NASA 网站

图 1-3　暗物质随宇宙诞生而演变

上述证据也直接验证了空间基本单元理论，即我们认为的空间基本单元就是所谓的宇宙暗物质并构成宇宙的一切有形和无形的物质形态。通俗地讲，星系、星球、原子、质子、电子、光子、无线电波、引力波以及空间等宇宙万物都是由空间基本单元构成的。至少从目前看，空间基本单元理论的观点与现代宇宙演变理论还是完全匹配的。下面，我们再看看物理学界展开的大规模的暗物质搜索工作情况。轴子作为暗物质最有可能的候选者，首先吸引了全世界物理学家的关注。

轴子（axion）的概念是在 20 世纪 70 年代为了解决量子物理学中 CP 守恒问题而提出的一个假设粒子（科学家们发现：在一定的弱相互作用中，C - 反粒子共轭运算与 P - 宇称这个对称被微小地打破）。其最简单的模型是：预测空间中存在着一种自旋为零的，叫作"标量"粒子（"Scalar" Particles）的基本粒子。如果真有轴子存在，那么轴子应该不带电荷，与强作用力及弱作用力的耦合极弱，同时质量极小。但是轴子被认为在强磁场下可以与光子耦合进而改变光子的偏振方向。这个性质被用来作为判定轴子是否存在的检验方式。

空间基本单元理论提出：空间基本单元本身就是构成空间的基本物质单元，也是构成宇宙万物的最基本物质单元，同时也是包括光波在内的所有无线电波的载体，当这个载体发生偏转和扭曲时，势必影响到载波及其所构成的物质——粒子的属性。由此可见，轴子的概念（自旋为零、标量的、不带电荷、基本粒子等）与本文的空间基本单元在 2.725K 时的属性完全相同。另外，空间基本单元的等效质量推导来源于经典辐射理论的粒子运动速度（均方根速度）与辐射温度的关系式（1.12），而不是来源于量子力学的能量关系式（1.13）。

分子热运动能量与温度关系式：

$$u_{rms} = c = \sqrt{\frac{3k_{\mathrm{B}}T}{m_0}} \tag{1.12}$$

量子力学能量关系式：

$$m_0 c^2 = hf \tag{1.13}$$

6

这一点也确定了空间基本单元的基本能量态并不具备单一角动量的自旋属性（实际上是等效于各种频率下的能量 hf 的总和），从形态上来讲也存在类球形状的可能（如图 1-2）。因此，空间基本单元也是属于自旋为零的，叫作"标量"粒子的基本粒子范畴，从这点来看，空间基本单元同轴子定义的"标量"粒子的属性完全一致。那么"空间基本单元"与"轴子"两者的能量检测结果，就势必是二者之间相互支持的最关键的证据和基础。

可喜的是，空间基本单元理论从物理实践出发，给出了确切的空间基本单元的能量值。根据本文的推测，空间基本单元的能量为 0.704467meV，轴子的能量实验测量结果则是二者是否一致的最关键的证据。

目前在全世界几十个搜索轴子的实验中，最著名的有意大利的 PVLAS 实验和美国与意大利合作的 BFRT 实验，其基本原理是：将一束直线偏振的激光照射到一个具有强磁场（磁场强度为 2～5.5T，T 为磁场强度单位，单位特斯拉）的真空中，然后观测激光穿越磁场后的偏振变化，并根据这一变化来测量暗物质的质量。由于轴子的质量实在是太微小了，用千克（kg）表示过于复杂，所以用能量单位电子伏（eV）来表示。

1993 年美国《物理评论》（Phys. Rev. D47，1993：3707 - 3725），发表 BFRT（Brookhaven - Fermilab - Rochester - Trieste）的轴子质量（以能量电子伏 eV 形式表示）的实验测量结果为：$m_a < 0.8\text{meV}$，meV 为千分之一电子伏，详细实验数据见图 1-4。

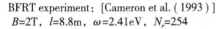

BFRT experiment：[Cameron et al.（1993）]
$B = 2\text{T}$，$l = 8.8\text{m}$，$\omega = 2.41\text{eV}$，$N_r = 254$

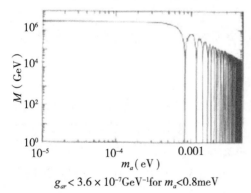

$g_{ar} < 3.6 \times 10^{-7}\text{GeV}^{-1}\text{for } m_a < 0.8\text{meV}$

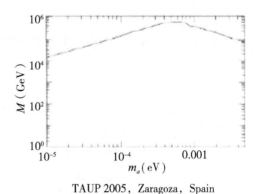

TAUP 2005，Zaragoza，Spain

资料来源：摘自 A. Ringwald，"Axion interpertation of PVLAS Data"，TAUP 2005

图 1-4　BFRT 的轴子质量实验测量数据

2005 年第 9 届天文粒子物理国际会议（TAUP）上发表的 PVLAS 的轴子质量（以能量形式表示）的实验测量结果为：$0.7\text{meV} < m_a < 2\text{meV}$，详细实验数据见图 1-5。

综合 BFRT 和 PVLAS 两个实验得出的轴子质量（以能量电子伏 eV 形式表示）范围为：

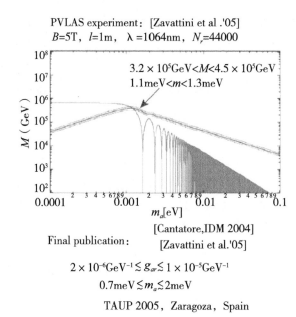

资料来源：A. Ringwald，"Axion interpertation of PVLAS Data"，TAUP 2005

图 1-5 PVLAS 的轴子质量实验测量数据

$$0.7\text{meV} < m_a < 2\text{meV} \ \text{或} \ m_a < 0.8\text{meV} \tag{1.14}$$

可以得出同时满足 BFRT 和 PVLAS 实验结果的轴子的质量（以能量电子伏 eV 形式表示）范围为：

$$0.7\text{meV} < m_a < 0.8\text{meV} \tag{1.15}$$

而基于空间基本单元理论推导出的空间基本单元的质量（以能量电子伏 eV 形式表示）为：

$$m_0 = 0.704467\text{meV} \tag{1.16}$$

以上结果中，一个是依据宇宙微波背景辐射测量结果以及经典分子热力学理论而推导出来的宇宙空间基本单元等效质量，一个是在利用现代高科技的众多实验中寻找空间最基本暗物质轴子的质量结果。空间基本单元与轴子都是在真空中寻找的基本物质，不仅相关的属性一致，而且二者能量在小于 0.1meV（或质量绝对误差小于 10^{-40} kg）的范围内相接近，不能说这仅仅是一种巧合。

由上述可见，利用空间基本单元理论推导出来的空间基本单元质量已经以相当高的精确度接近当代物理学家们寻找的宇宙最基本粒子轴子的质量的实验结果。既然空间基本单元理论提出宇宙空间是由空间基本单元构成的，那么当代物理学家们在所谓"真空"中寻找轴子的过程中，实际上检测到的就必然是存在于"真空"中的空间基本单元了，只不过这时候的空间基本单元是被人们以轴子的面貌来认识的，如图 1-6 所示。这样一来，检测到的所谓轴子的质量同空间基本单元的质量接近一致就不足为奇了。因此，这些搜索暗物质的科学实验对于发现和最终验证空间基本单元的存在有着非常重要的意义。

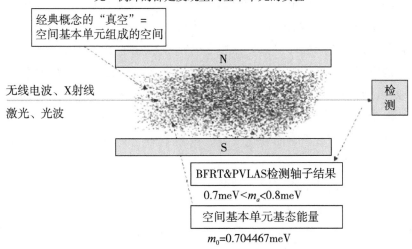

对于在"真空"中寻找轴子等暗物质的实验
无一例外的都是发现空间基本单元的实验

经典概念的"真空"＝
空间基本单元组成的空间

无线电波、X射线
激光、光波

N

S

检测

BFRT&PVLAS检测轴子结果

$0.7\text{meV}<m_a<0.8\text{meV}$

空间基本单元基态能量

$m_0=0.704467\text{meV}$

图1-6　强磁场下发现轴子的实验数据恰恰验证了空间基本单元的存在

　　总之，空间基本单元无论是自身属性还是质量的实验结果都符合轴子的理论和实践。但是，毕竟轴子还是一个没有得到最终确认的假想粒子，所以空间基本单元仍然需要更多实验数据支持。既然空间基本单元理论认为：空间基本单元是构成宇宙中任何物质的元素，那么必定会有更多的科学实验数据来支持这一理论。在随后的章节中，我们将会探索并发现空间基本单元与电子的合成。

1.5　空间基本单元构成电子的揭秘

　　除轴子外，我们还需要找到更多的证据来证明空间基本单元的存在及其质量的合理性。据我们所知，宇宙空间可以直接以光速传播的就是电磁波。而发出这种波的物质就是电子，并且光波（电磁波的一种）更多的是伴随着电子的运动产生的。电子质量（用符号 m_e 表示）为 $0.91093837015\times10^{-30}\text{kg}$，电子应该是宇宙空间中最普遍、最简单、能量最低的稳定粒子。对于电子与空间的密切程度，物理学家狄拉克甚至把空间设想为电子海，在施加能量足够大的情况下，电子可以由空间激发产生。同样，正、负电子湮灭时放出光子，如同声音在空气中传播一样，其实光子就是空间基本单元波动的表现。电子可以由空间激发产生，狄拉克的这个观点与空间基本单元构成一切粒子包括电子的理论完全一致！我们尝试着用2.725K的空间基本单元构成电子，或将电子分解成温度为2.725K的空间基本单元。

　　物理学家告诉我们，电子有个特点：电子的总势能从无限远处到达一个微小的球形区域就结束了，这个球形区域的半径被称为电子半径，让物理学家们苦恼的是：无数的物理实验都没有在这个区域中发现任何粒子性物质，电子的中心简直就是空的区域。这个特殊情况让物理学家们很不解。而对于空间基本单元理论来说，这个情况恰恰是发现空间基本单元构成电子的线索，我们是否可以简单地认为：电子核心区域就应该是一个完整的被能量激发的空间基本单元呢？

既然物理学认定空间也可以激发出电子，那么构成电子的独立的核半径区域也应该与受激发的空间基本单元相关，即电子的核心区域也应该是一个完整的、被激发的空间基本单元，否则也就不会或不应该有这么一个核心区域存在。只有因为没有办法否定空间基本单元的存在，才使得电子客观存在着一个核心区域。当然这一核心区域的尺寸也会因为受到能量影响而变化。没有内核结构的电子核心区域也恰恰是空间基本单元构成电子的体现。

与此同时，正、负电子湮灭时，仅放出光子，并没有其他物质出现，基于空间基本单元理论：空间基本单元的运动导致了光的传播，我们可以依此解释正、负电子湮灭时，释放了大量具有电子自旋角动量属性的空间基本单元，因此这些空间基本单元必然拥有与总释放能量相对应的波动即光波。这样一来，我们可以认为：电子半径就是一个受激发并形成电子核心区域的空间基本单元体半径。我们提出空间基本单元的假设，就是认为：存在这样的基本单元，它构成包括电子在内的宇宙的一切物质。据此，我们自然而然提出第 4、第 5 个假设：

假设 4：电子也是由空间基本单元组成的。

假设 5：电子核心由一个空间基本单元构成，空间基本单元受激发后可构成最初级的稳定体，占据空间的半径与经典电子半径相同，如图 1-7 所示。（注：这一设想将在第 5 章电子的生命之花数学模型中证明）。

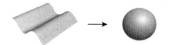

图 1-7 空间基本单元受激发后可能构成的最初级稳定体

令 r_e 为电子的半径，根据 2018 年 CODATA 给出的数据，则有：

经典电子半径：$r_e = 2.8179403262 \times 10^{-15} \text{m}$

电子康普顿波长：$\lambda_e = \dfrac{h}{m_e c} = 2.42631023867 \times 10^{-12} \text{m}$

上式中 $h = 6.62607015 \times 10^{-34} \text{ J} \cdot \text{s}$，为普朗克常数。

假定 r_0 为空间基本单元的半径或者说空间基本单元受激发后处于电子能量态下的半径，则 $r_0 = r_e$，相应的空间基本单元体积为 V_{0e}。空间基本单元的自旋使其具备类球形的体积并接近等于经典理论中的电子半径。以上我们围绕空间基本单元提出了 5 个假设，下面我们将提供更多的证据来证明以上似乎合理而又令人想入非非的假设。

1.6　空间密码初现：638327600 个空间基本单元构成电子

如果空间基本单元是构成宇宙所有粒子的（物质）基础，电子也应该是由空间基本单元构成的，也是最容易构成的稳定团体。由于电子能量较小，我们在不考虑空间基本单元体积受电子的能量影响而产生变化的情况下，电子的空间能量密度（以电子的康普顿波长为半径的球的体积与电子能量比）同被激发后的空间基本单元的能量密度（以 r_0 为半径的球的体积的空间基本单元体积与空间基本单元的能量比）应该相等。如图 1-8 所示。

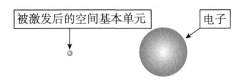

> 被激发后的空间基本单元　　　电子

> 如果电子是由大量被激发的空间基本单元构成，
> 电子与被激发的空间基本单元应有相同的空间能量密度

图 1-8　被激发后形成封闭空间的空间基本单元与电子

由此可知，电子与被激发的空间基本单元应该拥有相同的空间能量密度。为避免同前面公式混淆，我们用 m_{0e} 来代表由电子体积关系推导出的构成电子的空间基本单元的能量的等效质量，则有：

$$\frac{E_{0e}}{V_{0e}} = \frac{E_e}{V_e} \tag{1.17}$$

V_{0e} 为构成电子的空间基本单元的体积：$V_{0e} = \frac{4}{3}\pi r_0^{\ 3}$ 　　　　(1.18)

E_{0e} 为构成电子的空间基本单元的能量：$E_{0e} = m_{0e}c^2$ 　　　　(1.19)

V_e 为以电子康普顿波长 λ_e 为球半径的等效体积：$V_e = \frac{4}{3}\pi \lambda_e^{\ 3}$ 　(1.20)

E_e 为电子能量，m_e 为电子质量：$E_e = m_e c^2$ 　　　　(1.21)

合并以上等式得出：

$$\frac{m_{0e}c^2}{m_e c^2} = \frac{V_{0e}}{V_e} = \left(\frac{r_0}{\lambda_e}\right)^3 \tag{1.22}$$

代入相关数值，得出由电子体积关系推导出的组成电子的空间基本单元的能量的等效质量为：

$$m_{0e} = m_e \left(\frac{r_0}{\lambda_e}\right)^3 = 1.42707 \times 10^{-39}\text{kg} \tag{1.23}$$

空间基本单元能量与电子能量同其各自所占有的空间体积关系应该成正比关系，即：

$$\frac{m_e c^2}{m_{0e}c^2} = \frac{V_e}{V_{0e}} = \left(\frac{\lambda_e}{r_0}\right)^3 = \left(\frac{2\pi}{\alpha}\right)^3 \tag{1.24}$$

其中 α 为精细结构常数，由此组成电子的空间基本单元个数约为：

$$\left(\frac{\lambda_e}{r_0}\right)^3 = \left(\frac{2\pi}{\alpha}\right)^3 = (2\pi \times 137.03599976)^3 = 638327599.950185 \tag{1.25}$$

国际科技数据委员会（CODATA）每隔 4 年会更新一次物理常数，根据 1998—2018 年发布的精细结构常数，推导出电子包含的空间基本单元的数目均在 638326590 ~ 638327600 浮动，见表 1 – 1。

表 1 – 1　1998—2018 年精细结构常数倒数与电子包含的空间基本单元数目对比

年份	精细结构常数倒数	一个电子内包含的空间基本单元数目
2018	137.035999084	638327590.504
2014	137.035999139	638327591.272
2010	137.035999074	638327590.364
2006	137.035999679	638327598.818
2002	137.03599911	638327590.867
1998	137.03599976	638327599.950

也就是说，在 10^{-9} 的误差下，我们可以确认 638327600 个空间基本单元构成一个电子，这个数字是引导我们解开空间秘密的第一把钥匙，我们还可以发现 638327600 是 400 和 1595819 的乘积：

$$638327600 = 400 \times 1595819 \tag{1.26}$$

这里出现了一个整数 400，一个素数 1595819，素数是只能被 1 和自身整除的自然数，因此素数是不可以被其他整数整除的。电子构成中出现的这一个素数，引发了我们无限的遐想。一个由 400 和 1595819 构成的没有内部实体物质的电子，展示出了空间的秘密属性，我们称之为空间密码。

数字 400 的出现，似乎在暗示：在十维的空间体系中决定了 400 等于 20 × 20，这体现出因子（也称量子数）是十维空间的属性，而这一量子数又决定了质子的夸克能量（一个大能量封闭空间中的最小独立能量体系），即一个夸克能量是由 1595819 个不可再分的、质子能量态下的空间基本单元构成的（详见第 3 章、第 5 章），如果偏离了素数 1595819，那么就意味着夸克可以再细分，能够再细分的系统就不会是一个稳定系统，同时目前物理学的所有成就都不支持夸克可以再被细分成更小的夸克。

实际上，由精细结构常数决定的构成电子的空间基本单元的数目也围绕着精细结构常数的不确定性在 638327595 ± 5 间摆动，说明电子核心的构成不是简单的一个球形空间基本单元，这一点将在第 5 章电子的生命之花数学模型中有更精细的探索和发现。同时 638327600 则可以清楚地解释所有粒子的构成和相互作用关系，以上综合结果使我们可以继续使用 638327600 这一数字。我们有十分充足的理由认为电子体积是空间基本单元体积的 638327600 倍，即电子可以被认为是由 638327600 个被激发的空间基本单元组成的，经过能量激发的空间基本单元半径为 r_0，同时 $\left(\dfrac{\lambda_e}{r_0}\right)^3$ 的整数性也支持假设 1、假设 2、假设 3、假设 4、假设 5 的成立，并且这一整数性结果似乎揭示了一个更大的秘密：

由空间背景辐射推导出的空间基本单元的等效质量：$m_0 = 1.255826 \times 10^{-39} \text{kg}$

用体积关系推导出的空间基本单元的质量：$m_{0e} = 1.42707 \times 10^{-39} \text{kg}$

二者都是在同一个数量级别上，并且有极大的相似性。二者的相对误差仅为 12% 左右，如果二者有更高精度的相似，则对于证明假设 1、假设 2、假设 3、假设 4、假设 5 有着更加根本性的说服力，故欲证明"空间基本单元构成电子"的这一假设，我们需要对电子的属性进行更深入的研究。

1.7　2.725K 的空间基本单元构成电子还需要内禀自旋能量

从假设 3 中我们知道，处于基本能量态的空间基本单元还未赋有自旋属性，且物理学的实践发现：电子具有内禀的角动量，称作自旋角动量（这也是电子中的空间基本单元与 2.725K 自由空间中的空间基本单元的能量差别）。我们知道，如同让陀螺旋转起来一样，如果要让物体旋转是要给予能量的，而这一自旋能量将由此引起质量的增加，如图 1-9 所示。

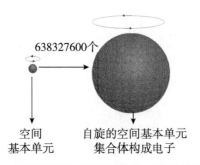

638327600个

空间
基本单元

自旋的空间基本单元
集合体构成电子

图 1-9　638327600 个自旋空间基本单元构成电子

根据空间基本单元理论的假设 1、假设 2、假设 3，构成电子的 638327600 个空间基本单元在组成电子前同样也是具有能量的，其总的初始等效能量 E_{e0} 为 $m_{e0}c^2$，相应等效总质量为 m_{e0}，康普顿波长为 λ_{e0}。同时由于具有自旋角动量是需要额外能量的，定义这个自旋所需能量为 E_{es}，对应的所增加的质量为 m_{es}，则有：

$$E_{e0} = m_{e0}c^2 = 638327600 \times m_0 c^2 = \frac{hc}{\lambda_{e0}} \qquad (1.27)$$

$$E_{es} = m_{es}c^2 \qquad (1.28)$$

由于在假设 4 中，电子也是由 638327600 个空间基本单元集合构成的，并且由于 2.725K 下的空间基本单元并不具有自旋属性，赋予空间基本单元自旋，就如同我们把静止的陀螺旋转起来需要能量一样，将 638327600 个空间基本单元集合赋予内禀自旋也同样需要能量。所以，电子的总能量 E_e 应该是构成电子的空间基本单元集合的初始能量 E_{e0} 同将这些空间基本单元集合赋予自旋所需的自旋能量 E_{es} 之和，用公式表达为：

$$E_e = E_{e0} + E_{es} \qquad (1.29)$$

由于构成电子的总能量不仅限于我们测量出来的电子质量，电子还具有微量空间能量，这一微小能量以电子的磁矩异常性体现出来，因而上式只能作为推导电子内禀自旋属性所对应的能量。根据量子力学，电子的自旋角动量 S 为：

$$S = \sqrt{\frac{3}{4}} \frac{h}{2\pi} \qquad (1.30)$$

由此，电子的自旋角动量是应该用构成电子的空间基本单元集合的初始能量的康普顿波长 λ_{e0} 与之动量之积来表示，故自旋角动量的表达式应该为：

$$S = m_{es} c \, \lambda_{e0} = \sqrt{\frac{3}{4}} \frac{h}{2\pi} \qquad (1.31)$$

则有：

$$m_{es}c^2 = \sqrt{\frac{3}{4}} \frac{h}{2\pi} \times \frac{c}{\lambda_{e0}} = \sqrt{\frac{3}{4}} \frac{1}{2\pi} \times m_{e0}c^2 \qquad (1.32)$$

代入总能量由自旋能量加上初始能量构成的公式（1.29），则构成的电子总能量为：

$$m_{e0}c^2 + m_{e0}c^2 \sqrt{\frac{3}{4}} \frac{1}{2\pi} = m_e c^2 \qquad (1.33)$$

因此构成电子的无自旋的空间基本单元等效质量与电子质量关系为：

$$m_{e0} = \frac{m_e}{1 + \sqrt{\frac{3}{4}} \frac{1}{2\pi}} \qquad (1.34)$$

将公式（1.32）代入式（1.34），则赋予空间基本单元集团（638327600 个空间基本单元）自旋去构成电子所需能量的等效质量为：

$$m_{es} = \frac{\sqrt{\frac{3}{4}} \frac{1}{2\pi}}{1 + \sqrt{\frac{3}{4}} \frac{1}{2\pi}} m_e = 0.11034725 \times 10^{-30} \text{kg} \qquad (1.35)$$

内禀自旋能量同电子总能量比率为：

$$电子自旋能量比率 = \frac{m_{es}}{m_e} = \frac{\sqrt{\frac{3}{4}\frac{1}{2\pi}}}{1+\sqrt{\frac{3}{4}\frac{1}{2\pi}}} = 12.11358\%$$

这一自旋能量比对于空间基本单元理论中的质子的构成十分重要，故由于内禀自旋，每个空间基本单元所需要能量的等效质量为：

$$m_{0s} = m_{es}\frac{1}{638327600} = 0.172869 \times 10^{-39}\text{kg} \tag{1.36}$$

电子内部每个 2.725K 能量态下的空间基本单元增加内禀自旋能量后的总等效质量为：

$$m_{ss} = m_0 + m_{0s} = 1.255826 \times 10^{-39}\text{kg} + 0.172869 \times 10^{-39}\text{kg} = 1.428695 \times 10^{-39}\text{kg} \tag{1.37}$$

2.725K 的基态空间基本单元增加自旋后的总等效质量 m_{ss} 与由电子体积关系推导出的构成电子的空间基本单元的质量 m_{0e} 相对误差为：

$$K = \frac{m_{0e} - m_{ss}}{m_{0e}} = \frac{1.42707 - 1.428695}{1.42707} = -0.114\% \tag{1.38}$$

上式表明，常规能量态下测量的电子质量比 2.725K 能量态下增加自旋后的电子质量小 0.114% 左右。乍看起来，一个 0.114% 左右的误差依然显得还不完美，这个误差似乎为空间基本单元构成电子的理论留下了一个微小的遗憾，但是先别着急，通过更深入的研究我们发现，如果没有这个误差，反而说明空间基本单元理论和现实中的物理实践成果出现了差异。因为科学家们在对电子自旋的更进一步研究中发现，伴随着电子的自旋产生的自旋磁矩比理论上的推导值恰恰高出了 0.11592%[1]，这就意味着在对电子质量测量中，有大约 0.11592% 的电子能量并没有体现在惯性质量中，却体现在电子自旋过程产生的磁矩中，这样沉浸在由空间基本单元构成的空间里的电子总质量就应该增加 0.11592%。这一误差的存在恰恰成为宇宙中物质的统一构成属性的一个佐证。这样公式（1.38）修正为：

$$K = \frac{m_{0e}\frac{g_e}{2} - m_{ss}}{m_{0e}\frac{g_e}{2}} = \frac{1.42707 \times 1.00115965218 - 1.428695}{1.42707 \times 1.00115965218} = 2 \times 10^{-5} \tag{1.39}$$

式中的 $g_e = 2.002319304362$，就是著名的电子朗德因子 $g_{e^-} = -2.002319304362$ 的绝对值部分，由于电子朗德因子是带有负数符号的，其负数符号代表电子带有的磁矩是负数，以区别正电荷所具有的正磁矩。本书中为方便起见，采用电子朗德因子的绝

① 王永昌. 近代物理学 [M]. 北京：高等教育出版社，2006：155.

对值并用g_e表示。由于宇宙空间背景辐射（$2.72548 \pm 0.00047\text{K}$）的精度也是在$10^{-4}$数量级上，所以上述精度是合理的并足以说明假设4的合理性，即电子是由赋予了自旋功能的空间基本单元组成的。

1.8 由温度为2.725K的638327600个空间基本单元构成电子

按照空间基本单元理论计算由638327600个空间基本单元构造的电子质量。根据空间基本单元理论，由2.725K的宇宙背景微波辐射推导出的空间基本单元的质量为$m_0 = 1.255826 \times 10^{-39}\text{kg}$，则638327600个无自旋属性的空间基本单元初始质量为：

$$m_{e0} = 638327600 \times m_0 = 8.016284 \times 10^{-31}\text{kg} \tag{1.40}$$

根据公式（1.35），赋予638327600个空间基本单元内禀自旋所需能量等效质量为：

$$m_{es} = \frac{\sqrt{\dfrac{3}{4}\dfrac{1}{2\pi}}}{1 + \sqrt{\dfrac{3}{4}\dfrac{1}{2\pi}}} m_e = 0.11034725 \times 10^{-30}\text{kg} \tag{1.41}$$

具备电子内禀自旋属性的638327600个空间基本单元构成的电子总质量为：

$$m_{e0} + m_{es} = (0.8016284 + 0.11034725) \times 10^{-30}\text{kg} = 0.9119756 \times 10^{-30}\text{kg} \tag{1.42}$$

空间基本单元理论所推导出的电子质量同实验测量的电子（惯性）质量误差为：

$$K = \frac{m_e - (m_{e0} + m_{es})}{m_e} = \frac{0.91093837015 - 0.9119756}{0.91093837015} = -0.114\% \tag{1.43}$$

考虑到额外的空间物质所体现在电子自旋磁矩上的能量因素后，空间基本单元理论所推导的电子质量同实验测量的电子质量误差为：

$$K = \frac{m_e \times \dfrac{g_e}{2} - (m_{e0} + m_{es})}{m_e \times \dfrac{g_e}{2}} = \frac{0.91093837015 \times 1.00115965218 - 0.9119756}{0.91093837015 \times 1.00115965218} = 2 \times 10^{-5}$$

可见，根据空间基本单元理论推导出的电子质量比实际测量的电子质量（惯性质量）恰恰多出了0.114%，而多出的这一微小质量也在考虑到电子自旋异常引发的空间能量情况下彻底消除了。进而也证明了这一误差的根源在于：由于电子是由空间基本单元构成的，电子中的空间基本单元并不是都处于同电子自身自旋一样的状态，因此电子也是要同空间相互作用产生额外磁矩，处于基本能量态下的空间基本单元本身并没有自旋能量，因此也没有可以被稳定测量的惯性质量，这一点在第2章轴子的测量实验中很好地体现出来了。

另外，实际测量的宇宙空间背景辐射也只能精确到10^{-4}（$2.72548 \pm 0.00057\text{K}$），这是造成空间基本单元构成电子的质量的计算误差的主要因素。尽管如此，我们依然可以证明空间基本单元等效能量质量 $m_0 = 1.255826 \times 10^{-39}$ kg，以及假设 1、假设 2、假设 3、假设 4、假设 5 的正确性。并且同时证明：大量的（638327600 个）空间基本单元在激发赋予足够的内禀自旋能量后可以构成稳定的空间基本单元集合——电子。这一证明的理论误差为 10^{-5}，小于实际观测误差。此外，我们还可以根据空间基本单元理论，由电子能量反演出宇宙空间微波背景辐射的温度值，如图 1-10 所示。

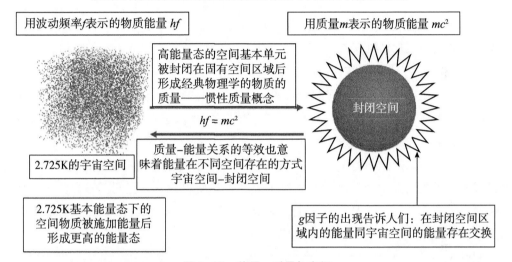

图 1-10　能量、质量与空间

在本章中，我们从宇宙微波背景辐射推演出空间基本单元半径与等效质量；在电子构成的探索中，以 10^{-9} 的精度再次确认，并且按照探索的顺序依次获得了 3 个宇宙空间的数字形式的密码：

空间密码 1：638327600。由 638327600 个空间基本单元构成一个电子，实验数据是 638327600 ~ 638327591。638327600 由 400 个 1595819 构成。

空间密码 2：400。空间基本单元构成电子时有 400 这一因子。

空间密码 3：1595819。空间基本单元构成电子时出现素数 1595819 这一因子。

下面我们将尝试着用这 3 个空间密码解开宇宙空间中更多的秘密。

第2章　沿着3个空间密码提供的线索
深入探秘粒子构成

2.1　宇宙空间基本单元与中微子

　　既然我们在第1章里可以证明电子是由空间基本单元组成的，那么能否进一步推论：质子、中微子等也是由空间基本单元构成的呢？中微子是1931年泡利在解决β衰变前后的能量不"守恒"问题时提出的，其观点是：存在一种难以探测到的中性粒子，自旋为1/2，其质量十分微小，称为中微子。现在从空间基本单元理论的角度来看，任何形式的核子衰变必然释放出构成该核子的基本物质单元——空间基本单元，当然这时候的空间基本单元由于具有核子的能量状态而具备了自旋属性和更高的能量状态。联系假设4，我们自然而然提出新的假设：

　　假设6：

　　① 空间存在基本单元体，所有物质都是由空间基本单元组成的。

　　② 组成电子的638327600个空间基本单元在被赋予更大能量后，可以构成质子。即质子是由638327600个处于更高能量状态的空间基本单元构成。

　　质子是带正电荷的，因此我们假设，正电子在更大的能量场中可以转变为质子（当然这一点已经由现代物理实验所证明），但其中的空间基本单元数量没有变化。也就是组成正电子的638327600个空间基本单元，在被赋予更大的能量后构成了质子。由于质子能量为938.272088MeV，这样组成质子的每个空间基本单元的能量 E_{p-m_0} 为（下标中的p代表质子，m_0 代表空间基本单元）：

$$E_{p-m_0} = \frac{938.272088 \times 10^6}{638327600} \text{ eV} = 1.46989 \text{eV} \tag{2.1}$$

　　同时，中微子（$\bar{v}_e$）是在中子（n）衰变中释放的，用公式表示如下：

$$n \rightarrow p^+ + e^- + \bar{v}_e$$

　　由于中子能量为939.56542MeV，同时中子衰变后还释放出电子，这样减去电子能量后，可以估计出组成中子的每个空间基本单元的能量为：

$$E_{n-m_0} = \frac{(939.56542 - 0.51099895) \times 10^6}{638327600} \text{ eV} = 1.471116 \text{eV} \tag{2.2}$$

18

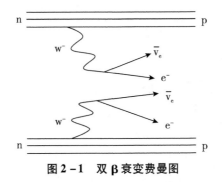

图 2-1　双 β 衰变费曼图

故在所有的核裂变、核聚变中释放的（具有自旋属性的）每个空间基本单元（我们在此称中微子）的平均能量范围应该在 1.46989 ~ 1.471116eV，当然，核子被外界能量场加速后，其释放的空间基本单元——中微子的能量也会有所变化，这也是各种物理实验中测量的中微子能量各有不同的原因之一。

由于测量到中微子非常困难，在 2019 年的 PDG[①] 粒子物理评论报告中（http://pdg. lbl. gov/2019/listings/rpp2019 - list - neutrino - prop. pdf）给出的电子中微子的能量小于 2eV，由空间基本单元理论中的假设 6 推导出的中微子能量为 1.46989eV，这一数值已经相当符合目前的实验结果，而且不需要很复杂的理论计算。由于测量中微子质量平均值常常是在核子受激发状态下进行的，故测量出的中微子能量略大于空间基本单元理论给出的理论值 E_{p-m_0}，也是合理的。验证这一理论的最好办法就是 β 衰变，如图 2-1 所示，目前对于 β 衰变直接实验中的中微子能量小于 2.2eV，同样在寻找中微子的双 β 衰变实验中的最新的中微子能量实验数据也支持这一理论。表 2-1 为由许多著名实验室进行的双中微子、双 β 衰变实验而测量出的中微子质量（用能量表示）最新的实验数据（摘自：Ettore Fiorini，"Double Bata Decay Experiment"，TAUP 2005 Zaragoza.），最右一列是中微子质量的实验数据，单位是电子伏（用符号 eV 表示）。

表 2-1　　　　　　　　　测量中微子的实验数据

若干著名双 β 衰变实验测量中微子质量数据			
元素	实验名称	采用技术	中微子质量（eV）
^{48}Ca	Elegant IV	Scintillator	7 ~ 45
^{76}Ge	Heid - Moscow	ioniaztion	0.12 ~ 1
^{76}Ge	IGEX	ioniaztion	0.14 ~ 1.2

---

①　一个由来自世界上 20 个国家的 108 个科研机构的 170 位科学家组成的国际上最著名的粒子物理团队（Particle Data Group, PDG），每两年编撰并发表一次最新的粒子物理评论（RREVIEW OF PARTICLE PHYSICS—Particle Data Group），这一报告目前被视为当代粒子物理学界的"圣经"。

若干著名双 β 衰变实验测量中微子质量数据

元素	实验名称	采用技术	中微子质量（eV）
^{76}Ge	Klapdor et al	ioniaztion	0.44 ~ ?
^{82}Se	NEMO 3	tracking	1.8 ~ 4.9
^{100}Mo	NEMO 3	tracking	0.7 ~ 2.8
^{116}Cd	Solotvina	Scintillator	1.7 ~ ?
^{128}Te	Bernatovitz	geochem	0.1 ~ 4
^{130}Te	Cuoricino	bolometric	0.2 ~ 1.1
^{136}Xe	DAMA	Scintillator	1.1 ~ 2.9
^{150}Nd	Irvine	tracking	3 ~ ?

下面我们对上述数据进行分析，我们摒弃以下数据对，原因如下：7 ~ 45（远超平均值）、1.7 ~ ?（没有最大值）、3 ~ ?（没有最大值）、0.44 ~ ?（没有形成最大值），这样一来，我们得到以下 7 对完整数据：

$0.12eV \leqslant E_{v1} \leqslant 1eV$，$0.14eV \leqslant E_{v3} \leqslant 1.2eV$，$1.8eV \leqslant E_{v2} \leqslant 4.9eV$，$0.7eV \leqslant E_{v4} \leqslant 2.8eV$，$0.1eV \leqslant E_{v7} \leqslant 4eV$，$0.2eV \leqslant E_{v5} \leqslant 1.1eV$，$1.1eV \leqslant E_{v6} \leqslant 2.9eV$

对这 7 对数据的最大最小值取平均可以获得这 7 个实验的中微子能量平均值，即：

$$\overline{E}_v = [(0.12+1) + (0.14+1.2) + (1.8+4.9) + (0.7+2.8) + (0.1+4) + (0.2+1.1) + (1.1+2.9)] /14 = 1.5757eV \quad (2.3)$$

这个数据表明：在已知的双中微子、双 β 衰变实验中，中微子能量平均值为 1.5757eV。这一数值与假设 6 中的空间基本单元理论得出的核子衰变中释放的空间基本单元能量 1.46989eV 已经相当接近。由于这些数据是由众多知名国际研究机构经过多年实验得出的结果，故这一结果具有相当的权威性，换言之，空间基本单元理论的假设 1 ~ 6 可以很好地解释 β 衰变中的中微子的能量问题。这一结果既解释了中微子是具有自旋属性的空间基本单元，也解释了大量（638327600 个）自旋的空间基本单元组成了质子。当然，我们不能简单地认为所有在核子中的空间基本单元都具有同样的能量状态，因此这一状况也会造成中微子能量的不同值。空间基本单元的集合体——正电子在被赋予更大的能量后，形成中子、质子这类基本粒子，这些基本粒子分解后释放的空间基本单元能量已经远远超过了空间中原始的处于基本能量态的空间基本单元能量，并且还同时具备 1/2 的自旋属性，因而被当代物理世界观测为各种能量形态的中微子。

2.2　宇宙空间基本单元、电子、质子与中微子质量范围

我们知道在自由空间中 2.725K 下的空间基本单元是没有自旋的，这时候的等效质量为：

$$m_0 = 1.255826 \times 10^{-39} \text{kg} \tag{2.4}$$

相应的能量为 0.704467meV，合成电子后，由于增加了自旋能量，根据公式（1.37）我们计算出电子内部拥有自旋属性的每个空间基本单元的等效质量为：

$$m_{ss} = m_0 + m_{0s} = 1.255826 \times 10^{-39} \text{kg} + 0.172869 \times 10^{-39} \text{kg} = 1.428695 \times 10^{-39} \text{kg}$$

其相应的能量为 0.80144meV（毫电子伏），这时候的空间基本单元由于增加了自旋能量，已经具有了自旋属性。由于电子的自旋为 1/2，则构成电子的空间基本单元的自旋自然也应该是 1/2。同样合成质子的空间基本单元能量为 1.46989eV，而且质子/中子的自旋也是 1/2，这时的空间基本单元自然也具有 1/2 自旋属性。我们知道轴子是"标量"粒子，没有自旋角动量，而中微子具有 1/2 自旋的属性。则根据假设 6，我们自然而然地将具备了 1/2 自旋属性的空间基本单元同中微子直接联系上。如果把具备自旋属性的空间基本单元看作中微子：由于电子和质子均由 638327600 个空间基本单元构成，那么每一个空间基本单元——中微子的平均能量应该在以下范围：组成电子的空间基本单元平均能量＜中微子的平均能量＜组成质子的空间基本单元平均能量，即：

$$0.80144 \text{meV} \leqslant \bar{E}_v \leqslant 1.46989 \text{eV}$$

看到这一结果，我们对问题物理学的中微子具有很大的能量范围这一困惑有了很清楚的认识。这里需要明确的是：

①既然大量的空间基本单元可以构成电子、中子、质子。那么，不排除由两个以上的空间基本单元团体也可以构成更大一点的中微子，这种可能性将会使得测量的中微子集合具有震荡的属性，为中微子集合可能比单独的空间基本单元具有更大的能量提供理论基础。

②由于我们还不能确认每一个空间基本单元在其构成的核子中都具有相同的状态，以至于所有空间基本单元都具有相同的能量这一结论，所以我们只能将这个范围设定为平均能量范围。

③根据空间基本单元是所有宇宙物质的基础理论，中微子最终将退耦，自旋能量逐渐消失并最终还原成温度为 2.725K 的自由空间中的空间基本单元，这一理论得出的结论同现代物理学发现的大量中微子失踪现象十分吻合。而所谓的中微子"震荡"，同宇宙空间中的空间基本单元存在着 2.725K 的等效温度也有极大的关系，即宇宙空间中更低的能量态的空间基本单元导致来自核聚变或裂变中产生的高能量的空间基本单元——中微子被吸收，图 2-2 中演示了这个演变过程。

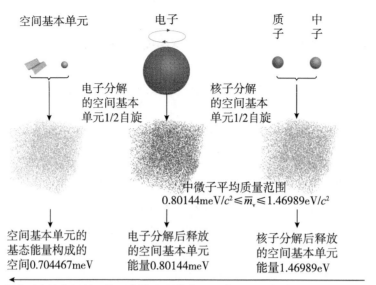

图 2-2　空间基本单元与中微子演变过程

2.3　空间密码 400 与 1595819 揭示出原子核构成的线索

虽然空间基本单元理论还没有深入探索到如何用 638327600 个单元构成电子和质子等，但是其仍然在数量、自旋、质量等属性上揭示了同这些稳定粒子（电子、质子）、不稳定粒子（中子）及暗物质（轴子、中微子）等的相关性。那么即使我们可以证明空间基本单元是构成这些基本粒子的通用元素，也还是缺少证据来证明空间基本单元构成了宇宙及其各种物质。因为我们知道，物质是由原子构成的，原子的最基本结构就是原子核，原子核是由质子和中子组成的。到目前为止，我们还没有直接的证据证明空间基本单元参与了原子核的组成，论述这个问题也就是本节的目的。我们在前面章节中提出了 638327600 个空间基本单元构成了稳定的基本粒子，它们包括电子、质子。当然必须注意的是：空间基本单元在不同的能量状态下（如电子、质子）的能量是不同的。我们还发现：638327600 其实就是素数 1595819 的 400 倍，即：

$$638327600 = 1595819 \times 400$$

由于素数是除了 1 和本身外不再有其他因数的自然数，我们由此可以理解为电子、质子这些基本粒子是由 400 个完整的不可再分割的空间基本单元的集合体组成的，按照国际规范，能量用 E 表示，其下标指具体的粒子，故我们用 $E_{1595819}$ 代表质子内部这 1595819 个空间基本单元素数集合的能量，其与构成质子总能量 E_{p} 的空间基本单元集合能量有如下关系：

$$E_{\mathrm{p}} = 400 \times E_{1595819} = 400 \times 2.34568022\mathrm{MeV} \tag{2.5}$$

同时每个集合体（该集合体包含了 1595819 个空间基本单元）的能量 $E_{1595819}$ 为：

$$E_{1595819} = 2.34568022 \text{MeV}$$

空间基本单元理论的确太需要素数这样的集合体了，素数因为其不可再分性，在构成稳定粒子过程中是必不可少的。

现代量子物理学告诉我们，质子—中子的结合是依靠质子和中子之间交换 π 介子来完成的。π 介子有 3 种类型，包括 π^+、π^- 和 π^0，上角标中的符号 +、－、0 分别代表拥有电荷的极性。质子与中子结合的强力过程如下：

$$\pi^- + p \rightarrow n + \pi^0 \tag{2.6}$$

虽然我们不了解有多少个空间基本单元参与了质子与中子的结合（这种结合被物理学家们称为强力），但是根据假设，在构成电子、质子中空间基本单元是以 1595819 为一个集合体参与各种能量结合的，所以可以肯定的是：参与强力的空间基本单元集合一定是 1595819 的整数倍。因此参与质子与中子结合的强力的 π 介子的能量一定是 1595819 集合能量 $E_{1595819}$ 的整数倍，如图 2－3 所示。由于 π^+ 和 π^- 介子能量（用符号 $E_{\pi^\pm}$ 表示）均为 139.57039MeV，π^0 介子能量（用符号 E_{π^0} 表示）为 134.9768MeV，故参与强力（质子—中子结合）的 π^- 与 π^0 介子对的总能量为：

$$E_{\pi^-} + E_{\pi^0} = 139.57039 \text{ MeV} + 134.9768 \text{ MeV} = 274.54719 \text{MeV}$$

质子　介子　中子

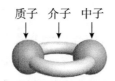

连接质子和中子的介子能量
也应该为 1595819 个空间基本
单元集合能量 $E_{1595819}$ 的整数倍

图 2－3　介子的构成

质子中 1595819 个空间基本单元的能量为：

$$E_{1595819} = \frac{\text{质子能量}}{400} = 2.34568022 \text{MeV}$$

二者能量比为：

$$\frac{E_{\pi^-} + E_{\pi^0}}{E_{1595819}} = \frac{274.54719}{2.34568022} = 117.04 \tag{2.7}$$

以上结果很好地符合了 117 的整数倍，并且还透露出如下数学关系：

$$117 E_{1595819} = 13 \times 9 E_{1595819}$$

从公式（2.6）中，我们发现拥有 $9 \times E_{1595819}$ 的能量因子参与了质子—中子的相互作用。

另外，由于带电荷的 π 介子很快就衰变为带正、负电荷的正、负缪子（μ^+、μ^-），过程表示为：

$$\pi^- \rightarrow \mu^- + \bar{v}_\mu, \quad \pi^+ \rightarrow \mu^+ + v_\mu \tag{2.8}$$

其中：v_μ，$\bar{v}_\mu$ 为正、反缪中微子，很显然分别带正、负电荷的正、负缪子的能量 $E_{\mu^+} = E_{\mu^-}$，也必须是 $E_{1595819}$ 的整数倍才能证明假设的正确性。我们尝试对比二者的能量值：

$$\frac{E_{\mu^-}}{E_{1595819}} = \frac{E_{\mu^+}}{E_{1595819}} = \frac{105.6583745}{2.34568022} = 45.04 \tag{2.9}$$

二者之比也很好地符合整数特征。同样有：

$$\frac{E_{\pi^-} + E_{\pi^+}}{E_{1595819}} = \frac{139.57039 \times 2}{2.34568022} = 119.002 \tag{2.10}$$

$$\frac{E_{\pi^0} + E_{\pi^0}}{E_{1595819}} = \frac{134.9768 \times 2}{2.34568022} = 115.085$$

综合以上等式可以得出这样的结论：不仅仅是质子本身，而且包括参与质子—中子结合过程中的所有介子对的能量均具备其是空间基本单元素数集合体（这个集合体共包括 1595819 个空间基本单元）的能量 $E_{1595819}$ 的整数倍的性质。而这些介子的属性如自旋、电荷等则是空间基本单元素数集合体在不同能量形态下的表现。这一性质有力地证明了空间基本单元是以（素数）1595819 个空间基本单元为一个集合体直接参与了构成宇宙所有元素物质的最基本单元——原子的合成。

很明显，这一结论同现代物理学的理论保持完全一致，同时这一结论给我们提出了这样的要求：如果 1595819 个空间基本单元集合作为一个独立的能量体参与原子核内部的能量构成，那么这个思想是否能够与现代粒子物理学提出来的"夸克"构成原子核的理论对应起来呢？

2.4 空间基本单元素数集合与夸克

现代物理学已经明确提出：构成物质的质子、中子均是由夸克（Quark）组成。包括上夸克 u（up）、下夸克 d（down）和奇异夸克 s（strange）等六种。其组合质子、中子的模式为：

$$p = (uud) \tag{2.11}$$
$$n = (udd) \tag{2.12}$$

即质子由两个上夸克和一个下夸克组成，中子由一个上夸克和两个下夸克组成。既然现代物理学确认的构成物质基础的质子、中子是由夸克组成的，那么空间基本单元理论也同样可以提出：空间基本单元是组成物质的基本单元。如果空间基本单元理论是正确的，那么二者之间必然有直接联系，而且应该是等同的关系。在前面章节中，我们提到 400 个 1595819 个素数空间基本单元的集合体组成了电子，进而构成了质子。

并且 1595819 是素数集合，是不可再分割的。所以由大量空间基本单元组成的素数集合体应该是最不易分裂的，并且也是空间基本单元之间结合力度最强的。正如上章节所述，质子内部的最小能量单元或粒子的能量均应该是 1595819 个素数空间基本单元的集合能量的整数倍，即该能量为：

$$E_{1595819} = \frac{E_p}{400} = \frac{938.272088}{400}\text{MeV} = 2.34568022\text{MeV}$$

这样一来，质子应该是由 400 个空间基本单元的素数集合体构成的。既然空间基本单元理论提出了构成质子的最基本单元体及其确切的能量，量子物理也同时提出了质子是由夸克组成的，那么二者的能量如果能够一致，则必然有助于验证空间基本单元理论的正确性。2020 年的 PDG 粒子物理评论报告给出了上夸克（u）、下夸克（d）的质量最新的测量结果。该结果是将来自世界各个国家和地区的实验室所测量的夸克质量的结果进行分析和总结，并最终给出可信度很高的上、下夸克质量（用能量表示）的测量值的统计加权平均值。

上夸克能量为：$E_u = 2.16^{+0.49}_{-0.26}\text{MeV}$

下夸克能量为：$E_d = 4.67^{+0.48}_{-0.17}\text{MeV}$

1 个空间基本单元素数集合体能量：$E_{1595819} = 2.34568022\text{MeV}$

2 个空间基本单元素数集合体能量：$2E_{1595819} = 4.69136\text{MeV}$

很明显，1 倍的 1595819 个空间基本单元集合体的能量完全在实际测量的上夸克能量范围内。而 2 倍的 1595819 个空间基本单元集合体的能量完全在实际测量的下夸克能量范围内。更为关键的是，空间基本单元的理论值与实际测量的夸克能量值非常接近。

由于夸克是不能独立稳定存在的，所以夸克能量的检测也是非常困难的。尽管如此，空间基本单元理论仍然能够给出比较符合实际测量结果的夸克质量能量值。这既说明了夸克理论的正确性，也证明了 1595819 个空间基本单元构成了夸克。1595819 个空间基本单元构成的素数集合体就是上夸克。同介子一样，1595819 个空间基本单元所构成的不同夸克，由于其所处的能量形态不同而具有不同的电荷、自旋等属性。更重要的是，$E_{1595819}$ 与夸克都同时被认为是构成质子的基本粒子。不仅仅是夸克，我们会在后面的章节里，给出更多的空间基本单元的素数集合体可以构成其他形形色色的粒子、介子的证据。另外，PDG 历次发布的夸克能量值，也都在逐步趋近空间基本单元理论给出的能量值。

2.5 大数据视角下的新发现：1595819 个素数空间基本单元集合主导着各种粒子的构成

根据上节的研究结果，我们进一步发现质子能量、缪子能量、π 介子能量均与质子内部的 1595819 个空间基本单元集合能量拥有一个简单而统一的数学等式关系，由此，我们在数学上有足够的理由来做出系统性的假设：

假设 7：质子内部的 1595819 个素数空间基本单元集合体 $E_{1595819}$ 是构成各种粒子、介子的基本能量单元体，其中包括以下假定：

假定 1：
$$E_p = 400 \times E_{1595819} \tag{2.13}$$

即质子由 400 个空间基本单元的素数（1595819）集合构成，每一个素数单元包含 1595819 个空间基本单元。每个素数（1595819）集合的能量为 2.34568022MeV，即 $E_{1595819} = E_p / 400 = 2.34568022\text{MeV}$。

假定 2：
$$E_{\mu^{\pm}} = 45 \times E_{1595819} \tag{2.14}$$

即带正电荷或带负电荷的缪子均是由 45 个空间基本单元的素数（1595819）集合构成的。

假设的缪子能量理论值为：$E_{\mu^{\pm}} = 45 \times E_{1595819} = 105.5556\text{MeV}$，实验测量的缪子能量值为：105.6583745MeV。

假定 3：
$$E_{\pi^{\pm}} + E_{\pi^0} = 117 \times E_{1595819} \tag{2.15}$$

即 $\pi^{\pm}$、π^0 介子对由 117 个空间基本单元的素数（1595819）集合构成。

假设的 $\pi^{\pm}$、π^0 能量理论值为：$E_{\pi^{\pm}} + E_{\pi^0} = 117 \times E_{1595819} = 274.44458\text{MeV}$，实验测量的 $\pi^{\pm}$、π^0 介子能量值为：139.57039 + 134.9768 = 274.54719MeV。

假定 4：
$$2 \times E_{\pi^{\pm}} = 119 \times E_{1595819} \tag{2.16}$$

即一对 $\pi^{\pm}$ 介子由 119 个空间基本单元的素数（1595819）集合构成。

假设的 $\pi^{\pm}$ 介子能量理论值为：$E_{\pi^{\pm}} = 119 \times E_{1595819} / 2 = 139.56797\text{MeV}$，实验测量的 $\pi^{\pm}$ 介子能量值为：139.57039MeV。

假定 5：
$$2 \times E_{\pi^0} = 115 \times E_{1595819} \tag{2.17}$$

即一对 π^0 介子由 115 个空间基本单元的素数（1595819）集合构成。

假设的 π^0 能量理论值为：$E_{\pi^0} = 115 \times E_{1595819} / 2 = 134.8766\text{MeV}$，实验测量的 π^0 介子能量值为：134.9768MeV。

假定 6：
$$E_u = E_{1595819} \tag{2.18}$$

即上夸克由 1 个空间基本单元的素数（1595819）集合构成。

假设的上夸克能量理论值为：$E_u = E_{1595819} = 2.34568022\text{MeV}$，实验测量的上夸克能量值为：$2.16^{+0.49}_{-0.26}\text{MeV}$。

假定 7：
$$E_d = 2 \times E_{1595819} \tag{2.19}$$

即下夸克由 2 个空间基本单元的素数（1595819）集合构成。

假设的下夸克能量理论值为：$E_d = 2 \times E_{1595819} = 4.69136\text{MeV}$，实验测量的下夸克质量能量为：$4.67^{+0.48}_{-0.17}\text{MeV}$。

以上通过大量实验得出的夸克、粒子、介子能量与起源于宇宙空间背景辐射的空间基本单元理论所推导出的质子内部状态下的粒子、介子能量值竟然有如此高程度的一致性，足以说明空间基本单元理论的科学性与合理性。同时根据空间基本单元理论，每个粒子在自由空间都将附带有一部分空间能量，因而从上述公式中我们发现一个普遍现象：理论推导的粒子能量是其在质子内部的能量，当这些粒子脱离质子空间时，往往也会附带有额外的空间能量，因而实验测量得出的粒子能量就比这些粒子在质子内部时的能量略微大一些。当代粒子物理实验的成就给予空间基本单元理论更丰富和更有力的证据，根据空间基本单元理论，从以上几个线索中可以找出更多的粒子，其能量也直接与空间基本单元的素数（1595819）集合的能量 $E_{1595819}$ 相关。即粒子的能量是 $E_{1595819}$ 的整数倍或粒子对的能量是 $E_{1595819}$ 的整数倍（或粒子的能量是 $E_{1595819}/2$ 的整数倍），详细数据如表 2-2 所示。

表 2-2　　各种高能粒子能量值与 1595819 个素数集合的能量值 $E_{1595819}$ 对比

夸克	2020 年 PDG 值（MeV）	$E_{1595819}$ 倍数
上夸克	$2.16^{+0.49}_{-0.26}$	1
下夸克	$4.67^{+0.48}_{-0.17}$	2
奇异夸克	93^{+11}_{-5}	81/2
粲夸克	1270 ± 20	20×27
底夸克	4180^{+30}_{-20}	22×81
顶夸克	172760 ± 300	$101 \times 9 \times 81$
质子 p	938.272088	400
带电荷派介子 $\pi^{\pm}$	139.57039	119.0021/2
不带电荷派介子 π^0	134.9768	115.0854/2
缪粒子 $\mu^{\pm}$	105.6583745	45.0438
τ	1776.86	1515.0062/2
$k^{\pm}$	493.677	420.9244/2
Ω^-	1672.45	712.9915
D^0	1864.83	795.0061
$D^{\pm}$	1869.65	797.0609
$D^*(2010)^{\pm}$	2010.26	857.0052
Ξ^0	1314.86	1121.0906/2
Ξ^-	1321.71	1126.9311/2
Ξ_c^+	2467.87	1052.0914
Σ^+	1189.37	507.0469
Σ^-	1197.449	1020.9823/2
$\gamma(1s)$	9460.3	4033.0732
$\gamma(2s)$	10023.26	4273.0722
$W^{\pm}$	80379	729×47
Z^0	91187.6	311×125
上帝粒子	125100	$132 \times 101 \times 4$

该表给予我们很大的启示：$E_{1595819}$不仅仅构成了夸克，也直接构成了更多的相关粒子。当然，由于有些粒子构造的复杂性和不稳定性，我们不能够直接列出它们与$E_{1595819}$的直接相关性。如果不是空间基本单元参与了所有物质的构造，那么我们是不可能找出这么多的空间基本单元集合$E_{1595819}$与各种粒子、介子之间相关性的证据。而且这才仅仅是一个伟大发现的开始，在我们搞清质子内部结构后，更多更重要的粒子也将一一呈现出来。值得注意的是：1595819个空间基本单元集合体的能量$E_{1595819}$并不代表固有的自旋、电荷等属性，这些属性是由具体的空间基本单元所构成的粒子、介子的能量形态所决定的。通过更深入的研究我们还发现，$E_{1595819}$其实是质子能量在十维空间中分布的结果，而在质子内部，素数1595819个空间基本单元能够形成一个坚实的能量体系，也暗示了这个素数的精细构造是探索质子乃至各种粒子构成的关键线索。这些将在后面的章节中可以看到完整的分析过程。

表2-2内的数据说明了这样一个让人惊讶的事实：

受空间属性影响的质子内部能量分成400个能量单元，每个能量单元$E_{1595819}$均是由1595819个空间基本单元构成。无论是质子内部的6种夸克、胶子，还是由质子撞击产生的各种介子、费米子、轻子、波色子等各种高能粒子，都由这个$E_{1595819}$能量构成。

本章中我们发现，几乎所有的粒子都是按照空间密码的规则构成的。这个发现与量子物理学的夸克构成各种粒子的说法完全一致，甚至1595819个空间基本单元集合体的能量$E_{1595819}$就是最基本的夸克能量。同时还发现空间能量聚集成的粒子会在粒子空间内、空间外形成能量谐振，统称空间能量。基于后续众多有关空间能量属性的新的发现，为了避免概念混乱，我们做出如下规定：

空间能量：①粒子本身就是由空间基本单元在空间中的能量作用下构造形成的，在空间维度的影响下，粒子内部的旋转能量会在其封闭空间内部及外部空间产生能量谐振，这些谐振能量统称为空间能量。②粒子的空间能量往往被发现为该粒子中的子粒子（如质子中的夸克等）或粒子外部的环形能量（如电子轨道能量），简称能量环。恒星及转动的星球也会产生空间能量及能量环。③空间能量以闭环的环形形态围绕粒子核心以光速运动，承载空间能量的物质就是空间基本单元。

有效空间能量：当一个物体的空间能量的环形半径（本书第10章定义为角能量半径）远大于对方粒子大小时，物体的空间能量中只有与对方粒子相重叠的空间中的能量才会发生作用，这部分能量称为"有效空间能量"。空间能量中所包含的空间密码400、1595819就是打开宇宙奥秘的第一把钥匙，更多、更激动人心的发现在等着我们去探索！

第 3 章　用空间密码解开质子内部构造、质子磁矩、π^0 介子及各种夸克构成的秘密

3.1　空间基本单元集合、夸克、胶球、派介子构成质子理论

质子是宇宙中所有形形色色的物质原子中最重要的粒子。可以说，没有质子就没有稳定的各种元素的物质存在。质子是卢瑟福在 1919 年发现的，质子质量为 $1.6726219 \times 10^{-27}$ kg，合计 938.272088MeV，是电子质量的 1836 倍，带有 1 个正电荷，自旋为 1/2，是稳定粒子，平均寿命大约 10^{32} 年。高能粒子轰击质子的散射实验表明质子不是点粒子而是具有一定的结构。目前物理学界认为质子是由所谓夸克的基本粒子构成的，即由两个带 +2/3 电荷的上夸克和一个带 –1/3 电荷的下夸克通过胶子在强相互作用下构成。质子与质子间除了有电磁相互作用之外，还有强相互作用。这种强相互作用同质子与中子间以及中子与中子间的强相互作用完全相同，是构成原子核的核力，核力与电荷无关。量子色动力学理论告诉我们：夸克组成了质子、中子和介子及其他类型的强子等，同时 π 介子参与夸克之间的能量交换并形成稳定的原子粒子系统。

那么，如何运用空间基本单元理论来确认或者证明这一点呢？我们已经知道质子、中子均由 3 个夸克组成。但是很明显，2 个上夸克和 1 个下夸克的总能量仅仅约为 9MeV，远远小于质子 938MeV 的总能量，那么剩余的大约 930MeV 的能量是由什么物质构成的呢？现代物理学也没有弄明白，只是提出这种剩余物质是一种类似胶水的"胶子"把 3 个夸克捆绑在一起形成了质子。其实，这种说法与不知道质子内部还有什么能量体系没有差别。根据质子、中子内部的夸克是由所谓的规范玻色子的胶子连接的理论，胶子的寻找工作近 40 年来也没有成果。现在普遍认为夸克和胶子永远无法从强子中释放，不过在 1978—1980 年，科学家们的多次实验发现了一个有非常狭窄共振峰 Y（9.46）的强子型衰变过程，可以被解释为由三胶子产生的三喷注现象（three-jet event）。后续实验分析也证实了其的确是由三胶子产生的三喷注事件，这里所谓的共振峰 Y（9.46）就是在 9.46MeV（百万电子伏能量）处出现的一个峰值能量。很明显，三个所谓的胶子由 4 倍的 $E_{1595819}$ 能量构成，见如下公式：

$$4.032946 \times E_{1595819} = 9.46 \text{MeV}$$

还有一个来自 QCD 理论（量子色动力学，描述夸克和胶子相互作用的理论）的推论：质子、中子内部的胶子可以结合成胶球，而胶球又可以衰变成 π 介子，如图 3-1 所示。

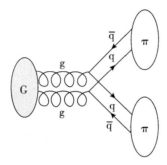

资料来源：https：//en. wikipedia. org/wiki/Glueball

图 3-1 胶球（G）分裂成派介子对

我们在第 2 章中提出，空间基本单元理论推断质子是由 638327600 个高能量的空间基本单元构成的，而 638327600 个空间基本单元又是以素数 1595819 为一个基本能量集合，共计 400 个素数集合构成了质子。那么这 400 个素数集合在质子能量体系中又是如何分配的呢？

现代量子物理学告诉我们，质子与中子之间的核力结合是依靠质子和中子之间交换 π 介子来完成的。如果是这样，那么质子、中子内部都需要有 π 介子存在才可以完成这类交换并形成核力。毕竟 π 介子和质子、中子一样属于强子，不能凭空产生。

π 介子有 3 种类型，包括带正电荷的 π^+ 介子、带负电荷的 π^- 介子以及中性的 π^0 介子，质子与中子通过 π 介子的结合过程已经在图 2-3 中展示过了。

现实中摸得着、看得见的 π 介子出现了。实际上质子内部所谓的胶球应该就是一个带正电荷的 π 介子和一个带负电荷的 π 介子配对成中性的 π 介子和中性的 π 介子活动的体现。而一对带正负电荷的 π 介子能量为 $119 \times E_{1595819}$，与中性的 π 介子的能量 $115 \times E_{1595819}$ 之差恰恰是 $4 \times E_{1595819}$，这个能量也恰恰是质子内部的 2 个上夸克和 1 个下夸克能量的总和，同时也恰恰是上述实验中发现的三胶子产生的三喷注事件中的共振峰 Y（9.46）（9.46 百万电子伏能量）的峰值能量。另外，1 个中性 π 介子会衰变成 2 个伽马光子，而一个带电荷的 π 介子会衰变成一个同电荷的缪子。这样看来，带电荷的 π 介子中包含有缪子结构。

我们知道在原子核中每个夸克之间有 π 介子相连，而 π 介子能量应该包括在总系统能量之中，故每个夸克均应该由一对带正、负电荷的 π 介子和不带电荷的 π 介子相连，并且所有夸克都会以同一个缪子为核心。依据这一原则，同时参考可以说明 1595819 个素数空间基本单元集合与夸克及 π 介子关系的公式（2.13）到公式

（2.19），恰恰可以综合出如下等式：

$$3 \times 117 + 45 + 1 + 1 + 2 = 400 \tag{3.1}$$

其中，质子内部的 π 介子及缪子作为整体，可以视为中性的胶子，就是物理学家所说的胶球量子数：

$$3 \times 117 + 45 = 396$$

这样一来，空间基本单元理论的探索和发现就与现代物理学的理论和实践一一对应上了。上述组合是人们在质子中所有已经发现的各种粒子的唯一数学组合，由此我们提出假设 8：

假设 8：3 对 π 介子、1 个缪子构成零电荷胶球，并与 2 个上旋的上夸克、1 个下旋的下夸克构成 1 个质子。用能量公式表示如下：

$$3 \times \left(E_{\pi^\pm} + E_{\pi^0} \right) + E_{\mu^\pm} + 2 \times E_u + E_d = 400 E_{1595819} = E_p \tag{3.2}$$

其中：　　　　胶球能量 $= 3 \times \left(E_{\pi^\pm} + E_{\pi^0} \right) + E_{\mu^\pm} = 396 E_{1595819}$

即由 3 对（π±，π⁰）介子、1 个缪子、2 个上旋 u 夸克和 1 个下旋 d 夸克构成 1 个质子。上式可以用 1595819 个空间基本单元的素数集合能量 $E_{1595819}$ 表示成如下的质子构成绝对等式：

$$3 \times 117 \times E_{1595819} + 45 \times E_{1595819} + 1 \times E_{1595819} + 1 \times E_{1595819} + 2 \times E_{1595819} = 400 E_{1595819} = E_p \tag{3.3}$$

由空间基本单元集合构成的可能的质子内部结构如图 3-2 所示。可以看出，3 个 π⁰ 介子同 3 个夸克相联系作用，其中 2 个 π± 介子联结 2 个上夸克与 缪子、1 个 π± 介子联结一个下夸克与缪子。正如很多理论所解释的，这时缪子的作用更像一个核心而不是发挥介子作用。这一点从缪子的自旋和电子、质子、中子自旋都是 1/2，而 π 介子的自旋均为 0 来看，也可以得到证实。

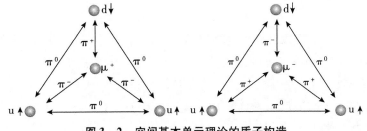

图 3-2　空间基本单元理论的质子构造

从上述研究结果来看，638327600 个空间基本单元（或 400 个空间基本单元素数集合）似乎是构成稳定粒子的必要条件，因为同样的稳定粒子电子也拥有此数目的空间基本单元。第 5 章我们将会证明这 400 个空间基本单元素数集合恰恰是形成 1193 超级循环的物质基础。

3.2　空间基本单元理论的质子构成简图

根据公式（3.2）的数据结构，我们描绘出一个由空间基本单元理论所构造的质子想象图，如图 3-2 所示，对于假设 8 所构造的质子想象图描述如下：

① 1 个缪子居中，缪子同每一个夸克均由带电荷的 π 介子联结。其中带负电荷的 π 介子和带正电荷的 π 介子具有相同的质量，仅仅是所带电荷不同。所以质子的构造想象图中，对带正负电荷的 π 介子的选择取决于缪子的电荷，即质子的核心如果选择带负电荷的缪子，或带正电荷的缪子，则相应的 3 个 π 介子所带电荷极性将有所变化，并要中和缪子的电荷。质子中所有的 π 介子与中心的缪子构成整体上呈中性的胶子。

② 2 个上旋的上夸克、1 个下旋的下夸克之间均由 π^0 介子联结。

③ 构成质子的总电荷取决于 2 个上旋的上夸克和 1 个下旋的下夸克的总电荷。

④ 假设的质子构造图及公式（3.2）满足以下质子及夸克和介子的相关特点。

a）包括了所有被粒子物理学发现的参与质子构成的粒子，如上夸克、下夸克、缪子、π 介子。

b）总能量及电荷均完全同质子测量的实验值相等。其中 1 个缪子的电荷同 3 个带电荷的 π 介子的电荷的总电荷量保持为 0，如图 3-2 所示。

c）同现代物理学理论的夸克及胶子构成质子的理论完全相符，并统一了其内部粒子能量构成。

3.3　从中子构成线索中发现了新的空间密码"729"：高能量电子与质子构成了中子

本节讲述中子的故事以及空间基本单元理论在中子研究方面的新发现。英国物理学家查德威克在 1932 年的实验中证实了中子的存在，并因此获得了诺贝尔物理学奖。紧接着，苏联物理学家朗道提出，有一类星体可以全部由中子构成。到了 1967 年，科学家们还真的发现了中子星。物理实验发现，孤立的、自由空间中的中子 n 的寿命为 886.7 秒，并且会衰变为 1 个质子 p、1 个电子 e^- 和 1 个电子中微子 $\bar{v}_e$，这一过程用公式表示如下：

$$n \rightarrow p + e^- + \bar{v}_e \tag{3.4}$$

以实验数据为标准，中子与质子的能量差为：

$$939.56542\text{MeV} - 938.272088\text{MeV} = 1.293332\text{MeV} \tag{3.5}$$

空间基本单元理论指出，空间基本单元是构成宇宙各种形态物质的基础，并且在获得足够能量后，空间基本单元的集合体形成了电子，这一集合体在更大的能量状态下形成了质子（质子与电子所带的正负电荷与构成质子和电子的能量形态密切相关，即空间基本单元既可以构成带负电荷的电子也可以构成带正电荷的质子）。

科学实验告诉我们，普通电子的能量为 $0.511\mathrm{MeV}$，我们猜想中子是由质子携带了一个更高能量的电子构成的，这个电子因为更接近质子内核而使得其能量从自由空间中的 $0.511\mathrm{MeV}$ 变为 $1.293332\mathrm{MeV}$。联想质子内部素数集团的能量单元 $E_{1595819}$ 关系式：

$$E_{1595819} = \frac{E_\mathrm{p}}{(20)^2} \tag{3.6}$$

我们恰恰也有发现中子能量 E_n 也有这样的关系式：

$$\frac{E_\mathrm{n}}{(27)^2} = \frac{939.56542}{(27)^2}\mathrm{MeV} = 1.2888414\mathrm{MeV} \tag{3.7}$$

这一结果同中子与质子的能量差 $1.293332\mathrm{MeV}$ 已十分接近。我们用 $\mathrm{e_n^-}$ 简单代表中子外围的高能电子及其能量值，如图 3 - 3 所示，并且有：

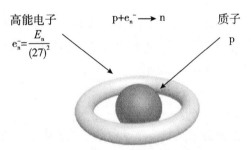

中子可以被认为是由一个质子与一个能量为中子
能量 $1/(27)^2$ 的处于核子能量态的高能电子复合而成

图 3 - 3　高能量电子与质子复合构成中子

$$\mathrm{e_n^-} = \frac{E_\mathrm{n}}{(27)^2} = \frac{939.56542}{(27)^2}\mathrm{MeV} = 1.2888414\mathrm{MeV} \tag{3.8}$$

用上式推导出的高能电子能量加上一个质子的能量，似乎与中子的能量还差了约 $4488\mathrm{eV}$ 的能量，这主要还是因为高能电子自旋磁矩需要额外的能量。对于高能电子构成中子更精确、完整、深入的研究将在第 4 章展开，这里主要是介绍中子中的高能电子的发现，并将这个发现引入质子的高能电子的出世。

根据这个发现可以进一步推导出，在质子内部的构成质子正电荷的高能电子及其能量值用符号 $\mathrm{e_p^+}$ 表示，并且也应该为质子能量的 1/729，公式表示如下：

$$\mathrm{e_p^+} = \frac{E_\mathrm{p}}{(27)^2} \tag{3.9}$$

上述两个公式说明，在中子和质子内部的电子能量是其所在核的总能量的 1/729。

3.4 空间基本单元理论的质子磁矩推导揭开了质子内部结构的秘密

由于在研究核磁矩时，多采用核磁子μ_N为单位，核磁子的基本概念为单位电荷e沿质子康普顿波长λ_p为圆周长（半径为$\lambda_p/2\pi$，速度为c）运动形成的磁矩，因此根据磁矩定义有：

$$\mu_N = \frac{evr}{2} = \frac{ec}{2}\frac{\lambda_p}{2\pi} = \frac{e}{2m_p}\frac{h}{2\pi} \tag{3.10}$$

根据物理实验测量出质子的磁矩为2.7928473446μ_N，可见质子中的电子是运动的，不是静止的，同时也不完全是想象中的一个独立电子围绕着质子康普顿波长λ_p为轨道运动的简单的形式，否则质子的测量磁矩值应该是1μ_N。

我们都知道，质子是带有正电荷的粒子，因此所谓质子的磁矩也就是质子内部高能量的电子在质子内部的运动和分布规律的体现，由2.725K的空间背景辐射推演出的空间基本单元理论将完整的物质粒子体系如电子、质子、中子、夸克、缪子、π介子连接在一起，从而形成统一的由空间基本单元构成的宇宙物质体系。这些构成物质元素的基本粒子都与电子有直接关系，而电子的运动所引发的磁矩则反映了电子在核子内部空间的运动情况。构成质子电荷的高能电子能量应该为：

$$e_p^+ = \frac{E_p}{(27)^2} = \frac{hc}{729\,\lambda_p} \tag{3.11}$$

因此，高能电子的康普顿能量波长为729λ_p，在质子内部，波长为729λ_p的高能量电子在康普顿波长仅为λ_p的质子能量体系中也只能围绕质子的康普顿波长λ_p为轨道周长进行运动，并且需要运动729个周期才能完成一次完整的电子波长运动。那么，这个由完整的729个质子波长构成的高能电子在质子内部空间的组合与分配方式，也就决定了质子磁矩和质子内部特别的上、下夸克的电荷分配比例。因此，对质子磁矩进行推导，需要先了解质子内部的电子构成（或电荷分配方式）及电子的运动模式。根据库仑定律电能公式，电子的电荷电量e与电荷所携带的能量之间为平方比关系，可以简单地表示为如下形式：

$$k\sqrt{e_p^+} = e$$

其中k为常数，e_p^+为质子内部的高能电子总能量，e为一个电子电荷电量（$e = 1.602 \times 10^{-19}$库仑）。因此质子内部高能电子的729个质子波长中的每81份质子波长对应的能量为高能电子总能量的1/9，对应电荷为1/3e，公式如下：

$$k\sqrt{\frac{81\,e_p^+}{729}} = \frac{1}{3}e \tag{3.12}$$

同理，高能电子中的4个81份质子波长的能量为高能电子总能量的4/9，对应电荷为2/3e，公式如下：

$$k\sqrt{\frac{4\times 81 e_p^+}{729}}=\frac{2}{3}e \qquad\qquad (3.13)$$

另外，很明显存在这样的阶梯关系：

$$k\sqrt{\frac{81 e_p^+}{729}}=\frac{9}{27}e,\ \ k\sqrt{\frac{9 e_p^+}{729}}=\frac{3}{27}e,\ \ k\sqrt{\frac{e_p^+}{729}}=\frac{1}{27}e$$

因此在质子的更高的空间能量态中，高能电子的总波长（$9\times 9\times 9$）$\lambda_p=729\lambda_p$中，也同样可以分为 9 组能量体，其中每 $81\lambda_p$ 个波长组成一组，并成为二维的围绕质子波长 λ_p 运动 81 周的圆团体，每一组 $81\lambda_p$ 个波长拥有 1/9 的高能电子的能量，并可以形成 1/3e的等效电荷围绕质子波长 λ_p 运动。同样，每 4 组 $81\lambda_p$ 个波长可以构成二维的围绕质子核心的圆周运动，拥有 4/9 的高能电子能量，可以形成 2/3e 等效电荷的运动，并形成二维的 $4/3\,\mu_N$ 磁矩。这 9 组电子波长—能量（可以被平方后形成整数的总电荷）的唯一分配方式如下，并根据这种分配形成质子的夸克电荷和质子磁矩：

$4\times 81\lambda_p$，能量 $4/9e_p^+$，对应电荷 $+2/3e$，构成第 1 个上夸克的电荷和 $+4/3\,\mu_N$ 磁矩；

$4\times 81\lambda_p$，能量 $4/9e_p^+$，对应电荷 $+2/3e$，构成第 2 个上夸克的电荷和 $+4/3\,\mu_N$ 磁矩；

$1\times 81\lambda_p$，能量 $1/9e_p^+$，对应电荷 $-1/3e$，构成 1 个下夸克的电荷和 $-1/3\,\mu_N$ 磁矩。

图 3 - 4 展示了质子内部电荷分配关系，因此质子内部的高能电子的总能量体系的

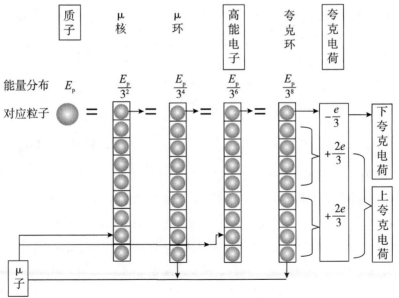

图 3 - 4　质子内部电荷分配关系

分配如下所示：

总波长：$(27)^2 \lambda_p = 9 \times 81 \lambda_p = 81 \lambda_p + (2 \times 81 \lambda_p + 2 \times 81 \lambda_p) + (2 \times 81 \lambda_p + 2 \times 81 \lambda_p)$

$$(3.14)$$

总电荷：$e = \left(-\frac{1}{3}e\right) + \left(+\frac{2}{3}e\right) + \left(+\frac{2}{3}e\right)$ (3.15)

总能量：$\dfrac{E_p}{27^2} = \dfrac{1}{9}\dfrac{E_p}{(27)^2} + \dfrac{4}{9}\dfrac{E_p}{(27)^2} + \dfrac{4}{9}\dfrac{E_p}{(27)^2}$ (3.16)

总能量：$\dfrac{E_p}{3^6} = \dfrac{E_p}{3^8} + 4 \times \dfrac{E_p}{3^8} + 4 \times \dfrac{E_p}{3^8}$

对应夸克：   d   u   u

分磁矩：$-\dfrac{1}{3}\mu_N + \dfrac{4}{3}\mu_N + \dfrac{4}{3}\mu_N$

缪子能量：$E_\mu = 45 E_{1595819} = 5 E_{1595819} + (4 \times 5) E_{1595819} + (4 \times 5) E_{1595819}$

缪子能量：$E_\mu = 9 \sum\limits_{n=1}^{n=\infty} \dfrac{E_p}{3^{4n}} = \sum\limits_{n=1}^{n=\infty} \dfrac{E_p}{3^{4n}} + 4 \times \sum\limits_{n=1}^{n=\infty} \dfrac{E_p}{3^{4n}} + 4 \times \sum\limits_{n=1}^{n=\infty} \dfrac{E_p}{3^{4n}}$ (3.17)

总自旋：$I = \dfrac{7}{3} = -\dfrac{1}{3} + \dfrac{4}{3} + \dfrac{4}{3}$ (3.18)

对 729 个质子波长形成质子电荷及磁矩的运动分析存在 3 个层次，分别如下：

① 总电荷形成的磁矩：公式（3.18）中，I 为对应于高能电子波长在质子内部能量作用下，分裂成 9 个分组波长，每个分组波长由 $81\lambda_p$（81 个质子康普顿波长）构成，这样的组合使得质子内部高能电子 729 个总波长分成 9 个 $81\lambda_p$ 波长组，并以 $81 \lambda_p$、$4 \times 81 \lambda_p$、$4 \times 81 \lambda_p$ 的形式构成了质子的 3 个夸克电荷（$-1/3e$、$+2/3e$、$+2/3e$），这 3 个夸克分别在 3 个相互垂直的圆周中运动，形成总自旋量子数 7/3。这 3 个分电荷的运动构成了质子磁矩的主要部分（类似电子自旋磁矩）。

根据量子力学原理中原子核自旋 I 与磁矩关系式[①]，质子内部高能电子的 729 个质子波长构成的 3 个夸克电荷主磁矩为：

$$\mu_{p-主磁矩} = \sqrt{I(I+1)}\mu_N = \sqrt{\dfrac{7}{3}\left(\dfrac{7}{3}+1\right)}\mu_N = 2.7888667551\,\mu_N \qquad (3.19)$$

② 9 个 $1/3e$ 分电荷组形成的磁矩高阶分量：同普通的电子磁矩一样，高能电子在质子内部空间围绕质子运动依然会产生自旋磁矩，也会产生系列空间耦合，并形成电子的自旋磁矩的高阶部分，这一部分也被现代物理学称为电子自旋磁矩的异常，对应这部分的自旋能量为 $e_p^+ \times (g_e/2 - 1)$，其中 $g_e = 2.002319304362$，为电子朗德因子（用 g_{e-} 表示，$g_{e-} = -2.002319304362$）的绝对值。同时，由于高能电子的总 $9^2 \times 9\lambda_p$ 波长中，共形成 9 个 $1/3e$ 电荷单元，按照量子力学原理，这 9 个 $1/3e$ 电荷产生的总自旋量子数为 $I = 9 \times$

---

① 王永昌. 近代物理学 [M]. 北京：高等教育出版社，2006：141，151，268.

$(1/3)$　$=3$。这样，对应的质子的高能电子的一阶能量部分的总自旋磁矩为：

$$\mu_{\text{p-1阶磁矩}} = \sqrt{3\ (3+1)}\left(\frac{g_e}{2}-1\right)\mu_N = 0.004017152993\,\mu_N \qquad (3.20)$$

上式为 9 个 $81\lambda_p$ 波长组构成的第一阶能量形成的磁矩，类似电子的一阶空间能量形成的磁矩，这一阶空间能量形成的磁矩可以使用电子朗德因子绝对值直接计算。

③ $81\lambda_p$ 的内部细分运动形成的二阶磁矩：我们最后还需要考虑由 81 个质子波长组构成的独立的能量体系形成的同质子能量进行交换的第二阶磁矩（在空间能量交换体系中的二阶能量是负值），显而易见其量子数为 81，由于每 81 个质子波长仅仅具有 $1/3e$ 电荷，因此采用电子朗德因子绝对值。这样一来，在电子与质子能量相互作用下，要知道第二阶能量引发的电子微量磁矩，就是要计算这独立的 81 个质子波长（量子数 $I=81$）构成的一个能量体系的第二阶能量引发的磁矩变化，按照这个思想，81 个质子波长形成的磁矩应该为：

$$-\sqrt{81\times\ (81+1)}\times\frac{1}{3}\left(\frac{g_e}{2}-1\right)^2\mu_N$$

同时按照以上的划分规则，1 个质子波长依然存在可开方的细分，如下所示：

1 个质子波长对应着 $1/27e$ 个电荷电量：$k\sqrt{\dfrac{e_p^+}{729}}=\dfrac{1}{27}e$

1 个质子波长的 1/4 对应着 $1/\ (2\times27)\ e$ 个电荷电量：$k\sqrt{\dfrac{e_p^+}{4\times729}}=\dfrac{1}{2\times27}e$

这样每组的 81 个质子波长引发的完整的第二阶磁矩为：

$$\begin{aligned}
\mu_{\text{p-2阶磁矩}} &= -\sqrt{81\times\left(81+1+\frac{1}{9}+\frac{1}{9}\times\frac{1}{4}\right)}\times\frac{1}{3}\left(\frac{g_e}{2}-1\right)^2\mu_N\\
&= -\sqrt{729+9+1+\frac{1}{4}}\times\left(\frac{g_e}{2}-1\right)^2\mu_N\\
&= -\sqrt{3^6+3^2+1+\frac{1}{4}}\times\left(\frac{g_e}{2}-1\right)^2\mu_N\\
&= -3.65637865\times10^{-5}\mu_N \qquad\qquad (3.21)
\end{aligned}$$

上式是对以波长为单位的电荷电量对质子总体磁矩的影响，3^6 代表 729 个质子波长，3^2 代表 9 个质子波长，1 代表 1 个质子波长，1/4 代表一个质子波长在质子的 3 个相互垂直的截面圆中的分布规则，即每个截面圆的维度为 2，每个维度的能量形态只能有 2 种，即因为 2，这样 2 个维度的能量因子自然为 4，故一个质子波长在质子内截面圆运动时存在 1/4 质子波长的能量单位。一个圆的 1/4 对应的是 90 度，显然每个圆中的 4 个 1/4 质子波长的形成也是由 3 个相互垂直的截面圆彼此相互相切正交而形成的。几何学上的正交就是彼此相差 90 度的概念，这样一来，质子内部 3 个相互相切正交的封闭圆内形成的 3×4 个 1/4 质子波长形成的总的相互作用量为 64，如图 3－5 所示。

当前，在通信系统中使用的编码也同样使用正交关系来实现复杂电波的信息传递，这也是唯一的解码能量不相干的方法。质子内部存在 1/4 波长的运动模式，让探索者感到非常惊讶！

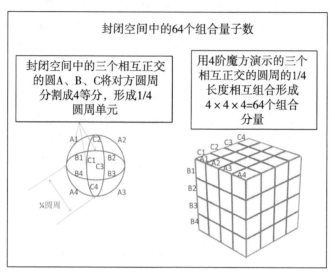

图 3 - 5　封闭空间中必然存在的 64 量子数

公式（3.21）为 9 个 $81\lambda_p$ 波长组构成的第二阶能量形成的磁矩。这样，在空间基本单元理论下，由质子内部的高能电子的 729 个质子波长所分成的 9 个 $81\lambda_p$ 波长组构成的所有的主磁矩、一阶和二阶磁矩形成的一个完美的质子理论磁矩总公式如下：

$$\mu_p = \mu_{p-主磁矩} + \mu_{p-1阶磁矩} + \mu_{p-2阶磁矩}$$

$$= \sqrt{\frac{7}{3}\left(\frac{7}{3}+1\right)}\,\mu_N + \sqrt{3\,(3+1)}\left(\frac{g_e}{2}-1\right)\mu_N - \sqrt{3^6 + 3^2 + 1 + \frac{1}{4}\left(\frac{g_e}{2}-1\right)^2}\,\mu_N$$

$$= (2.7888667551 + 0.004017152993 - 3.65637865 \times 10^{-5})\,\mu_N$$

$$= 2.79284734431\,\mu_N \tag{3.22}$$

2018 年 CODATA 给出的质子磁矩的测量值为 2.79284734463（±82）μ_N，显然，空间基本单元理论推导的质子磁矩与 2018 年给出的质子物理测量的磁矩数据基本一致。

这样，我们通过细致分析被因禁在质子内部空间的高能量电子所具有的能量和波长，解开了质子内部的大量秘密，并以质子磁矩、夸克电荷的形式体现出来，最终以极高的精度推导出质子磁矩理论值。简单地讲，一个能量波长为 $729\lambda_p$ 的高能电子在质子内部只能以 λ_p 为周长运动，每运动 729 圈才能保持电子的完整性，与此同时还需要保持总电荷量不变，而这一运动方式还需要受到质子内部结构的约束。这样一来，一个在质子内部的高能电子的能量波长在质子的内部相互垂直的三个空间圆区域里分裂为 3 部分，并构成了 3 个夸克的电荷及相应磁矩，就这样产生了现实物理世界中的质子磁矩以及质子内部的 1/3 电荷特异现象，如图 3 - 6 所示。

高能电子$e^+{}_p = E_p/27^2$中9个9^2 λ_p 波组的分配

$$质子核内总磁矩 = \sqrt{\frac{7}{3}\left(\frac{7}{3}+1\right)}\,\mu_N + \sqrt{3\,(3+1)}\,\left(\frac{g_e}{2}-1\right)\mu_N - \sqrt{729+9+1+\frac{1}{4}}\,\left(\frac{g_e}{2}-1\right)^2\mu_N$$

$$质子主磁矩 = \sqrt{\frac{7}{3}\left(\frac{7}{3}+1\right)}\,\mu_N = 2.7888667551\,\mu_N$$

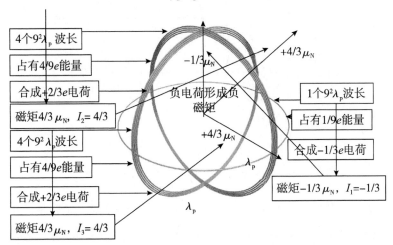

图 3-6　质子中的高能电子波长在核内空间的分布导致质子磁矩的形成

在本节中，我们用现代粒子物理学实验的精密数据来验证空间基本单元理论，不仅证实了空间密码 729 的客观存在，同时还发现了封闭空间的质子内部存在着 1/4 波长的基本能量单位，并形成 64 个相互作用量。这一发现在宇宙间是普遍适用的，由 3 个正交的圆构成的任何封闭空间中必然拥有基本的 64 量子数。

3.5　空间密码 729 揭示出十维度空间下的质子和夸克电荷构造

按照传统的三维空间理解，质子中的高能量电子也可以以一个完整的 729 周期的圆周（圆周周长为质子康普顿波长）围绕质子核心运动，这样的结果就是质子的磁矩以一个完美的μ_N为结束。当然，考虑到空间能量的分布，最优美的结果为$\mu_N g_e/2$，但是实验发现的结果却与之完全不同，这是十维度空间下物质和能量的分配结果，这样一来，高能电子在质子的十维度的封闭空间中的能量分配就必然受到空间维度和能量空间分配原理的影响。因此，高能电子势必要在质子内部的各个维度占有一定比例，而均匀分配是不符合能量分配原理的。图 3-3、图 3-4、图 3-6 中的高能电子的能量分配就成为电子在十维空间中能量分配的必然结果。

如图 3-7 所示，上、下夸克所具有的电荷其实是分别占据这十维空间中的五至六维、七至八维、九至十维这 6 个卷曲起来的维度，这 6 个维度形成了 3 个相互垂直的圆。当然，由于空间维度的更高级，如十二维度、二十维度等，质子中带电夸克也就必然会更多，进而参与分配一个完整的电子电荷的夸克也会更多，因而也可能出现 1/4

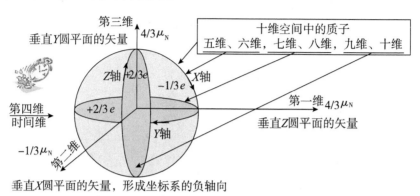

质子中三维空间的每一个维度都被弯曲封闭
成新的二维进而形成六维空间，六个维度空
间只能形成三种电子能量运动模式，三个夸
克电荷因此由空间维度决定

图 3 – 7　空间维度决定的质子内部夸克电荷和磁矩

电荷的夸克。而实际上我们所发现的就只有 3 个带电夸克来分割一个完整的电子电荷。并且也只有 1/3 可以分割的电荷形式，这一现象的存在，从根本上来讲还是空间维度的结果，在微小空间内，1 个平直的维度因为被卷曲形成弯曲的二维的圆形平面封闭子空间，而垂直于这个卷曲的圆形平面空间的矢量就成为第三维，十维空间中因为卷曲而封闭的相互正切的子空间只会有 3 个，这 3 个封闭的子空间构成了 6 个卷曲的维度，对应的可以存在的矢量数目只有 3 个方向（惯性方向），而这 3 个矢量的方向其实也就是对应着我们大尺度的三维空间的方向。简单地说，大尺度的物理三维度空间在微小尺度下都是卷曲的，因而质子内部的夸克电荷其实就是由空间的十维属性决定的。不仅限于此，质子中的所有能量形态均以级数序列方式运动，这也同样是由空间的维度属性决定的，因而由空间维度决定的质子内部能量体系的运动就使得 $81\lambda_p$ 的波长组合和质子内部 $-1/3e$、$+2/3e$、$+2/3e$ 电荷的出现成为必然结果。

3.6　顶夸克的构成与质量推导揭示出更精确的质子内部结构

自发现了中子、质子中包含有 729 个分别对应于中子、质子能量波长（康普顿波长）的高能电子，并以极高的精度有效构成了中子（见第 4 章）、质子电荷和磁矩，借助这个思路，我们还在质子撞击实验中发现了很多符合这一要求的粒子，顶夸克就是一个典型案例。

顶夸克是目前发现最重的夸克，和其他夸克一样，顶夸克（T）属于费米子，具有 1/2 的自旋，顶夸克的反粒子被称为反顶夸克，两者质量相同。顶夸克通过强作用力同其他基本粒子相互作用，弱力衰变为 W 玻色子和底夸克。既然顶夸克可以衰变为 W 玻色子，那么其能量也应该可以用推导 W 粒子的数学公式推导出来，这意味着顶夸克的能量构成与 W/Z 粒子构成一致。另外，中子衰变成高能电子和质子也是基于弱力衰变作用。由于顶夸克带有 $+2/3e$，而构成该封闭空间的电荷也是由一个带有 $+2/3e$ 的上夸克（能量为 $E_{1595819}$）构成的，如图 3–8 所示，因而带电荷的顶夸克能量也应该包含这一能量，根据这些线索，我们很容易发现有如下关系：

$$E_{\text{T－空间基本单元理论}} = 729 \times (100 + 1) \times E_{1595819} = 172.71009\text{GeV} \qquad (3.23)$$

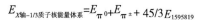

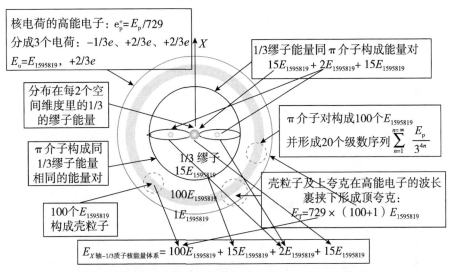

图 3－8　顶夸克的能量构成揭示出更加精确的质子能量体系

上述结果同 2019 年给出的最新实验测量值 172.9 ± 0.4GeV 完全一致（数据引自：http：//pdg. lbl. gov/2019/tables/rpp2019 – sum – quarks. pdf）。2020 年更新为 172.76 ± 0.3GeV，更加靠近理论值了，很多粒子物理实验数据的更新值均在逐步靠近空间基本单元理论值。

我们可以依据之前对质子内部能量、磁矩及内部粒子、顶夸克构成的研究成果，进一步细化质子内部的能量构成。

①由于在质子内部的 3 个相互垂直的封闭子空间中，缪子能量作为核心，是连接并均匀分布在 3 个封闭子空间中的，因而在每个封闭空间内的缪子能量必定为缪子能量的 1/3，由于缪子总能量为 $45E_{1595819}$，因而该能量为 $15E_{1595819}$。

②在每个封闭子空间里的一个 $\pi^\pm$ 介子〔每个 $\pi^\pm$ 介子能量为 $E_{\pi^\pm} = \left(\frac{115}{2} + 2\right) \times E_{1595819}$，见假设 7 的假定 4〕都会分出自己多余的 2 个 $E_{1595819}$（夸克）同缪子的 1/3 能量体系构成一对能量体系，同时剩余的能量同 π^0 介子〔每个 π^0 介子能量为 $E_{\pi^0} = \left(\frac{115}{2}\right) \times E_{1595819}$，见假设 7 的假定 4〕结合成一个 π^0 介子对。最终 3 个相互垂直的封闭

子空间中形成了拥有零电荷和 $396\,E_{1595819}$ 能量的胶子。

质子核能量体系在3个相互垂直的封闭空间内,如图3-9中的第五、第六、第七、第八、第九、第十维所示,沿坐标轴 X、Y、Z 的切面方向形成的封闭子空间内存在以下3个相同的核能量体系:

$$E_{X轴-1/3质子核能量体系} = E_{\pi^0} + E_{\pi^\pm} + \frac{1}{3}E_{\mu^\pm} = \frac{115}{2}E_{1595819} + \left(\frac{115}{2}E_{1595819} + 2E_{1595819}\right) +$$
$$15E_{1595819} = 100E_{1595819} + 15E_{1595819} + 2E_{1595819} + 15E_{1595819} \tag{3.24}$$

$$E_{Y轴-1/3质子核能量体系} = E_{\pi^0} + E_{\pi^\pm} + \frac{1}{3}E_{\mu^\pm} = \frac{115}{2}E_{1595819} + \left(\frac{115}{2}E_{1595819} + 2E_{1595819}\right) +$$
$$15E_{1595819} = 100E_{1595819} + 15E_{1595819} + 2E_{1595819} + 15E_{1595819} \tag{3.25}$$

$$E_{Z轴-1/3质子核能量体系} = E_{\pi^0} + E_{\pi^\pm} + \frac{1}{3}E_{\mu^\pm} = \frac{115}{2}E_{1595819} + \left(\frac{115}{2}E_{1595819} + 2E_{1595819}\right) +$$
$$15E_{1595819} = 100E_{1595819} + 15E_{1595819} + 2E_{1595819} + 15E_{1595819} \tag{3.26}$$

将带电荷的2个上夸克(能量均为 $E_{1595819}$)和1个下夸克(能量为 $2E_{1595819}$)分别分配在3个封闭的子空间后的质子总能量精细构成如下:

$$E_p = \left(E_{X轴-1/3质子核能量体系} + E_u\right) + \left(E_{Y轴-1/3质子核能量体系} + E_u\right) + \left(E_{Z轴-1/3质子核能量体系} + E_d\right) = 3 \times 132E_{1595819} + 4E_{1595819} = 400E_{1595819} \tag{3.27}$$

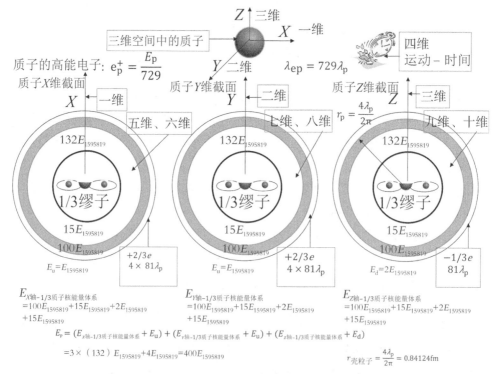

图3-9 十维空间中的质子能量体系结构

这样一来,我们在十维空间属性下不仅圆满地组合出质子的能量体系,同时也将质子内部能量体系的精细结构十分清楚地展现出来。我们由此可以描绘出图 3 – 10 所示的质子能量构成体系，顶夸克的构成及细节也就十分清楚了。总的来讲，空间基本单元理论发现的高能电子的行为同现代物理学中的标准模型理论的希格斯玻色场中的要求近乎一致。质子内部的所谓希格斯玻色场，其实就是高能量电子同质子内部各种粒子之间的相互作用关系，而高能电子由于具有明确的电子波长，因而也就不需要使用场和概率波的概念了，这是空间基本单元理论更为先进的表现。

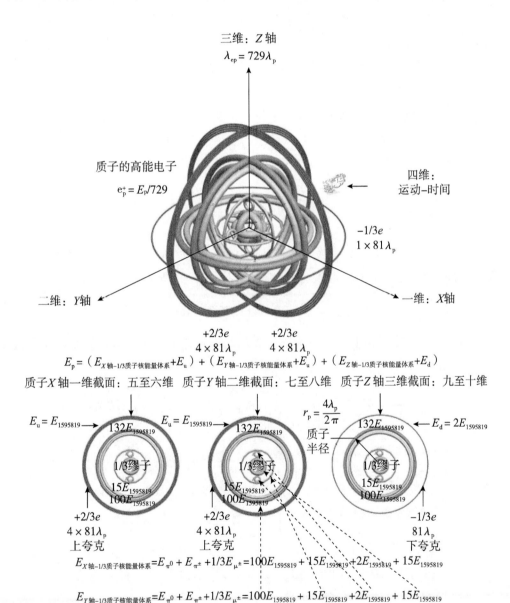

图 3 – 10　十维空间中的质子能量体系结构

3.7 质子壳粒子的发现与质子核半径推导与图解

在发现了顶夸克由 100 个 $E_{1595819}$ 在高能电子的波长裹挟下形成以后，我们更加清楚了质子的内部能量结构。在每一个质子能量空间构成的 3 个相互垂直的封闭子空间的维度中（图 3-10 中的五至十维）都有 100 个 $E_{1595819}$ 作为质子的外壳，以维护质子的空间完整性。同时，在我们发现了核子内部包含的各种粒子能量均与其能量的 n 平方分之一相关（这一关系在第 4 章中我们称为能量的空间谐振原理）后，依此规律找到了大部分相关的粒子：

质子：$E_p/1^2$；缪子：$E_p/3^2 + E_p/(27)^2$；上夸克：$E_p/(20)^2$；下夸克：$2E_p/(20)^2$；高能电子：$E_p/(27)^2$。

按道理，无论如何也应该有这样一个粒子，其能量应该为：$E_p/2^2 = 100E_{1595819}$。现在我们发现了，但是现代物理学却是以其原始能量的 729 倍并以顶夸克的身份发现的，由于这一粒子是保护质子能量空间的，因此我们将其称为壳粒子，并有：

壳粒子能量：$E_{壳粒子} = \dfrac{E_p}{2^2} = 100E_{1595819}$ (3.28)

其能量康普顿波长为：$\lambda_{壳粒子} = 4\lambda_p$ (3.29)

按照 10.1 章节的角能量原理，粒子康普顿波长除以 2π 即为该粒子的角能量半径，也等效于该粒子半径，因此，以壳粒子波长为圆周构成的圆半径为：

$$r_{壳粒子} = \frac{4\lambda_p}{2\pi} = 0.841235636 \times 10^{-15}\,\mathrm{m}$$ (3.30)

如图 3-11 所示，由此，质子内部所有的与夸克能量相关的能量体系都完全被发现了，其中的奥秘在于：

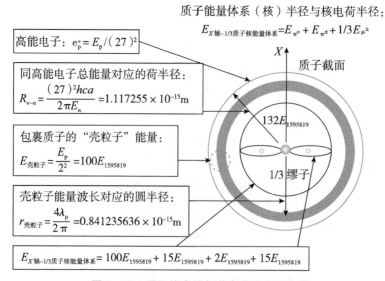

质子能量体系（核）半径与核电荷半径：

$E_{X轴-1/3质子核能量体系} = E_{\pi^0} + E_{\pi^\pm} + 1/3E_{\mu^\pm}$

高能电子：$e_p^+ = E_p/(27)^2$

同高能电子总能量对应的荷半径：
$R_{e-n} = \dfrac{(27)^2 hca}{2\pi E_n} = 1.117255 \times 10^{-15}\mathrm{m}$

包裹质子的"壳粒子"能量：
$E_{壳粒子} = \dfrac{E_p}{2^2} = 100E_{1595819}$

壳粒子能量波长对应的圆半径：
$r_{壳粒子} = \dfrac{4\lambda_p}{2\pi} = 0.841235636 \times 10^{-15}\mathrm{m}$

$E_{X轴-1/3质子核能量体系} = 100E_{1595819} + 15E_{1595819} + 2E_{1595819} + 15E_{1595819}$

X 质子截面

$132E_{1595819}$

$1/3$ 缪子

图 3-11 原子核半径与荷电荷半径解析图

壳粒子能量：

$$E_{壳粒子} = \frac{E_p}{2^2} = 100 E_{1595819}$$ (3.31)

上式中的因子"2"对应着在质子的内部空间 10 个维度中的每个空间维度都有正反两种运动。我们在顶夸克以及质子内部能量体系中均发现了这个能量。

（内夸克）夸克能量：

$$E_{1595819} = \frac{E_p}{(20)^2}$$ (3.32)

上式中的因子"20"对应着质子的内部空间的 10 个维度，并且在每个维度上有两种运动模式，所以质子内部存在正 – 负电荷就一点也不奇怪了。第 8 章中发现的（外夸克）质子空间能量：

$$E_{200} = \frac{E_p}{(200)^2}$$ (3.33)

上式中的因子"200"＝20×10，指明质子的外部空间也是 10 个维度。更有趣的是，壳粒子守护着质子的核能量空间，壳粒子的能量波长为圆周的圆半径即质子半径，构成了质子的住房，也称质子的"家"，由于高能电子的等效荷半径恰恰比质子核半径略大一些，因此质子"家门"处有一个高能电子作为"看门狗"。而原子中，电子运动的第一轨道半径也恰恰比核子空间能量波长半径 $(200)^2 \lambda_p$ 大一点点。因而可视第一轨道上的电子为原子家的"看门狗"。

夸克主导的质子内部粒子的构成体系，也同时构成了质子大家庭的所有成员。令人惊叹的是，质子的内部、外部空间结构同传统的人类家居完全一样，即便是上帝也不会制造这样完善的粒子家庭吧？由于壳粒子的能量是质子内部粒子中能量最大的粒子，其能量波长也是最短的，如果突破这一能量体系，那么质子的解体是必然结果，因此我们有必要将壳粒子的能量体系的半径称为质子半径，这样一来，我们在找到了最后也是最关键的 $E_p/2^2$ 能量体系的同时也确认了质子外部空间半径为：$r_{壳粒子} = 0.841235636 \times 10^{-15}$ m。

2020 年最新的质子半径实验测量（http：//pdg. lbl. gov/2020/tables/rpp2020 – sum – baryons. pdf）结果为（0.84087 ± 0.00039）×10^{-15} m。很明显，质子半径（兰姆位移测量值）与空间基本单元理论的壳粒子半径完全一致，这种一致性验证了空间基本单元理论发现壳粒子的存在这一事实，因而有：

空间基本单元理论发现的质子壳粒子半径＝现代物理学质子半径（兰姆位移）实验值

3.8　J/Ψ 粒子、c 夸克的构成、质量推导与图解

J/Ψ 粒子是 1974 年由丁肇中和利克特各自领导的两个独立小组分别通过质子—质子对、电子—反电子对撞击发现的，其粒子能量为 3096.916 ± 0.011MeV。丁肇中小组将所发现的粒子命名为 J 粒子，其实验为 2 个高速质子对撞产生新粒子，产生的

J粒子很快衰变成正负电子对。利克特小组通过正负电子对撞实验也发现了新粒子，并将这种新粒子命名为 Ψ 粒子。由于 J 和 Ψ 粒子是同一能量的粒子因而被命名为 J/Ψ 粒子。这个粒子属于共振子类，但其特点是比同类共振子寿命长 1000 倍，从 J/Ψ 粒子的衰变和构成来看，应该类似一个外围带有负电子而核心带有正电荷的类原子。由于这类粒子拥有一个外围电子，因而寿命都比同类不带外围电子的粒子寿命长，这一点同中子（也是带有一个外围负电子，内部是一个带正电荷的质子）类似，其寿命为 886 秒，而内核带电却没有外围电子的如缪子等寿命却十分短。这样，将 J/Ψ 粒子的总能量减去外围一个电子能量，其独立粒子核能量同夸克能量有如下关系：

$$E_{J/\psi} - E_e = （3096.916 - 0.51099891）/2.34568 = 1320.046E_{1595819}$$

非常明显，空间基本单元理论的 J/Ψ 粒子的总能量应该为 1320 $E_{1595819}$ 和一个电子的能量之和：

$$E_{J/\psi-空间基本单元理论} = 10 \times 132E_{1595819} + E_e = 60 \times 22E_{1595819} + E_e = 3096.8086\text{MeV} \quad (3.34)$$

对比质子能量体系构成公式我们发现，J/Ψ 粒子是由 10 倍的构成质子内部的 3 个相互垂直的封闭空间内的核能量体系构成的，这 3 个封闭子空间内的核能量均为 132$E_{1595819}$（不包含带电荷的上、下夸克能量），所以在此我们既证明了 J/Ψ 粒子是依据质子内部能量体系的结构构成的，也验证了在上一节中发现的质子内部能量体系构成的正确性。而其能量的 10 倍因子更是证明了空间的十维属性，如图 3 - 12 所示。

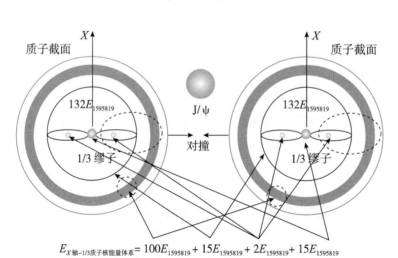

图 3 - 12　依据质子内部能量体系构成的 J/Ψ 粒子

物理学家们为了解释 J/Ψ 构成，从理论和实践上发现了带有 +2/3e 电荷的 c 夸克和它的反夸克 $\bar{c}$，表示如下：

$$J/\Psi = (c\,\bar{c})\ \uparrow\uparrow$$

2020 年 PDG（http：//pdg. lbl. gov/2019/tables/rpp2019 – sum – quarks. pdf）给出的 c 夸克的能量为 1270 ±20MeV，其误差为 20MeV，在这个误差范围内，我们可以找到两种构成 c 夸克的模型，一种 c 夸克能量 E_c 模型为：

$$E_c = 60 \times 9 \times E_{1595819} = 27 \times 20 \times E_{1595819} = 1266.667\,\text{MeV} \tag{3.35}$$

另一种 c 夸克能量 E_c 模型为：

$$E_c = 550 E_{1595819} = 25 \times 22 \times E_{1595819} = 1290.124\,\text{MeV} \tag{3.36}$$

c 夸克和 J/Ψ 粒子内部都是由 60 个夸克因子构成的，c 夸克由 9 个 $60E_{1595819}$ 构成，J/Ψ 粒子由 22 个 $60E_{1595819}$ 构成。所以提出 J/Ψ 粒子是由 c 夸克及其反粒子构成的是有理由的。另外，c 夸克明确带有 2/3e 电荷，应该拥有 729 因子，而因子 27 的平方等于729，c 夸克与反 c 夸克结合自然会形成 729 周期。因此，我们取 1266.667MeV 作为 c 夸克的空间基本单元理论值。显然有如下结论：

空间基本单元理论推导出的 J/Ψ 粒子能量值 = 现代物理学的 J/Ψ 粒子实验值

空间基本单元理论推导出的 c 夸克粒子能量值 = 现代物理学的 c 夸克能量实验

3.9　陶粒子（τ±）的构成、质量推导与图解

陶粒子（用符号 τ± 表示）属于轻子，科学家在正—负电子撞击中发现了带正电荷和负电荷的陶粒子对，同时陶粒子对通过弱相互作用衰变后形成缪子和中微子，PDG——2020 年给出的陶粒子粒子能量为 1776.86 ±0.12MeV。很明显，一对陶粒子是由 1515 个 $E_{1595819}$ 构成，并有如下关系：

$$2E_{\tau\pm} = 1515 E_{1595819} = 101 \times 15 E_{1595819} = 2 \times 1776.8526\,\text{MeV} \tag{3.37}$$

和顶夸克构成类似，因子"101"恰恰也是由壳粒子的 $100E_{1595819}$ 和上夸克的 $E_{1595819}$ 构成的，而且由于 101 是素数，因而构成陶粒子对的能量只能是 101 个 $15E_{1595819}$，不会有其他形式。回顾质子的构成（如图 3 – 10 所示），我们发现在质子内部的 3 个相互垂直的封闭子空间，都是由一对 $15E_{1595819}$ 通过两个夸克连接构成的。而质子内部的 $15E_{1595819}$ 也是由构成缪子的 3 个 $15E_{1595819}$ 向这 3 个相互垂直的封闭子空间提供的，并参与弱相互作用，同时陶粒子也是通过弱相互作用衰变成缪子的，如图 3 – 13 所示，二者在这里再次达到统一。

当我们正确地构成了质子内部能量体系后，在这个基础上，发现各种粒子的构成就是十分简单而愉快的事情了。即便没有高能电子对撞机我们也可以推演出很多粒子的能量和构成。同时也说明，除能量不同外，电子同质子的内部构造应该是相同的。否则也就不可能有使用高能电子对撞出的粒子同质子内部的能量构成相同这一事实。

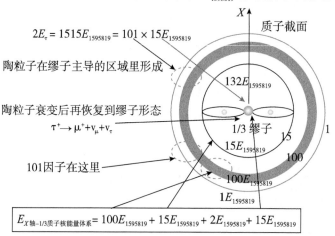

陶粒子的形成与质子内部能量构成

质子内部的$15E_{1595819}$对只是为缪子配对而存在

$2E_\tau = 1515E_{1595819} = 101 \times 15E_{1595819}$

陶粒子在缪子主导的区域里形成

陶粒子衰变后再恢复到缪子形态

$\tau^+ \rightarrow \mu^+ + \nu_\mu + \nu_\tau$

101因子在这里

$E_{X轴-1/3质子核能量体系} = 100E_{1595819} + 15E_{1595819} + 2E_{1595819} + 15E_{1595819}$

图 3 – 13   陶粒子形成于质子的内部统一能量构成体系

而这一切都源于粒子的内部构成其实就是空间的构成的根本原因。这样一来，构成电子的空间其实同构成质子的空间都是一样的空间，即空间基本单元，只是二者的空间基本单元的能量态不同而已。总结上述研究，显然有如下结论：

空间基本单元理论推导出的陶粒子能量值＝现代物理学的陶粒子实验值

3.10 底夸克（b）的构成、质量推导与图解

2020 年给出的底夸克（b）（http：//pdg. lbl. gov/2020/listings/rpp2020 – list – b – quark. pdf）的能量测量值为 $418\,0^{+30}_{-20}$ MeV。底夸克的能量测量精度虽然不高，但是我们还是可以寻找出其规律。由于底夸克带有 $-1/3e$，而对应于 $-1/3e$ 电荷的是质子内部的下夸克，能量为 $2E_{1595819}$。由于对应 $-1/3e$ 电荷的质子内部的这一部分封闭子空间中的电子波长为 $81\lambda_p$（见质子磁矩推导章节），因此参照 W/Z 粒子构成，应该有：底夸克的能量应该为 $81E_{1595819}$ 的整数倍，而且我们也毫不惊讶地发现确实有如下关系：

$$E_b = 22 \times 81E_{1595819} = 4180.002 \text{MeV} \tag{3.38}$$

图 3 – 14 是空间基本单元的底夸克构成起源示意图，底夸克的实验测量值和空间基本单元的理论推导值完全一致。总结底夸克构成，我们发现其是由质子内部的下夸克形成的，显现出 $81 \times 22_{1595819}$，是下夸克在质子的封闭子空间中显现出的统一属性。总结上述研究，显然有如下结论：

空间基本单元理论推导出的底夸克能量值＝现代物理学的底夸克实验值

底夸克形成于下夸克及其所带-1/3e的能量波长

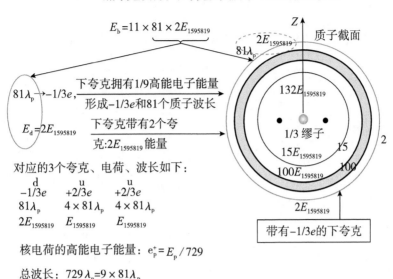

图 3 - 14　形成于下夸克结构的底夸克

3.11　奇异夸克（s）的构成分析

现在我们开始对奇异夸克（用符号 s 表示）的构成进行一下研究。2019 年 PDG 发布的奇异夸克测量的能量值为 93_{-5}^{+11}MeV，同时奇异夸克带有 $-1/3e$ 电荷，而在空间基本单元理论中，只有质子内部的下夸克带有 $-1/3e$ 电荷，因此奇异夸克同底夸克一样，都应该是由对应于 $-1/3e$ 电荷的质子内部的这一部分封闭子空间中的电子波长 $81\lambda_p$ 构成的。之前我们发现，π 介子系列拥有 $E_{1595819}/2$ 属性，那么同时拥有 81 和 $E_{1595819}/2$ 属性的粒子会是什么粒子？我们发现这个粒子恰恰就是奇异夸克，其能量构成的理论值为：

$$E_s = 81 \times E_{1595819}/2 = 95.00005\text{MeV} \tag{3.39}$$

通过底夸克（b）和奇异夸克（s）的统一构成这一结论，我们发现二者都是由质子内部的下夸克形成的，说明奇异夸克同底夸克的构成是一样的，这两者都是下夸克在质子的封闭子空间中显现出的统一属性。由于 $E_{1595819}$ 是不可再分的，所以奇异夸克更可能是成对或与其他夸克一同存在的，这样就与奇异夸克和上、下夸克构成奇异夸克团的理论相匹配了。2018 年的最新研究结果显示，独立的奇异夸克可能不存在，这个观点与 $E_{1595819}$ 不可再分是一致的。故有：

空间基本单元理论推导出的奇异夸克能量值 = 现代物理学的奇异夸克实验值

为清晰地展现空间基本单元理论的各种夸克及主要粒子构成规则，我们将这些夸克能量值与构成模型列入表 3 - 1 中，以方便读者对比研究。

表 3 - 1　　空间基本单元理论的夸克公式及能量值与 2020 年 PDG 发布的夸克能量值对比

夸克	电荷 (e)	空间基本单元理论公式	空间基本单元理论值（MeV）	2020 年 PDG 值（MeV）	包含量子数
u	2/3	$E_{1595819}$	2.34568022	$2.16^{+0.49}_{-0.26}$	4×81
d	-1/3	$2 \times E_{1595819}$	4.69136	$4.67^{+0.48}_{-0.17}$	81
s	-1/3	$81 \times E_{1595819}/2$	95.00005	93^{+11}_{-5}	81
c	2/3	$20 \times 27E_{1595819}$	1266.667	1270^{+20}_{-20}	3×9
b	-1/3	$22 \times 81E_{1595819}$	4180.00176	4180^{+30}_{-20}	81
t	2/3	$101 \times 9 \times 81E_{1595819}$	172710.09	172900^{+400}_{-400}	729
W$^+$	1	$729 \times 47E_{1595819}$	80370.04	80379^{+12}_{-12}	729
W$^-$	-1	$729 \times 47E_{1595819}$	80370.04	80379^{+12}_{-12}	729
Higgs	0	$132 \times 101 \times 4E_{1595819}$	125090	125100^{+140}_{-140}	132

3.12　质子内部的中性物质 π^0 介子的构成解析与质量推导

π^0 介子会衰变成 2 个伽马光子或 2 对正负电子，其内部构成应该是中性不带电荷的物质，或由正电荷物质和同量的负电荷物质构成的中性物质。我们从电荷这个角度来深入研究 π^0 介子。

本章我们已经发现质子中带负电荷的下夸克拥有电荷 $-1/3e$、对应波长 $81\lambda_p$、能量 $2E_{1595819}$，每个上夸克拥有电荷 $+2/3e$、波长 $4 \times 81\lambda_p$、能量 $E_{1595819}$，因为能量与电荷是平方关系，故上夸克的 $+1/3e$ 对应于波长 $2 \times 81\lambda_p$、能量 $E_{1595819}/2$，因此形成了一对正负电荷为零的对应关系：

上夸克中的 $+1/3e$ 电荷对应波长和能量：$2 \times 81\lambda_p$、能量 $E_{1595819}/2$

下夸克中的 $-1/3e$ 电荷对应波长和能量：$1 \times 81\lambda_p$、能量 $2E_{1595819}$

这样一来，上夸克中的带 $+1/3e$ 电荷的能量 $E_{1595819}/2$ 和下夸克中的带 $-1/3e$ 电荷的能量 $2E_{1595819}$ 搭配形成具有零电荷的一个能量单位：$2.5E_{1595819}$。另外，基于质子内部的 81 因子，我们发现，每 5 个 $E_{1595819}$ 恰恰构成一个 $\sum_{n=1}^{n=\infty} E_p/3^{4n}$ 能量级数，其中 π^0 介子对由 23 个能量级数序列构成。因此有中性的 π^0 介子主体能量构成为：

$$23 \times 2.5E_{1595819} = 57.5E_{1595819} = 134.8766\text{MeV}$$

$$23 \times 2.5E_{1595819} = 23 \times \frac{1}{2}\sum_{n=1}^{n=\infty}\frac{E_p}{3^{4n}} = 134.8766\text{MeV} \tag{3.40}$$

上述推导出的中性的 π^0 介子能量是由 23 对中性能量体系构成的，并与假定 5 中提出的一对 π^0 介子由 115 个空间基本单元的素数（1595819）集合构成的理论是完全一致的。

基于上述研究进展，我们进一步精确推导 π^0 介子能量。根据公式（3.40），π^0 介子 $23 \times 2.5E_{1595819}$ 的能量序列也是由质子内部构成夸克电荷的高能电子的 $729\lambda_p$ 个能量波长构成的，其中每一个波长所带有的能量 E_{729} 为：

$$E_{729} = \frac{e_p^+}{729} = \frac{\dfrac{E_p}{729}}{729} = 1.7655\text{KeV} \tag{3.41}$$

与 $57.5E_{1595819}$ 相对应的波长应该是 $57.5\lambda_p$，对应的能量为：

$$57.5 \times E_{729} = 57.5 \times \frac{e_p^+}{729} = 57.5 \times \frac{\dfrac{E_p}{729}}{729} = 101.5176\text{KeV} \tag{3.42}$$

这样一来，π^0 介子在质子内部完成一个完整的零电荷周期总运转的能量应该为：

$$57.5 \times E_{1595819} + 57.5 \times E_{729} = 57.5 \times \frac{E_p}{400} + 57.5 \times \frac{\dfrac{E_p}{729}}{729} = 134.9781\text{MeV}$$

考虑到 π^0 介子脱离质子内部时不会携带 0.5 个 λ_p 波长出去的（实际测量的 π^0 介子能量的误差也恰恰在这 $0.5\lambda_p$ 个波长所带的能量范围内），因而进入自由空间中的 π^0 介子应该携带 57 个整数 λ_p，如图 3-15 所示，其相应的能量为：

$$57E_{729} = \frac{e_p^+}{729} = \frac{\dfrac{E_p}{729}}{729} = 100.63\text{KeV} \tag{3.43}$$

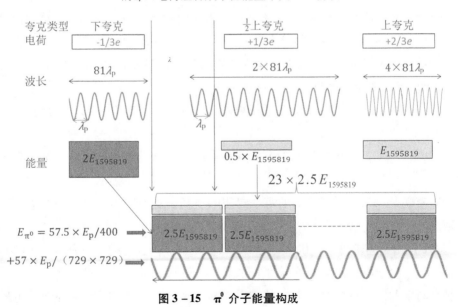

图 3-15　π^0 介子能量构成

将公式（3.40）和公式（3.43）相加就得到了脱离质子内部进入自由空间时的 π^0 介子的精确能量推导值：

$$E_{\pi^0} = 57.5E_{1595819} + 57E_{729} = 57.5 \times \frac{E_\mathrm{p}}{400} + 57 \times \frac{\dfrac{E_\mathrm{p}}{729}}{729} = 134.9772 \mathrm{MeV} \qquad (3.44)$$

从公式上看，中性介子能量单元似乎包有高能电子波长的外皮，而 π^0 介子恰恰也可以衰变成一对带正负电荷的电子和伽马光子。式中 E_p 为质子能量，e_p^+ 为质子的高能电子能量。2019 年 PDG 发布的 π^0 介子测量的能量值为 $134.9770 \pm 0.0005 \mathrm{MeV}$，该能量值与空间基本单元理论根据零电荷模式推导出来的理论值完全一致。因此有如下结论：

空间基本单元理论推导出的 π^0 介子能量值 = 现代物理学 π^0 介子的实验测量值

3.13　空间密码组合出新的密码：主导质子内部能量运动的量子数 861 和 137

我们一直怀疑，原子的精细结构常数（倒数）$1/\alpha = 137.035999084$ 及与之相关的重要系数 $2\pi/\alpha = 861.02257$ 与质子内部的能量结构有关，但是在没有精确解剖质子内部能量体系之前，还是没有任何证据来证明这一点。总结以上几节的发现，我们终于有了线索和证据来证明这一点。首先，质子内部最重要的是高能电子，其波长为 729 个质子能量波长（康普顿波长）；其次，我们发现质子作为一个封闭的十维空间，是由 3 个相互垂直的封闭圆空间构成的并形成了其中的 6 个维度，每个圆空间内含有 132 个 $E_{1595819}$（也称夸克），同时垂直于这 3 个封闭圆心的方向形成了大尺度空间的 3 个维度，这 9 个维度叠加时间维度形成 10 个维度。因而我们就有了质子内部的十维空间的以质子的电子波长和核能量为主导的量子数：

十维空间量子数：$729 + 132 = 861 \rightarrow 2\pi \times 137.035999084 = 861.02257$ $\qquad$ (3.45)

很明显，861 有如下属性：

①$861 = 729 + 132$，说明 861 是质子内部 2 个重要空间密码即 729、132 之和。并有如下定义：

空间密码 4：729，由封闭的 3 个相互垂直的圆周运动构成的 729 周期，拥有六维属性。

空间密码 5：132，质子内部的每个封闭圆空间内拥有二维属性，并拥有 132 能量量子数。

②861 是由空间密码 729 和 132 构成，所以不设立为独立的空间密码，861 除以 2π 后就是 137 主量子数，也是十维空间中的质子内部能量面向（也就是垂直于）大尺度的三维空间中的任意一维的方向上的主量子数 137，核力的 137 次循环形成电磁力因子。而且在三维空间中，都有 861 量子数并结合其空间能量共同构成了 $2\pi/\alpha \approx 861$。因

此，质子内部面向三维大尺度空间的任何一个方向的（夸克）能量量子数：

$$132 + 5 = 137 \rightarrow 1/\alpha = 137.035999084 \tag{3.46}$$

从上几节的介绍中我们发现，质子内部的能量体系是以 $5E_{1595819}$ 为一组形成 81 的 n 阶能量级数序列，如下所示：

$$E_{\mathrm{p}} = 400E_{1595819} = 80 \times 5E_{1595819} = 80 \sum_{n=1}^{n=\infty} \frac{E_{\mathrm{p}}}{3^{4n}} \tag{3.47}$$

之前的发现证明：质子的电荷也是由 5 个 $1/3e$ 分电荷组成的，而每个分电荷都是以 81 个质子波长为基础演化而成的，上述 2 个重要发现其实是等效的，并都说明对于十维空间内部都有面向三维大尺度空间的任意方向上的主量子数：

$$132 + 5 = 137 = 6 \times 22 + 5$$

总之，质子能量体系在分成了由 400 个 1595819 空间基本单元素数集合的构成后，其内部能量的分配和能量运动体系就完全由空间密码 132 和 729 来决定了，并因此形成了对外空间相互作用的 137 和 861 量子数。同理，当我们把质子仅仅视为一个十维包含有运动能量的空间时，其内部空间的维度激发的能量的属性在外部空间的显现就是 137 或 861，如图 3 – 16 所示。简而言之，任意一个空间基本单元、电子等粒子内部都应该有 137 这个由空间自身属性决定的量子数，而由 137 引申的精细结构常数成为宇宙万物的构成常数也就不可避免了。

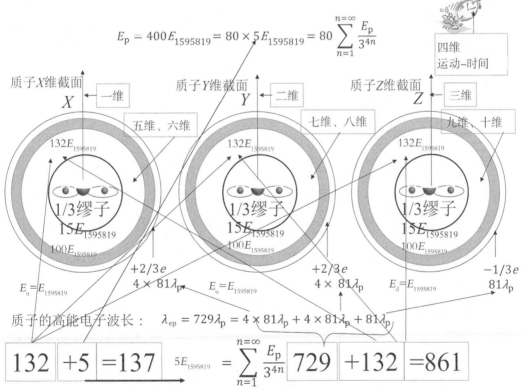

图 3 – 16　质子内部能量运动的量子数构成了原子的重要量子数：132、861

本章继续探索发现了质子内部能量以 1595819 个素数空间基本单元集合为基础能量单位的分配准则，由此进一步发现了空间密码：132、729，并因此对质子内部量子数 137 和 861 的构成有了更深刻的认知。更为重要的是，通过推导质子的磁矩，我们发现了由质子内部 3 个相互垂直的封闭圆相交而形成的 1/4 质子康普顿波长的基础波动单元，并因此发现了 3 组由 4 个 1/4 质子康普顿波长形成的 64 种组合模式，并因此断定作为封闭空间的质子内部存在有 64 个组合量子数。这个原理可以应用于宇宙中的任何封闭空间：

无论是微小的质子、原子还是巨大的恒星等，所有封闭空间都必然存在 64 量子数。

第4章　空间密码729主导下的弱相互作用及中子、缪子、W/Z粒子的构成与磁矩

4.1　核子能量的空间谐振原理

总结前几章的研究成果，尤其是在假设7中，我们发现粒子主体能量会在粒子内部外部形成空间谐振。空间基本单元理论不仅发现而且还运用了这样的规律，质子、中子中的各种夸克、缪核、高能电子、$E_{1595819}$等在内的粒子能量都遵循着与核能量的空间谐振的规律，即核子内的任意一种粒子的能量E_X（质子能量用E_p代表、中子能量用E_n代表）同核子能量的被发现有如下关系：

$$E_X = \frac{核子能量}{n^2} \tag{4.1}$$

我们称上式为"能量的空间谐振原理"，E_X称为核子的任意一种空间能量，式中n为不为零的整数，n的取值主要取决于能量运动状态与其涉及的空间维度的数目（本书中 n 代表中子，斜体 n 代表自然整数变量），如：

质子：$\dfrac{E_p}{1^2}$；中子：$\dfrac{E_n}{1^2}$；壳粒子：$\dfrac{E_p}{2^2}$；缪核：$\dfrac{E_p}{3^2}$；上夸克：$\dfrac{E_p}{(20)^2}$；下夸克：$2\dfrac{E_p}{(20)^2}$；中子中的高能电子：$e_n^- = \dfrac{E_n}{(27)^2}$；质子中的高能电子：$e_p^+ = \dfrac{E_p}{(27)^2}$。

从空间基本单元理论的研究中我们发现，所有重要的核内粒子都自然遵循着这一统一的能量分布规律，我们统一称为：空间基本单元理论的能量的空间谐振原理。而这一原理被发现由核子内部一直延伸到核子外部的电子在围绕原子核运动的轨道上时还依然成立，即所有元素的原子的电子轨道能量都源于运动轨道半径为$(200n)^2\lambda_p$的质子空间能量$E_p/(200n)^2$。

从广义的角度上看，任何粒子都是能量在空间中的聚集而形成的，而空间的十维及其构成属性又为这些能量在空间的聚集提供了能量在空间上的分布规则。更多的粒子（包括介子、玻色子等）被发现都是这些基本的空间能量$\left[\dfrac{E_p}{(20)^2}、\dfrac{E_p}{(27)^2}\right]$的复合体，如缪子、陶子、π介子、W/Z粒子等。从这一点来看，空间基本单元理论对粒子

世界的描述具有完整的统一规律性。这也是我们将粒子的能量构成规则同样称为能量的空间谐振原理的原因。

从完整的空间基本单元理论上看，能量的空间谐振原理归根到底是由空间的维度的属性所决定的，也就是本书发现的 10 个维度构造下的能量分布法则。我们可以将空间基本单元内部及质子内部的构成想象为拥有数种空间的谐振腔，能量在这些谐振腔中引发共振并形成相对应的能量体系。根据这一原则，n 的具体数值的选择基本上都是空间维度的内部属性的体现，而不是每一个整数都有机会出现的，如 n 为 2 时，体现的是每个维度上能量运动有 2 种模式；n 为 3 时，体现着十维空间中的微小六维度是由相互垂直的 3 个截面圆构成的 3 个封闭子空间；n 为 10 时，体现着空间的十维属性；n 为 20 时，体现着质子内部能量在其十维空间中的分配；n 为 200 时，体现着由属于质子内部的十维空间中的能量延伸到外部的十维空间中的相互作用。正是因为 10 个维度的空间对粒子构成起到了绝对影响，很多的粒子能量 E_X 才会有如下的复合形式的能量构成形式：

$$E_X = m \frac{E_p}{20^2}$$

而成对出现的粒子往往会有如下的能量构成规律：$E_X = \frac{m}{2} \frac{E_p}{20^2}$。其中 m 为正整数，E_p 为质子能量。

总而言之，空间基本单元内部构造及质子内部构造的复杂而稳定的体系产生了核能量的空间谐振原理。

4.2 伟大的物理学法则：空间基本单元素数集合与能量的空间谐振原理的完美统一

我们在第 3 章提出，带正电荷或负电荷的缪子均是由 45 个空间基本单元素数集合 $E_{1595819}$ 构成的，公式如下：

$$E_{\mu^\pm} = 45 \times E_{1595819} = 9 \times 5 \times \frac{E_p}{(20)^2} \tag{4.2}$$

另外，高能电子的发现引发我们新的思考：是否质子内部的能量也有类似组合形式？经过数年研究我们可以发现，每 5 个空间素数集合 $E_{1595819}$ 恰恰构成一个 $\sum_{n=1}^{n=\infty} E_p / 3^{4n}$ 能量级数，公式如下：

$$5E_{1595819} = 5 \times \frac{E_p}{400} = \frac{E_p}{80} = \frac{E_p}{3^4} + \frac{E_p}{3^8} + \frac{E_p}{3^{12}} + \cdots = \sum_{n=1}^{n=\infty} \frac{E_p}{3^{4n}} \tag{4.3}$$

我们也发现并验证了循环素数"5"是构成宇宙万物的"核"的密码，而 5 个空间

素数集合 $E_{1595819}$ 恰恰构成了一个 $\sum\limits_{n=1}^{n=\infty} E_{\mathrm{p}}/3^{4n}$ 能量级数序列，这绝非偶然，而是"核"密码的规则在起作用的必然结果。所以在质子核内部的缪子主能量为：

$$E_{\mu^{\pm}} = 9 \times 5 E_{1595819} = 9 \times 5 \times \frac{E_{\mathrm{p}}}{400} = 9 \sum_{n=1}^{n=\infty} \frac{E_{\mathrm{p}}}{3^{4n}} = 9 \times \frac{E_{\mathrm{p}}}{80} = \frac{E_{\mathrm{p}}}{3^{2}} + \frac{E_{\mathrm{p}}}{3^{6}} + \frac{E_{\mathrm{p}}}{3^{10}} + \frac{E_{\mathrm{p}}}{3^{14}} + \cdots$$

$$(4.4)$$

由此可见，在质子中的缪子是由 9 个完整的 $\sum\limits_{n=1}^{n=\infty} E_{\mathrm{p}}/3^{4n}$ 能量级数构成，能量级数序列中的 $E_{\mathrm{p}}/3^{2}$ 即为我们所说的缪核，$E_{\mathrm{p}}/3^{6}$ 即为我们在中子中发现的高能电子。由前几章研究成果我们知道，质子内部在物质构成方面是由 400 个 $E_{1595819}$（夸克）构成的，而在能量方面其所有能量可以视为由 80 个能量级数构成的。这样一来，质子内部形成了物质构成与能量的统一，用公式表示如下：

$$E_{\mathrm{p}} = 400 E_{1595819} = 80 \times 5 E_{1595819} = 80 \sum_{n=1}^{n=\infty} \frac{E_{\mathrm{p}}}{3^{4n}} \qquad (4.5)$$

我们发现质子的 400 个夸克和 80 个能量级数序列恰好可以构成如下能量体系：

$$E_{\mathrm{p}} = 400 E_{1595819} = 3 \times (115 + 2) E_{1595819} + 45 E_{1595819} + 4 E_{1595819}$$

$$= 3 \times 23 \sum_{n=1}^{n=\infty} \frac{E_{\mathrm{p}}}{3^{4n}} + 9 \sum_{n=1}^{n=\infty} \frac{E_{\mathrm{p}}}{3^{4n}} + 2 \sum_{n=1}^{n=\infty} \frac{E_{\mathrm{p}}}{3^{4n}} = 80 \sum_{n=1}^{n=\infty} \frac{E_{\mathrm{p}}}{3^{4n}} \qquad (4.6)$$

亦即质子内部的能量依然是统一的以 81 为基础的波动状态，而这一状态必将最终决定质子内部能量的运动属性，如高能电子的能量与其产生的磁矩、缪子的能量与其产生的磁矩、W/Z 粒子能量、顶夸克、π 介子对的形成、质子中夸克的电荷、质子磁矩等。当然也包括中子，甚至包括所有元素原子的物理属性。在推导万有引力时，我们还会发现能量级数序列对多核子原子的引力产生影响的痕迹，公式（4.6）必须在核子内部的稳定核能量态下才能成立的，当脱离核子内部的能量空间时，能量系列 $\sum\limits_{n=1}^{n=\infty} E_{\mathrm{p}}/3^{4n}$ 将解体成其主要能量部分。

这样一来，空间基本单元理论的质子、缪子构成理论无论是从物质的空间基本单元素数集合能量角度计算，还是从能量的空间谐振原理角度来计算，都是完全一致和正确的，而且二者都统一于能量级数序列。在这里我们发现，质子内部的物质构成理论同能量级数序列—能量的空间谐振原理形成完美统一的法则。宇宙物理学统一法则的伟大不得不让人类产生敬畏之情。能量级数序列在多核子的原子核构成中仍然起到重要作用，要想打开原子核并获取其内部能量，能量级数序列的应用是个重要途径。

4.3　空间密码 729 下的中子构成

自由中子的寿命为 886.7 秒，并会衰变为 1 个质子、1 个电子和中微子，以实验数据为标准，中子同质子的能量差为：

$$939.56542\text{MeV} - 938.272088\text{MeV} = 1.293332\text{MeV}$$

当然，自由中子不稳定性的这一特点也在中子的构造公式中反映出来了。空间基本单元理论指出，空间基本单元是构成宇宙各种形态物质的基础，并且在获得足够能量后，空间基本单元的集合形成了电子，这一集合在更大的能量状态下形成了质子（质子与电子所带的正负电荷与构成质子和电子的能量形态密切相关，即空间基本单元既可以构成带负电荷的电子，也可以构成带正电荷的质子）。我们猜想中子是否是质子携带了一个更高能量的电子，这个电子是由于进入质子的核能量状态而使得其能量从自由空间的 0.511MeV 变为 1.293332MeV，如图 4-1 所示。联想关系式 $E_{1595819} = \dfrac{E_p}{20^2}$，我们得到如下的中子能量 E_n 关系式：

$$\frac{E_n}{(27)^2} = \frac{939.56542}{(27)^2}\text{MeV} = 1.2888414\text{MeV} \tag{4.7}$$

上式结果同中子与质子的能量差 1.29333MeV 十分接近了。我们假定在中子外围的高能电子及其能量均用 e_n^- 表示，并且有：

$$e_n^- = \frac{E_n}{(27)^2} = \frac{939.56542}{(27)^2}\text{MeV} = 1.2888414\text{MeV} \tag{4.8}$$

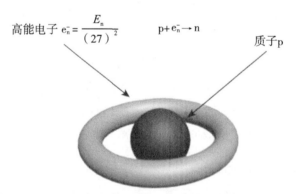

高能电子 $e_n^- = \dfrac{E_n}{(27)^2}$　　　　$p + e_n^- \rightarrow n$　　　　质子p

中子可以被认为是由一个质子与一个能量为中子
能量$1/(27)^2$的处于核子能量态的高能电子复合而成的

图 4-1　高能电子与质子构成中子

同时，由于高能电子同质子之间的能量交换是不可能凭空产生的，需要有空间基本单元这一实体物质（物理学称之为中微子）来承载这一能量的交换。每一个空间基本单元可以承载一个完整周期的电子运动。因此中子中的高能电子同质子之间的能量交换，必须是由质子能量态下的空间基本单元完成的，质子能量态下的空间基本单元能量 E_{p-m_0} 为：

$$E_{p-m_0} = \frac{E_p}{638327600} = \frac{938.272088}{638327600}\text{MeV} = 1.46989\text{eV} \tag{4.9}$$

根据空间基本单元理论，中子是由围绕质子运动的高能电子同质子构成的，这一高能电子能量占中子系统总能量的 $1/(27 \times 27)$，拥有 9×81 个中子康普顿波长。同时保持粒子稳定的必要条件是在3个维度都有旋转惯量，进而形成粒子的惯性质量，而在质子内部的高能电子又在质子能量作用下以质子能量波长为单位构成3个分支电荷与质子内部的夸克电荷相对应，这也同时证明了就是3个带分电荷的夸克所带的电荷，因此对应于中子内部的质子磁矩，中子磁矩也应该同中子内部质子的磁矩相耦合对应。这样对应3个核子分磁矩的高能电子分支的总空间能量（其中包括高能电子的自旋能量及承载该能量的空间基本单元能量，见图4-2）为：

$$\begin{aligned}
e^-_{n-\text{自旋能量}} &= 3 \times (g_e/2 - 1) \, e^-_n + 3 \times E_{p-m_0} \\
&= 3 \times 0.00115965218 \times 1288841.4\text{eV} + 3 \times 1.46989\text{eV} \\
&= 4488.23\text{eV}
\end{aligned} \tag{4.10}$$

因此，中子的高能电子在 X-Y-Z 这三维空间上的每一维度上的空间能量分布均应该为：

$$e^-_n \left(\frac{g_e}{2} - 1 \right) + E_{p-m_0} \tag{4.11}$$

中子的高能电子在 X-Y-Z 这3个空间维度上的总空间能量分布为：

$$3 \times e^-_n \left(\frac{g_e}{2} - 1 \right) + 3 \times E_{p-m_0} \tag{4.12}$$

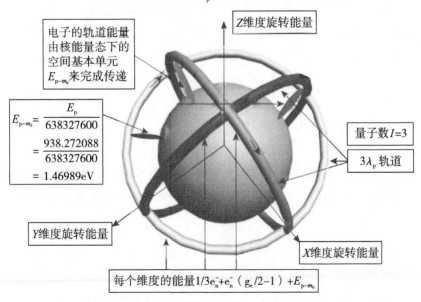

图4-2 与实际测量值完全符合的高能电子与质子复合成的中子系统

这同运用空间基本单元理论计算电子的质量和磁矩方法保持统一。我们将 e_n^- - 自旋能量 简单地解释为高能电子围绕质子运动时同质子的总交互能量（其中也包括自旋能量、媒介能量）。也就是说，处于质子轨道上的高能电子的轨道能量 e_n^- - 自旋能量 是由质子提供的能量 E_{p-m_0} 的空间基本单元来承载和传递的。原则上，电子的波长在低能量下可以形成一个完整周期，这个周期往往也是电子能量波长（也称康普顿波长）的长度，这时候核子同电子之间的能量交换只需要一个空间基本单元来完成。同时，在核子轨道上的电子波长往往也是核子能量波长的整数倍，所以高能电子在核子核心区域往往会受核能量影响，一个电子波长同时形成多个分电子段的运动周期，这时候就需要多个空间基本单元参与电子与核子的能量交换。即每一个电子运动周期都需要有实际基本物质——空间基本单元的参与才可以完成。而中子是由其高能电子波长分成三个相互垂直的子运动周期围绕质子运动而形成的，如图 4 - 2 所示。2020 年给出的质子能量为 938.27208816（29）MeV，中子能量为 939.56542052（54）MeV，空间基本单元理论的中子能量推导值为：

$$E_n = E_p + e_n^- + 3e_n^- \ (g_e/2 - 1) \ + 3E_{p-m_0}$$

$$= 938.272088\text{MeV} + 1.2888414\text{MeV} + 3 \times 1.2888414\text{MeV} \times 0.00115965218 + 3 \times 1.46989 \times 10^{-6}\text{MeV}$$

$$= 939.5654176\text{MeV} \tag{4.13}$$

上式得出的中子总能量同样同 CODATA2018 给出的中子能量值基本一致，同 2020 年 PDG 给出的中子能量值 939.565413（6）MeV 完全一致。因此有：

空间基本单元理论推导的中子能量值 = 现代物理实验中子能量测量值

同时，轨道空间能量 $3 \times (g_e/2 - 1) e_n^-$ 因子部分还透露出中子磁矩的信息，即中子的高能电子的磁矩应该约为 3 倍核子磁矩，并同中子内部的质子磁矩一同合成中子的总磁矩。由此，我们圆满解释了中子能量来源，并同实验数据保持一致。

4.4 空间密码 729 下的中子磁矩探索

在上节中我们成功地推导出中子的质量，并知道中子是由一个带有负电荷的高能电子同质子构成的。根据能量的空间谐振原理，中子的外部高能电子能量为：

$$e_n^- = \frac{E_n}{(27)^2} = \frac{939.56542}{(27)^2}\text{MeV} = 1.2888414\text{MeV} \tag{4.14}$$

而中子内部质子的高能量电子能量为：

$$e_p^+ = \frac{E_p}{(27)^2} = \frac{938.272088}{(27)^2}\text{MeV} = 1.2870673\text{MeV} \tag{4.15}$$

以质子能量波长 λ_p 为标准，构成中子的外部高能电子波长为：

$$\lambda_{en} = (27)^2 \lambda_n = (27)^2 \times \frac{938.272088}{939.56542} \lambda_p = 727.99652\,\lambda_p = (27)^2 \lambda_p - 1.00348\,\lambda_p$$

$$(4.16)$$

质子的高能量电子波长与中子的高能量电子波长恰恰相差一个质子康普顿波长。

二者能量差为：

$$e_n^- - e_p^+ = 1.2888414\,\text{MeV} - 1.2870673\,\text{MeV} = 1.7741\,\text{KeV}$$

很明显，由于构成中子（这里指自由中子）的外部高能量电子的能量波长比质子内部的高能量电子波长略短，因而计算中子磁矩变得十分复杂，经过随后的理论推导证明，也恰恰是这一微小的能量差异，反而帮助我们以更高精度推导出中子磁矩。我们可以先计算其主要部分，即可以假想外部高能电子也同样是由 $(27)^2 \lambda_p$ 构成，然后再计算由 1.7741KeV 的能量差构成的微小磁矩，进而再合成二者为中子的总磁矩。不过这里需要明确的是，中子在核能量态下，原则上其外部的负电子也是同质子内部电子的波长分配原理一样。同质子类似，由于空间维度的影响，中子的外部高能电子的一个完整的能量波长被空间分配成同质子内部电荷相同的异性电荷组（ $-2/3e$，$-2/3e$，$+1/3e$ ），只是由于总波长略短，因而也只能在 $+1/3e$ 的能量上会有微小欠缺，并因此在 $+1/3e$ 电荷引发的磁矩上有微小短缺，故应该在以假设中子能量波长为 $(27)^2 \lambda_p$ 的基础上计算总磁矩，并在此基础上再减去由于这一部分微小能量引发的正磁矩缺少值。由于中子是由质子和一个高能电子复合而成，并且质子带正电荷及正磁矩，而高能电子带有负电荷及负磁矩。因此，中子的磁矩计算显得复杂，且具有一定计算误差。我们知道在公式（4.12）中，中子的高能电子的轨道量子数 I_e 取为 3，并且依此计算出中子的质量。这表明中子外部的带负电荷的高能电子是以 $3\lambda_p$ 为运动轨道周长，因而在每个垂直的坐标轴方向上形成的磁矩分别为（见图 4-3）：$3 \times (-2/3)\,\mu_N$，$3 \times (-2/3)\,\mu_N$，$3 \times (1/3)\,\mu_N$。

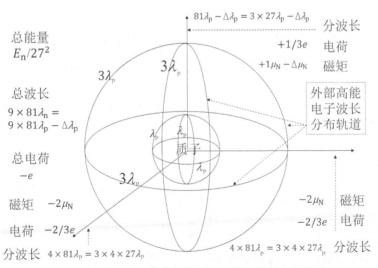

图 4-3 中子内部 2 个高能电子相互作用构成的中子磁矩

由于三者之和为 $-3\mu_N$，因而总量子数为 3，所以中子外围的独立的高能电子围绕质子运转所产生的主磁矩可以依据量子力学原理计算得出：

$$中子高能量电子主磁矩 = -\sqrt{3 \times (3+1)}\,\mu_N \tag{4.17}$$

同时我们也知道，质子的电荷等效主磁矩为：

$$\mu_{p-主磁矩} = \sqrt{\frac{7}{3} \times \left(\frac{7}{3}+1\right)}\,\mu_N \tag{4.18}$$

二者形式上完全相同。最后我们还需要讨论中子的外部带负电荷的高能量电子同构成中子的质子内部的带正电荷的高能量电子相互作用的量子数，目前我们所知道的是电子的自旋为：$S_e = 1/2$，并且 $S_e^2 = \frac{1}{2}\left(\frac{1}{2}+1\right)$，因而有：质子内部电子自旋角动量量子数：$S_{e_p}^2 = \frac{1}{2}\left(\frac{1}{2}+1\right)$，中子的外部电子自旋角动量量子数：$S_{e_n}^2 = \frac{1}{2}\left(\frac{1}{2}+1\right)$。因此，中子内部的正、负电子的总自旋的相互作用量子数 I_{e-p} 为：

$$I_{e-p} = S_{e_n}^2 S_{e_p}^2 = \frac{1}{2}\left(\frac{1}{2}+1\right) \times \frac{1}{2}\left(\frac{1}{2}+1\right) = \frac{9}{16} \tag{4.19}$$

结合质子的磁矩，我们可以根据量子力学原理原子总磁矩的计算方法，给出一个初步的中子总的与电子运动相关的复合量子数的计算方法，计算出的中子主磁矩为：

$$\begin{aligned}
\mu_{n-主磁矩} &= -\sqrt{I_e(I_e+1) - I_p(I_p+1) - I_{e-p}}\,\mu_N \\
&= -\sqrt{3 \times (3+1) - \frac{7}{3} \times \left(\frac{7}{3}+1\right) - \frac{9}{16}}\,\mu_N \\
&= -1.913040047208\,\mu_N
\end{aligned} \tag{4.20}$$

其中 $I_e = 3$ 为中子外围高能电子自旋量子数；$I_p = 7/3$ 为中子内部的质子中的高能电子电荷的等效自旋量子数，并用于主导质子磁矩；I_{e-p} 为中子外部高能电子同中子内部质子的高能电子相互作用的总量子数。对比实验测量的中子磁矩值 -1.91304273（± 45）μ_N，上述推导出的中子磁矩的结果同中子磁矩的实验测量值仅仅有微小差异。剩余的问题是计算高能量电子的一阶空间能量引发的磁矩，由于中子中带有负电荷的高能量电子与其内部质子带有正电荷的高能量电子的一阶空间能量主量子数均为 $I_{en} = I_{ep} = 3$ [见质子磁矩推导公式（3.20）]，因此一阶空间能量引发的磁矩和为零，公式表示如下：

$$\begin{aligned}
\mu_{n-1阶磁矩} &= \sqrt{I_{en}(I_{en}+1)}\,\mu_N\,(g_e/2-1) - \sqrt{I_{ep}(I_{ep}+1)}\,\mu_N\,(g_e/2-1) \\
&= \sqrt{3(3+1)}\,\mu_N\,(g_e/2-1) - \sqrt{3(3+1)}\,\mu_N\,(g_e/2-1) = 0\,\mu_N
\end{aligned}$$

$$\tag{4.21}$$

依次类推，第二阶耦合能量引发的磁矩和仍然为零，因此中子内部的 2 个高能量电子之间的高阶能量引发的磁矩也为零。因为我们还不了解由于中子与质子内部的高能电子的能量差异（1.7741KeV 的能量差）引发的磁矩是依据理论上的一个质子能量对应一个核磁矩μ_N原则，还是依据质子能量对应着$\mu_n = -1.913040047208\,\mu_N$的原则，不妨取二者的平均值，那么由高能电子的能量差异引发的磁矩短缺分别表示为：

$$\Delta\mu_{N1} = \frac{1.7741\,\text{KeV}}{938272.088\,\text{KeV}}\,\mu_N = 1.8908\times10^{-6}\mu_N$$

$$\Delta\mu_{N2} = \frac{1.7741\,\text{KeV}}{938272.088\,\text{KeV}}\times1.91304\,\mu_N = 3.6172\times10^{-6}\mu_N$$

$$
\begin{aligned}
\Delta\mu_N &= (\Delta\mu_{N1} + \Delta\mu_{N2})/2 \\
&= (1.8908 + 3.6172)\times10^{-6}/2\,\mu_N = 2.754\times10^{-6}\mu_N
\end{aligned}
\tag{4.22}
$$

因此，由空间基本单元理论推导的中子磁矩为：

$$
\begin{aligned}
\mu_n &= \mu_{n-\text{主磁矩}} + \mu_{n-1\text{阶磁矩}} - \Delta\mu_N \\
&= -1.913040047208\,\mu_N + 0 - 2.754\times10^{-6}\mu_N \\
&= -1.91304280\,\mu_N
\end{aligned}
\tag{4.23}
$$

另外，我们也可以利用中子高能量电子与质子高能量电子的波长差一个质子康普顿波长这个事实来精细推导中子磁矩。质子的高能电子所拥有的729个质子康普顿波长，其每一个康普顿波长形成了一个封闭圆周长，其圆空间内拥有132个$E_{1595819}$量子数，质子的一个多余出来的波长与中子的高能量电子的729个波长耦合729次完成全部的2个高能量电子直接的耦合过程，总耦合量子数$I_{n-p} = 1/(132\times729)$。这样一来，我们可以将中子主磁矩公式（4.20）转变为更精确的中子磁矩公式：

$$
\begin{aligned}
\mu_n &= -\sqrt{I_e(I_e+1) - I_p(I_p+1) - I_{e-p} + I_{n-p}}\,\mu_N \\
&= -\sqrt{3\times(3+1) - \frac{7}{3}\left(\frac{7}{3}+1\right) - \frac{9}{16} + \frac{1}{729\times132}}\,\mu_N = -1.91304276\,\mu_N
\end{aligned}
\tag{4.24}
$$

2018年CODATA给出的自由中子总磁矩为：-1.91304273（±45）μ_N，所以有：

空间基本单元理论的中子磁矩推导值 = 现代物理中子磁矩实验测量值

4.5　高能电子与缪子（$\mu^{\pm}$）构成及缪子能量推导

在描述质子的初步构造图3-2中，我们看到质子（反质子）是以缪子（用符号μ代表）为核心构成的。最初的发现是根据质子内部能量的对称性原则识别出来的，这个发现在第10章角能量属性6中进行了验证：

自旋形成的等效封闭空间的角能量半径往往对应着核结构，故也称核半径。

按照空间密码揭示的质子内部能量结构，质子的3个相互垂直的封闭圆空间因能量空间谐振，均存在着一个相同的壳能量结构，并形成了质子的半径，每个封闭圆内的壳粒子能量为$100E_{1595819}$，并以光速在质子内部沿着圆周做旋转运动，根据公式（3.30）计算的壳粒子半径$r_{壳粒子}$为：

$$r_{壳粒子} = \frac{4\lambda_p}{2\pi} = 0.8412356\times10^{-15}\,\text{m} \tag{4.25}$$

按照第 10 章发现的角能量原理，这个壳粒子会继续旋转形成壳粒子的核，并且这个核所对应的能量 $E_{核}$ 可以按照角能量公式计算，则有：

$$E_{核} \times 2\pi \times \frac{4}{2\pi} \frac{\lambda_p}{2\pi} = \frac{hc}{2\pi} \tag{4.26}$$

$$E_{核} = \frac{hc}{4 \times 2\pi \lambda_p} = 100 \times \frac{E_p}{400 \times 2\pi} = 15.915 E_{1595819} \tag{4.27}$$

如此计算下来，壳粒子的核能量约为 $16E_{1595819}$。角能量核心半径计算出来的结果显示，质子的 3 个相互垂直的封闭空间中的每一个封闭圆空间的中心均存在着能量为 $15E_{1595819}$ 的核，并因此形成质子的总核心能量为 $45E_{1595819}$。而在空间基本单元理论中，如图 3-10 所示，质子核心为一个缪子，缪子的总能量为 $45E_{1595819}$，并被均匀分配在 3 个相互正交的封闭圆的中心，同时每个封闭圆中总共拥有 132 个 $E_{1595819}$ 能量团体，其中 100 个 $E_{1595819}$ 构成壳粒子，中心有 1/3 的缪子能量 $15E_{1595819}$，中心的外围也拥有 $15E_{1595819}$，而且 2 个 $15E_{1595819}$ 通过 2 个 $E_{1595819}$ 联结起来，这 32 个 $E_{1595819}$ 恰恰是壳粒子核能量的 2 倍，显示出壳粒子核能量的两种状态。由此，第 10 章角能量的核的理论与质子内部能量构造解析图形在此完美匹配，图 4-4 展示了这种独特的结构。

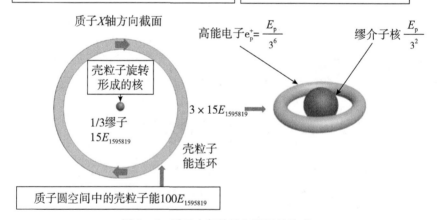

图 4-4　质子内部的核与缪子的构成

与此同时，第 5 章中的质子生命之花数学模型也说明：质子核心拥有 5 的量子数，旋转循环 9 次后质子内部能量形成 1193 超级循环，并在核心处形成 45 量子数，这个 45 量子数恰好对应上了缪子的总能量 $45E_{1595819}$。

各种途径的探索最终都得出了质子因为高速自旋形成了内部稳定的核心这一结论，而这个核心就是缪子。这也是本书对缪子开展深入研究的原因。

无论是中子还是质子、缪子都是从质子中产生出来，因此如果我们有办法根据空

间基本单元理论的能量的空间谐振原理来证明缪子所带的高能电子能量也同样等于

$\dfrac{E_p}{(27)^2}$，那么我们在公式（4.15）中的假定就又得到了一个实践证明，即在核子内部确

实存在这样一种高能电子，不仅能同质子复合形成中子，而且在质子内部还能形成缪
子的电荷部分能量。物理实验结果告诉我们，缪子更像是一个很重的电子，并且与电
子一样只有电磁作用、弱作用而没有强作用，衰变时会变为 1 个电子和 2 个中微子。

在假设 7 的假定 2 中有缪子能量（全书均用 $E_{\mu^{\pm}}$ 表示）为 $45E_{1595819}$，即缪子是由
45 个空间基本单元的素数（1595819）集合构成，得出这个结论是因为质子内部能量被
十维空间所均分，是缪子在质子内部时的能量值。而物理实验测量的自由空间中的缪
子能量值为 105.6583755MeV。类似高能电子的能量公式（4.15），则有：

$$\frac{E_p}{3^2} + \frac{E_p}{(27)^2} = \frac{938.272088}{3^2}\text{MeV} + \frac{938.272088}{(27)^2}\text{MeV} = 105.5395216\text{MeV} \qquad (4.28)$$

这同缪子能量实验测量值 105.6583755MeV 非常接近，也就是说质子内部的缪子能
量确实可以被认为由一个能量为质子能量 1/9 的核与一个高能电子能量为 $E_p/(27)^2$ 复
合而成，如图 4-4 所示。我们用 E_{μ_1} 表示这一模型下的缪子主能量，则缪子主能量
值为：

$$E_{\mu_1} = \frac{E_p}{3^2} + \frac{E_p}{27^2} \qquad (4.29)$$

我们发现：

$$45E_{1595819} = 9 \times 5\frac{E_p}{400} = 9\sum_{n=1}^{n=\infty}\frac{E_p}{3^{4n}} = 9\frac{E_p}{80} = \frac{E_p}{3^2} + \frac{E_p}{3^6} + \frac{E_p}{3^{10}} + \frac{E_p}{3^{14}} + \frac{E_p}{3^{18}} + \cdots$$

因此，用空间基本单元素数集合表示的处于质子内部的缪子主能量用 $E_{\mu_2} = 45E_{1595819}$ 表示和用高能电子与缪核的表述是一致的，二者有所差别是因为高能量电子还
会产生系列的空间能量，复合这一系列的空间能量，则形成如下等式：

$$E_{\mu_2} = 45E_{1595819} = \frac{E_p}{3^2} + \frac{E_p}{3^6} + \frac{E_p}{3^{10}} + \frac{E_p}{3^{14}} + \frac{E_p}{3^{18}} + \cdots = E_{\mu_1} + \frac{E_p}{3^{10}} + \frac{E_p}{3^{14}} + \frac{E_p}{3^{18}} + \cdots \qquad (4.30)$$

我们将对这两种缪子构成的能量模型进行统一研究。由于缪子不属于介子类，不参
与强相互作用，只参与弱相互作用，其行为更像一个电子，因此我们使用氢原子的电子
轨道空间能量模型及主导弱相互作用的 729 周期来解析缪子构造。同氢原子的电子轨道能
量的计算方法类似，氢原子电子的轨道上的总空间能量 $2\pi \times 2\pi\, m_e\, c^2\,(g_e/2 - 1)$ 也是由
于电子在其轨道运动所引发的空间能量，但是由于电子的能量波长远远小于其运动的
第一轨道周长 $2\pi a_0$（其中 a_0 为玻尔半径），因而电子并不能够占据其轨道上的所有的

空间能量，其占有的空间能量也仅限于电子波长的 $\dfrac{\lambda_e}{2\pi}$ 尺度，因而氢原子电子获得的轨

道能量为：

$$E_{e-\text{轨道能量}} = 2\pi \times 2\pi \, m_e \, c^2 \left(\frac{g_e}{2} - 1\right) \frac{\frac{\lambda_e}{2\pi}}{2\pi \, a_0} = 2\pi \times 2\pi \, m_e \, c^2 \left(\frac{g_e}{2} - 1\right) \frac{\alpha}{2\pi} \approx m_e \, c^2 \alpha^2$$

这就是电子在第一轨道上的总能量。根据类似的方法，由于缪核能量是缪子高能电子能量的 81 倍，因此围绕缪核运动的高能量电子的波长也同样是缪核波长的 81 = 9×9 倍，因而只能占据其 2 个相互垂直方向的空间轨道，故有 2 倍的轨道量子数，因而维持高能电子围绕缪核的轨道自旋所需要的总能量为：

$$E_{\mu-\text{轨道能量}} = 2\pi \times 2\pi \left(\frac{g_e}{2} - 1\right) \frac{E_p}{(27)^2} \times 2 = 0.11784704\,\text{MeV} \tag{4.31}$$

其中，$g_e = 2 \times 1.00115965218$ 为电子朗德因子绝对值，质子内空间基本单元平均能量（由于是在质子内部，因此需要考虑空间基本单元的自旋能量）：

$$E_{p-m_0} = \frac{E_p}{638327600} = 1.46989\,\text{eV} \tag{4.32}$$

由于缪子构造更接近于电子，我们参照电子自旋能量占电子总能量的 $\sqrt{\frac{3}{4}}\frac{1}{2\pi}$ 比例，则缪子中的每个空间基本单元等效的无自旋能量应该为 [见电子构成公式（1.34）]：

$$E_{\mu-m_0} = \frac{E_p}{638327600} \frac{1}{1 + \sqrt{\frac{3}{4}}\frac{1}{2\pi}} = \frac{1.46989}{1.1378}\,\text{eV} = 1.2918\,\text{eV} \tag{4.33}$$

由于缪子外部的高能电子波长为 $729\lambda_p$，在质子的空间内需要 729 个循环周期才能完成电子的一个波长运动周期，因此需要 729 个空间基本单元作为能量承载和交换媒介，并且这个能量用于支持高能电子的轨道能量。对于寿命极短并处于分解中的缪子而言，其缪核同高能电子之间连接的空间基本单元能量的统计平均值，应该介于高能电子中有自旋能量和缪核中无自旋能量的 2 种空间基本单元能量平均值之间。因此，连接高能电子与缪核的 729 个空间基本单元总能量的最大、最小、平均能量值为：

最大值：$E_{\mu-729m_0-\text{max}} = 729 \times E_{p-m_0} = 1071.55\,\text{eV} \tag{4.34}$

最小值：$E_{\mu-729m_0-\text{min}} = 729 \times E_{\mu-m_0} = 941.75\,\text{eV} \tag{4.35}$

平均值：$E_{\mu-729m_0-\text{平均值}} = 729 \times (E_{p-m_0} + E_{\mu-m_0})\,/2 = 1006.65\,\text{eV} \tag{4.36}$

对于缪子总能量，我们采用 729 个空间基本单元的平均值，其物理意义在于，在高能电子中的 729 个波长中的每一个波长都同一个拥有自旋属性的空间基本单元与缪核中没有自旋属性的一个空间基本单元结合，形成了高能电子与缪核的连接并共同形成了缪子。这样一来，对应空间基本单元理论的运用核空间能量原理推导的缪子总能量为：

缪核 + 高能电子 + 高能电子空间能量 + 缪核与高能电子连接的 729 个空间基本单元平均能量

公式表示如下：

$$E_{\mu\pm} = E_{\mu1} + E_{\mu-\text{轨道能量}} + 729 \times (E_{p-m_0} + E_{\mu-m_0}) / 2$$

$$= \frac{E_p}{3^2} + \frac{E_p}{(27)^2} + E_{\mu-\text{轨道能量}} + 729 \times (E_{p-m_0} + E_{\mu-m_0}) / 2$$

$$= \frac{938.272088}{3^2}\text{MeV} + \frac{938.272088}{(27)^2}\text{MeV} + 0.11784704\text{MeV} + 0.00100665\text{MeV}$$

$$= 105.6583752\text{MeV} \tag{4.37}$$

2018 年 CODATA 给出的缪子能量值为 105.6583755（24）MeV，上述结果同实验测量的缪子能量的平均值误差为零，因此将 $E_p / (27)^2$ 理解为质子核心的构成质子电荷的高能电子 e_p^+ 的能量是十分符合实验结果的，将 $E_n / (27)^2$ 理解为中子核心能量态下的一个高能电子 e_n^- 的能量也同样是十分符合实验结果的，并因此将中子解释为由一个质子为核心、外围有一个高能电子 e_n^- 围绕这一核心运转的复合粒子也同样合理。对这一解释的更加强有力的证据是，带负电荷的缪子可以被原子核中的质子吸收转化为中子并放出一个中微子。用空间基本单元的核子能量空间谐振原理解释这一过程为：构成缪子的带负电荷的高能电子被原子中的质子吸收并转变为中子。

下面我们讨论由 $E_{\mu2} = 45E_{1595819}$ 模型构成的统一的缪子能量体系。根据空间基本单元的核子能量空间谐振原理，在质子能量体系下带正电荷的缪子由能量为 $E_p/3^2$ 的核心和能量为 $e_p^+ = E_p/3^6$ 的高能电子构成。同时，高能电子能量 $e_p^+ = E_p/3^6$ 产生自己的空间能量为 $E_p/3^{10}$，依次类推，一个完整的质子内部空间缪子能量体系为：

$$E_{\mu2} = 45E_{1595819} = 9 \times 5\frac{E_p}{400} = 9\sum_{n=1}^{n=\infty}\frac{E_p}{3^{4n}} = 9\frac{E_p}{80} = \frac{E_p}{3^2} + \frac{E_p}{3^6} + \frac{E_p}{3^{10}} + \frac{E_p}{3^{14}} + \frac{E_p}{3^{18}} + \cdots$$

$$= E_{\mu1} + \frac{E_p}{3^{10}} + \frac{E_p}{3^{14}} + \frac{E_p}{3^{18}} + \cdots \tag{4.38}$$

其中，由高能电子 e_p^+ 产生的空间能量为：

$$e_{p-\text{空间能量}}^+ = \frac{E_p}{3^{10}} + \frac{E_p}{3^{14}} + \frac{E_p}{3^{18}} + \cdots = \frac{E_p}{3^6} \times \frac{1}{80} \tag{4.39}$$

在缪子脱离质子内部空间进入自由空间后，缪子中高能电子轨道空间总能量 $E_{\mu-\text{轨道能量}}$ 为：

$$E_{\mu-\text{轨道能量}} = 2\pi \times 2\pi\left(\frac{g_e}{2} - 1\right)\frac{E_p}{27^2} \times 2 \tag{4.40}$$

由于高能电子的轨道空间总能量必须包含有高能电子在质子内部空间中产生的空间能量 $e_{p-\text{空间能量}}^+$，该能量会同缪核构成完整的能量级数序列 $9\sum_{n=1}^{n=\infty}\frac{E_p}{3^{4n}}$，因而缪子在脱离质子内部空间进入自由空间后，净增加的空间能量为：

$$E_{\mu-\text{空间能量}} = E_{\mu-\text{轨道能量}} - e_{p-\text{空间能量}}^+$$

$$=2\pi \times 2\pi \left(\frac{g_e}{2}-1\right)\frac{E_p}{27^2}\times 2-\frac{E_p}{3^6}\times\frac{1}{80}$$

$$=0.10175872\text{MeV} \tag{4.41}$$

其中，高能电子的轨道动能能量、势能均为：

$$E_{\mu-\text{轨道动能}}=E_{\mu-\text{轨道势能}}=\frac{1}{2}E_{\mu-\text{空间能量}}=\frac{2\times 2\pi\times 2\pi\left(\frac{g_e}{2}-1\right)\frac{E_p}{27^2}-\frac{E_p}{3^6}\times\frac{1}{80}}{2}=50.87936\text{KeV}$$

$$\tag{4.42}$$

因此，缪子脱离质子内部空间进入自由空间后总平均能量为：

$$E_{\mu\pm}=E_{\mu 2}+E_{\mu-\text{空间能量}}+729\times\left(E_{p-m_0}+E_{\mu-m_0}\right)/2$$

$$=45E_{1595819}+2\pi\times 2\pi\left(\frac{g_e}{2}-1\right)\frac{E_p}{27^2}\times 2-\frac{E_p}{3^6}\times\frac{1}{80}+729\times\left(E_{p-m_0}+E_{\mu-m_0}\right)/2$$

$$=\frac{E_p}{3^2}+\frac{E_p}{(27)^2}+2\times 2\pi 2\pi\frac{E_p}{(27)^2}\left(\frac{g_e}{2}-1\right)+729\left(E_{p-m_0}+E_{\mu-m_0}\right)/2$$

$$=\frac{938.272088}{3^2}\text{MeV}+\frac{938.272088}{(27)^2}\text{MeV}+0.11784704\text{MeV}+0.00100665\text{MeV}$$

$$=105.6583752\text{MeV} \tag{4.43}$$

由此可见，如图4-5、图4-6所示，空间基本单元理论构造的两种缪子能量构造是完全等效的，并同实验测量值完全一致。因此有：

空间基本单元理论推导的缪子能量值＝现代物理学缪子实验测量值

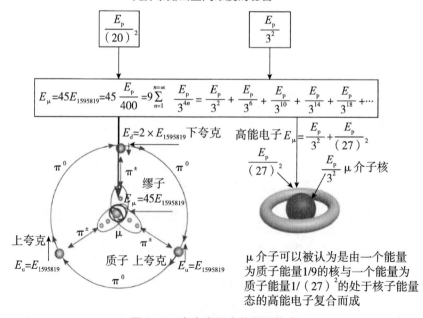

图4-5　自由空间中的缪子构成

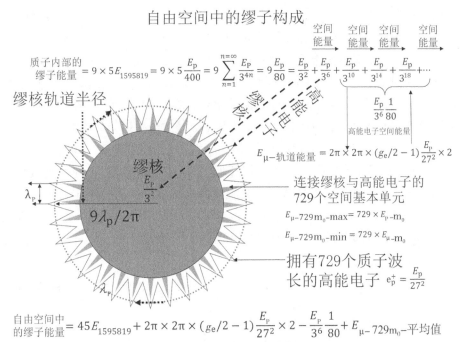

图4-6 缪子的两种统一的能量体系构成

4.6 高能电子作用下的缪子磁矩

对于缪子磁矩的推导方式，类似于推导电子的轨道运动，应先推导出轨道总能量，再以1/2能量分配成动能和势能，其动能驱动电子围绕核子运动并形成微小磁矩。由于缪子能量的康普顿波长为$9\lambda_p$，所以合成缪子的高能电子$e_p^+ = E_p/(27)^2$，是不可能继续以半径$\lambda_p/2\pi$围绕核子轨道λ_p运转的，而要必须进入缪子的半径为$9\lambda_p/2\pi$的$9\lambda_p$圆周轨道。缪子的磁矩也验证了我们这一合理推测，实验测量的缪子的磁矩约为9倍的核子磁矩：

$$缪子磁矩 = -8.89059703（±20）\mu_N \approx -3^2\mu_N$$

其中μ_N为核子磁矩，$\mu_N = \dfrac{eh}{2\,m_p}$

这样一来，实际测量出的缪子中的高能电子$e_p^+ = E_p/(27)^2$以运转$9×9$周完成一个周期的方式围绕缪子周长为$9\lambda_p$的轨道运转，由此而来，缪子中的高能电子的空间能量就包含在缪核的空间区域，高能电子与缪核的复合轨道周长—缪子的康普顿波长为：

$$\lambda_\mu = \frac{E_p}{E_{\mu\pm}}\lambda_p = \frac{938.272088}{105.6583755}\lambda_p = 8.88024337\,\lambda_p \tag{4.44}$$

由此，由缪子主体能量构成的内核主磁矩理论值为：

$$\mu_{\mu-主磁矩} = -\frac{ev}{2}\frac{\lambda_\mu}{2\pi}\frac{g_e}{2} = -\frac{ec}{2}\frac{\lambda_p}{2\pi}×8.88024337×\frac{g_e}{2} = -8.89054136\,\mu_N \tag{4.45}$$

按照空间基本单元理论，由于缪子提供的轨道能量驱动高能电子围绕缪核运动，而这一能量同样包括电子的动能、势能之和，虽然我们没有明确的计算一定能量的空间基本单元围绕核子运动所构成的磁矩公式，但是我们可以用一个质子的能量形成一个核子磁矩（理论上），那么围绕缪核运动的动能能量（$E_{\mu-轨道能量}/2$）就可视为由 $E_{\mu-轨道能量}/2$ 引发的额外磁矩。对于连接高能电子与缪核的 729 个空间基本单元的能量仍然选用带有质子自旋能量的初始值，因此其总能量的最大值与最小值范围为：

$$E_{\mu-729m_0-max}=729E_{p-m_0}=1071.55\text{eV}, \quad E_{\mu-729m_0-min}=729E_{\mu-m_0}=941.75\text{eV}$$

其中，由于缪子寿命很短（10^{-6}秒），因此如果选用 $E_{\mu-729m_0-min}$ 时，则意味着此时连接高能电子与缪核的空间基本单元自旋能量释放结束，高能电子与缪核将分解并形成大量的高能空间基本单元（中微子或其他粒子）。而如果选用 $E_{\mu-729m_0-max}$，则意味着缪子刚刚脱离质子内部空间，并具有初始轨道磁矩，因此有缪子轨道能量初始磁矩及相应的附加磁矩之和为：

$$\mu_{\mu-轨道磁矩}=-\frac{g_e}{2}\frac{E_{\mu-空间能量}/2+E_{\mu-729m_0-max}}{m_p}\mu_N=-\frac{g_e}{2}\times\frac{0.05087936+0.00107155}{938.272088}\mu_N$$
$$=-5.54329\times10^{-5}\mu_N \tag{4.46}$$

空间基本单元理论推导的缪子理论总磁矩为：

$$\mu_{\mu-空间基本单元理论}=\mu_{\mu-主磁矩}+\mu_{\mu-轨道磁矩}=-8.8905413793\mu_N-5.54329\times10^{-5}\mu_N$$
$$=-8.8905968\mu_N \tag{4.47}$$

2018 年 CODATA 给出的缪子磁矩测量值为 -8.89059703（±20）μ_N，同缪子磁矩的理论推导值保持一致，尤其是在质子能量测量误差范围内保持完全一致。因此有：

空间基本单元理论推导的缪子磁矩 = 缪子磁矩实验测量值

总之，空间基本单元理论在基于能量的空间谐振原理和空间的十维属性下，能够使用空间密码推导出同实验测量完全一致的缪子总能量、总磁矩理论值，这证明以下事实：

①缪子构成了质子内部能量的核。

②缪子是由高能电子同缪核构成的。

③空间基本单元作为空间真实的基本物质单元存在，成为连接缪子的缪核与其高能电子的纽带。

④缪子无论是处于质子内部空间还是在自由空间（解体前），都保持拥有 9 个完整的能量级数序列并等效于 45 个 $E_{1595819}$，这形成了缪子的特色也同时显示出弱力和相关粒子形成的机理，即质子内部电荷所拥有的因子 729 明确介入相关粒子的能量运动和磁矩构成。

4.7 中子（高能电子＋质子）、缪子（高能电子＋缪核）、氢原子（电子＋质子）的电子轨道能量与核子空间能量的统一性解析

我们在核子能量空间谐振原理引导下，详细推导出了中子、缪子的能量、磁矩，

下面将分析各种核子能量体系的统一的轨道空间能量计算关系式。首先列出中子、缪子、氢原子体系中的核子能量及电子的轨道空间能量关系，如表4-1所示，主要核子体系构成规律如下：

表4-1　　　　　　　　　　　　　4种重要粒子的能量与空间能量信息排列

粒子类型	粒子能量	轨道空间能量	运动轨迹
电子	E_e	$E_e\ (g_e/2-1)$	1个二维圆周
氢原子	$E_p + E_e$	$E_e\ (g_e/2-1)\ 2\pi2\pi + E_{p-m_0}$	1个二维圆周
中子	$E_p + e_n^-$	$3E_{en}\ (g_e/2-1)\ +3E_{p-m_0}$	3个二维正交圆周
缪子	缪核 $+ e_p^+$	$2E_{ep}\ (g_e/2-1)\ 2\pi2\pi + 729E_{\mu-m_0}$	2个二维正交圆周

其中，$E_e = m_e c^2$ 为电子能量，$e_n^- = m_n c^2/(27)^2$ 为中子中高能电子能量，$e_p^+ = m_p c^2/(27)^2$ 为质子中高能电子能量，缪核能量为 $E_p/9$。$g_e = 2 \times 1.00115965218$ 为电子朗德因子绝对值。由上可以看出，电子、氢原子、中子、缪子演绎了电子在核子外部、近核区域和核子内部的统一的空间能量形态变化。从上述关系式中可以看出：

①对于独立电子是需要考虑其空间能量部分的，而不仅仅是其惯性质量所对应的能量。而电子的空间能量与核子（质子、中子）是密切相关的，g_e 因子更多的物理含义是电子接收质子的空间轨道能量的属性，即质子推动电子运动的空间能量作用在电子运动上并引发电子产生微小电子磁矩变化。

②对于出单一电子与单一质子构成的氢原子体系，电子的波长 λ_e 远远小于电子运动轨道周长 $(200)^2\lambda_p$，因此其瞬时运动轨道只能是单一的平面圆周，所以质子在 $(200)^2\lambda_p$ 轨道上的空间能量 $E_p/(200)^7$ 只能以平面轨道能量方式体现在电子上，并且轨道空间能量因子为1，而电子围绕质子运动的总轨道空间能量就体现出球形空间能量形态：$2\pi2\pi E_e\ (g_e/2-1)$。

③对于中子体系，其总能量为 E_n，由于中子是由占总核子能量 $1/(27\times27)$ 的带负电荷的高能量电子 $e_n^- = E_n/(27)^2$ 与质子构成，很明显中子的高能电子应该由中子体系总能量的空间谐振能量所产生。同时高能电子波长 $(3^2)^3\lambda_n$ 与核子波长 λ_n 关系为 $(3^2)^3$（3的6次方倍数关系），因此中子中的高能电子符合在3个相互垂直的圆周方向上同时围绕中子的中心——质子做六维运动的条件，也可以理解为在3个独立的封闭子空间中的六维空间运动，所以会有3倍的轨道空间能量因子。因此其高能电子的空间轨道能量也同时增加了3倍，并因此表示成如下的中子能量构成公式［见公式(4.13)］：

$$E_n = E_p + e_n^- + 3e_n^-\ (g_e/2-1)\ + 3E_{p-m_0}$$

④对于缪子体系，由于缪子产生于质子内部，带正电荷的缪子是由高能量电子 $e_p^+ = E_p/27^2$ 与缪核 $E_p/3^2$ 构成，很明显，缪核是质子的空间能量谐振分量，高能电子是缪核

的空间能量谐振分量，高能电子的波长为 81 倍的缪核能量波长，这样一来，一个完整的高能电子的波长只能在缪核的 2 个相互垂直的球切面方向上围绕 81 周，并以此规律运动。因此高能电子可以在二维的缪核轨道运动，即垂直于其运动轨道平面的方向可以是在 X、Y、Z 3 个方向上的任意 2 个方向，而高能电子的 $(3^2)^2$ 倍的缪核波长与缪核的波长不存在 3 次方关系，因此不支持高能电子围绕缪核在 3 个封闭子空间同时运动，只能在 2 个正交的封闭子空间中进行四维空间运动，所以只有 2 倍的轨道空间能量因子，这也表明独立缪子已经不具备封闭的六维空间构成的粒子属性了，但同时缪子的高能电子却是依据缪核轨道（见缪子磁矩推导）运动的，因此其瞬时总轨道能量是以缪核为球体的球面运动的轨道能量，因此需要乘以 $2\pi 2\pi$ 以获得完整的球面运动模式。与此同时，缪子仍然需要保持其 9 个完整的能量级数序列，所以缪子能量为：

$$E_{\mu\pm} = 9\sum_{n=1}^{n=\infty}\frac{E_p}{3^{4n}} + 2\pi \times 2\pi(g_e/2 - 1)\frac{E_p}{27^2}\times 2 - \frac{E_p}{3^6}\times\frac{1}{80} + 729E_{\mu-m_0-\text{平均值}}$$

或　　　　$$E_{\mu\pm} = \frac{E_p}{3^2} + e_p^+ + 2\times 2\pi 2\pi e_p^+ \ (g_e/2 - 1)\ + 729E_{\mu-m_0-\text{平均值}}$$

⑤无论中子构成还是缪子构成，都有高能电子和缪核的参与以及能量级数序列的构成，这为中子同质子之间的相互作用——弱核相互作用提供了线索，并由此引出 W/Z粒子，见图 4-7。

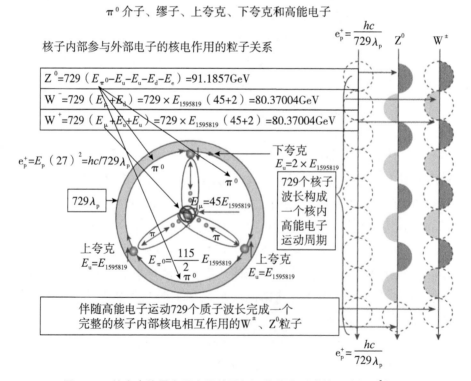

图 4-7　核内高能量电子主导的弱相互作用中形成的 $W^\pm$ 及 Z^0 粒子

⑥可以总结出这样一个规律，电子或高能电子与其轨道空间能量的因子取决于电子波长与对应的质子空间能量轨道周长的数学关系 $(n^2)^m \lambda_p$ 中的幂数关系 m，这也直接决定了电子或高能电子在质子空间运动的模式，即当电子波长远比轨道周长短时，电子是以一个整体（类似一个点）在一个圆周面上作为一个点运动，这时候其轨道是二维的，相应的轨道能量因子就是 1，如原子轨道。当电子波长比轨道周长长时，电子波长被核子空间分割，其需要在 2 个圆周面上（对应的是 2 个封闭子空间）同时运动，这时候其轨道是四维的，相应的轨道能量因子就是 2，如缪子电子轨道。当电子波长比轨道周长更长时，电子波长被分配在 3 个封闭子空间中，因此可以在 3 个封闭的圆周面上同时运动，这时候其轨道是六维的，相应的轨道能量因子就是 3，如质子电子、中子电子轨道。图 4 - 8 展示了电子轨道统一的运动模式。

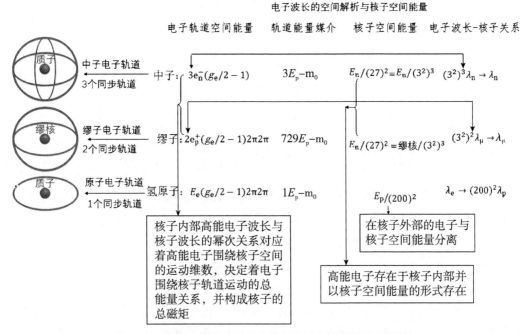

图 4 - 8　电子、高能电子在核子封闭空间中的 3 种运动模式

综合以上，我们根据空间基本单元理论的能量空间谐振原理以及空间基本单元作为物质粒子构成的基本物质单元，完美地解释了主要粒子如质子、中子（质子＋电子）、缪子、氢原子等的构成。这些粒子完美的构成遵循着统一的原理，而最重要的证据体现在我们运用空间基本单元理论按照粒子的构成所推导出来的这些粒子的质量和磁矩同实验测量值完全一致。理论值同实验测量值完全一致的有：缪子磁矩和质量、中子磁矩和质量、质子磁矩和质量的推导。由一个简单的理论推导出全部重要粒子的所有属性其本身就说明了物质运动的统一性。

4.8　中子、缪子、质子中的高能量电子存在的证据和证明

我们在前文中一再声明：核子中的电子由于受核能量影响而变成与核能量波长直接相关的更高能量的电子。由于高能电子必须受到核子能量空间谐振原理的约束，故在质子中的高能电子能量为 $e_p^+ = E_p /$ $(27)^2$，而在中子中的高能量电子能量为 $e_n^- = E_n /$ $(27)^2$，二者因此存在微小差异。尽管我们成功地使用了高能量电子这一概念，在计算与核子相关的能量和磁矩中都与实验数据一致，那么是否还需要更进一步的实验数据来证明这个高能量电子的存在呢？这一点对于高能量电子身份的证明十分必要，对于空间基本单元理论也十分重要。对此，我们可以从经典的电学理论来推导，由于电荷的势能公式如下：

$$E = \frac{e^2}{4\pi\varepsilon_0 R} \tag{4.48}$$

当距离 R 为电子荷半径时，该电势能等于电子总能量。我们令 R_{e-n} 和 R_{e-p} 分别为高能量电子 $e_n^+ = E_n /$ $(27)^2$，$e_p^+ = E_p /$ $(27)^2$ 的荷半径，那么则有高能电子总电荷能量为：

$$\frac{E_n}{(27)^2} = \frac{hc\alpha}{2\pi R_{e-n}} = \frac{e^2}{4\pi\varepsilon_0 R_{e-n}} \tag{4.49}$$

由此，由经典电学理论推导出的核子中的高能电子电荷半径 R_{e-n} 为：

① 中子核电荷半径：$R_{e-n} = \frac{(27)^2 hc\alpha}{2\pi E_n} = \frac{(27)^2 \alpha}{2\pi}\lambda_n = 1.117255 \times 10^{-15}\,\mathrm{m}$ （4.50）

② 质子核电荷半径：$R_{e-p} = \frac{(27)^2 hc\alpha}{2\pi E_p} = (27)^2 \lambda_p \frac{\alpha}{2\pi} = 1.118 \times 10^{-15}\,\mathrm{m}$

其中，$\lambda_n = 1.3195909058 \times 10^{-15}\,\mathrm{m}$，为中子康普顿波长（也可以选用质子康普顿波长作为核电荷半径的计算依据），现代物理实验是通过测量被加速的高能电子被核子散射得出的核子（质子、中子）核电荷半径 r_0 为 $1.1 \times 10^{-15}\,\mathrm{m}$[①]，并且得出了多核子原子核的核电荷半径，公式如下：

$$R = r_0 A^{1/3}$$

式中，A 为原子核中包括质子和中子在内的核子数目。由此可见，现代物理学实验测量出的核子中的高能电子电荷半径——核电荷半径，同能量为 $E_p /$ $(27)^2$ 的等效电荷半径是完全一致的，但是实验的结果远远没有空间基本单元理论给出的精度高，至此高能电子以核电荷的身份被再次证明。接下来，我们对于这一点进行更细致的研究。由于质子是以缪子为内核，而缪子包含有一个高能电子，所以质子中的高能电子是质子中的缪子所具有的，而这一高能电子的波动在质子能量体系内部被分为 3 个部分，并因此形成了 3 个夸克的电荷。同样对于中子来讲，由于中子是由一个高能电子和一个质子构成的，因此其体系中包含有 2 个高能量电子，一个在质子内部，一个在质子

---

① 王永昌，近代物理学 [M]. 北京：高等教育出版社，2006：266.

外部，其运动规律都是统一受核子能量影响的。而缪子在脱离质子能量体系后，携带着质子的电荷运动，而缪子本身的能量不足以将高能电子维持在缪子体系内，所以高能电子很快会脱离缪子体系，而缪子体系也因此分解。独立存在的中子也是同样的情况，区别在于中子的能量更大，分解的时间需要更长一些。总结核子中高能量电子存在的所有证据如下：

①实验证明中子在分解后产生高能量电子和质子，质子内部的缪子分解后也产生高能量电子。

②使用空间基本单元理论的能量空间谐振原理发现的核子内的高能量电子的能量值可以直接参与能量上重组质子、中子、缪子、W/Z 粒子以及夸克的分数电荷。

③由空间基本单元理论推导的高能量电子可以直接计算出中子磁矩、质子磁矩和缪子磁矩的核子内部能量运动。

④高能量电子的总能量和电荷半径的理论值同核子电荷半径的实验测量值完全一致。

⑤当然，还包括在下一节中发现的 W/Z 粒子构成中所必须有的高能电子。高能电子能量也同时符合质子内部的能量级数序列要求。高能量电子存在于核结构中，所有这些证据都说明：拥有 729 个质子康普顿波长的高能量电子主导着弱相互作用。

4.9 　空间基本单元理论的 W$^{\pm}$ 及 Z^0 粒子构成、质量推导与图解

我们在上节中发现了质子内部的高能电子构成了质子的夸克分数电荷，并形成了质子的磁矩，同时也构成了脱离质子进入自由空间中的缪子和缪子的磁矩，那么对于量子物理学认为的引发弱核力的 W$^{\pm}$ 及 Z^0 粒子（被称为玻色子）、高能电子和我们提出的质子构成和中子构成及其内部结构有什么关系呢？我们不妨先解释一下弱核力的来源，弱相互作用（又称弱力或弱核力）是宇宙中的 4 种基本力中的一种，其余 3 种为强核力、电磁力及万有引力。弱力最早被观测于中子衰变过程，随后逐步发现凡是涉及中微子的反应都是弱相互作用过程。弱相互作用仅在微观尺度上起作用，力程大约在 10^{-18} m 范围内，因此弱力是发生于核结构内部空间范围的。实验发现有两种弱相互作用，一种是有轻子（电子、中微子、缪子以及它们的反粒子）参与的反应，如 β 衰变、缪子的衰变以及 π 介子的衰变等；另外一种是 K 介子和 Λ 超子的衰变。中子会衰变为一个质子、一个电子和带走部分能量的中微子，其过程描述如下：

中子→质子 + 电子 + 中微子。

在空间基本单元理论中，中子是由外部一个带负电荷的高能电子 e_n^- 同一个核心的质子构成的，同时在中子内部的质子内部也有一个带正电荷的高能量电子 e_p^+，而这一高能电子其实也是质子内部缪子的高能电子。在核能量空间下二者之间相互作用构成了中子，但是必须在更高的核空间能量条件下，中子才可以稳定存在，因此，中子可

以稳定地存在于原子核中，而在自由空间中会因为失去稳定存在的条件而发生衰变。由于在粒子物理学的标准模型中，弱相互作用是由 W$^{\pm}$ 及 Z^0 玻色子的交换（即发射及吸收）所引起的，因此空间基本单元理论发现的质子和中子的内部结构能否很好地解释 W$^{\pm}$ 及 Z^0 粒子构成机理及其质量推导是否能同实验结果保持一致，则是对建立在空间基本单元理论基础上的统一物理学原理的又一次检验。先看一下图4-7，由于在质子的构成图中，具有正电荷的是上夸克带有 +2/3e，下夸克带有 -1/3e，同时我们在第3、第4章中又证明了上、下夸克的分电荷其实是位于质子内部的高能电子e$_p^+$在质子能量波长空间中被压缩成 729 个质子能量波长形成的。这样一来，在中子结构中，质子内部的高能量电子在同核外部的高能电子相互作用就构成了弱核力，弱核力也就成为质子外部的高能量电子同质子内部的高能电子之间的相互作用。弱核力相互作用过程中是不能没有缪子参与的，与此同时质子构造中的 uud 夸克和中子构造中的 udd 夸克中的一个下夸克（d）是高能电子同质子中的一个上夸克（u）结合而成的。因此上、下夸克是必须要参与弱核力相互作用（在量子物理学中，夸克是唯一可以参与 4 种相互作用力的粒子），这也同样是现代物理学得出的结论。同时，参与弱相互作用的能量体系还必须有连接质子－中子中所有夸克的 π 介子，如图4-9所示。在这方面，空间基本单元理论的分析结果同量子物理学中弱力的理论和实践结果是一致的。这样一来，在一个完整的弱相互作用循环过程中必须参与的能量体系如下：

π 介子，缪子，上夸克，下夸克和高能电子

空间基本单元的质子构造显示 π^{0}介子同与之相联的2个上旋上夸克和1个下旋下夸克在减去电荷后被729个质子波长组成中性 Z^0 粒子。希格斯玻色子既然是传递核互相作用，那么它也一定真实地反映出核子内部的能量组合和构造

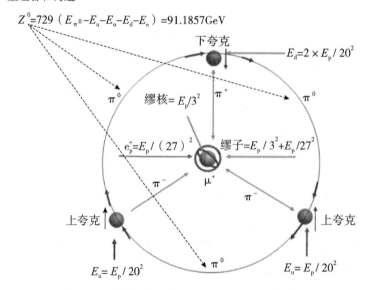

图4-9　由质子内部能量结构决定的 Z 粒子构成

而质子内部的高能电子 $e_p^+ = \dfrac{hc}{729\,\lambda_p}$ 是被核空间能量分解成波长为 729 λ_p 的波动，也就是说在质子内部的能量波长及相互作用必须以质子康普顿波长 λ_p 为单位进行运动，因此拥有 729 个质子康普顿波长的核子高能电子所参与的完整的能量相互作用过程也必须包含 729 个质子波长裹挟的能量集团的运动过程，才可以在质子的能量空间中完成一个完整的周期，进而完成一个完整的电子波长的相互作用过程。这样一来，π^0 介子、上夸克、下夸克和缪子在一个完整的弱相互作用过程中，共参与了 729 次以质子波长 λ_p 为单位的周期循环，这也是在核子内部可以寻找到比核能量还大的介子能量的原因，即这些所谓的"能量"是一种或多种能量被循环使用的（从这一点上来说，经典的弱电理论提出"虚粒子"的概念还是正确的）。同时，要想真正在质子中撞击出 W/Z 粒子，就需要远远大于质子的能量才行。由于 W 玻色子是带电荷的，因此需要缪子在参与弱相互作用时加上质子中的带电荷的 3 个夸克能量。我们分别用 W^+、$E_{\mu+}$ 代表带正电荷的 W 粒子和缪子，用 W^-、$E_{\mu-}$ 代表带负电荷的 W 粒子和缪子，这样一来（如图 4-10 所示），弱相互作用过程中有缪子参与的 W/Z 粒子能量体系为：

$$W^+ = 729\left(E_{\mu+} + E_u + E_u\right) = 729E_{1595819} \times (45+2) = 80.37004\,\text{GeV} \quad (4.51)$$

$$W^- = 729\left(E_{\mu-} + E_d\right) = 729E_{1595819} \times (45+2) = 80.37004\,\text{GeV} \quad (4.52)$$

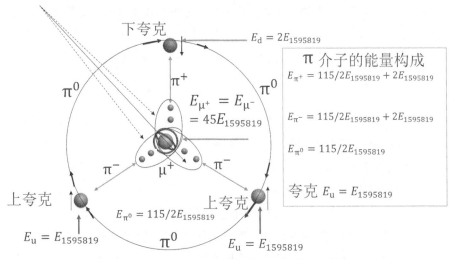

图 4-10　由质子内部能量结构决定的 W 粒子构成

请注意上式中的 W 粒子电荷，由于质子内的缪子可以带有正负电荷，而其电荷同质子内部的上夸克、下夸克的电荷是一体的，并同高能电子的电荷极性统一，即三者的电荷是同一个电荷。三者在这里成为一个完美的整体，并最终显示出一个整数电荷，因而才会有上式出现。由于 W 粒子的需要，以及 Z 玻色子是中性的（不带电荷），而在质子内部只有 π^0 介子才是唯一具有中性的粒子，因此 Z 玻色子的主要构成成分应该是 π^0 介子，同时还需要在 π^0 介子传递能量过程中减去质子中同 π^0 介子相关联的 3 个带电荷的夸克能量（或借贷这个能量给 W 粒子，并通过这样的借贷－偿还的循环过程形成能量循环周期），同时作为中性流还需要去电荷化，故需要减去夸克中带有的一个电荷能量，这样一来，在这样一个弱相互作用过程中有 π^0 介子参与的能量体系为：

$$Z^0 = 729 \ (E_{\pi^0} - E_u - E_u - E_d - E_e) \ = 729 \times \ (134.9770 - 4 \times$$
$$2.34568022 - 0.5109989) \ \text{MeV} = 91.1857\text{GeV} \tag{4.53}$$

上式中，E_{π^0} 为 π^0 介子能量，E_u、E_d 分别为上、下夸克能量，E_e 为电子能量。

Z^0 粒子的能量的第二种更精确的推导方法可以依照中性的 π^0 介子能量的推导方法进行，思路如下：

Z^0 粒子是中性不带电荷的物质，或由正电荷物质和同量的负电荷物质构成的中性物质。我们已经发现质子中带负电荷的下夸克拥有电荷 $-1/3e$、对应波长 $81\lambda_p$、能量 $2E_{1595819}$，每个上夸克拥有电荷 $+2/3e$、波长 $4 \times 81\lambda_p$、能量 $E_{1595819}$，因为能量与电荷是平方关系，故上夸克的 $+1/3e$ 对应于波长 $2 \times 81\lambda_p$、能量为 $E_{1595819}/2$，因此形成了一对正负电荷为零的能量对应关系：

上夸克中的 $+1/3e$ 电荷对应波长和能量：$2 \times 81\lambda_p$、能量 $E_{1595819}/2$

下夸克中的 $-1/3e$ 电荷对应波长和能量：$1 \times 81\lambda_p$、能量 $2E_{1595819}$

这样一来，上夸克中的能量 $E_{1595819}/2$ 和下夸克中的能量 $2E_{1595819}$ 搭配形成具有零电荷的一个能量单位：$2.5E_{1595819}$，按照这个思路我们发现有如下关系构成中性粒子：

$$Z^0 = 5 \times 10 \times 311 \times 2.5E_{1595819} = 91.1883\text{GeV}$$

或 $$Z^0 = 729 \times \ (64 \times 2.5E_{1595819}) \ \times \frac{1}{3} = 91.20005\text{GeV} \tag{4.54}$$

欧洲核子研究中心利用当今世界上最大的正负电子对撞机 LEP（Large Electron—Positron collider）做的实验给出的 W 粒子的质量（以能量形式）为 $80.376 \pm 0.03\text{GeV}$，而 Z^0 粒子的质量实验测量值则为 $91.1876 \pm 0.0021\text{GeV}$。两个实验测量结果同空间基本单元理论的结果惊人的一致，故有：

W$^\pm$粒子的空间基本单元理论推导值 = W$^\pm$的实验测量值

Z^0 粒子的空间基本单元理论推导值 = Z^0 的实验测量值

W$^\pm$ 和 Z^0 玻色子是有质量的，而光子却没有，这是弱电理论发展的一大障碍，但是对于空间基本单元理论来讲却是十分容易理解的事情，W$^\pm$ 和 Z^0 玻色子的质量不过是质子内部的高能量电子裹挟了质子内部的 π^0 介子、上夸克、下夸克和缪子并不断循环运动的结果而已，而这时的高能电子概念是六维的封闭空间（哪怕是十分短暂的）。按照空间基本单元理论，能量进入封闭空间后就会形成惯性质量，因而 W$^\pm$ 及 Z^0 玻色子必然会有质量，原理十分简单。通过空间基本单元理论推导 W$^\pm$ 及 Z^0 玻色子的质量，最重要的意义在于揭示出质子—中子内部的能量运动形态，同时也表明高能电子基本上主导了中子和质子内部的所有活动。

如图 4 - 11 所示，空间基本单元理论以发现的质子内部高能量电子的波长裹挟质子内部粒子/介子能量的模式，更精准、更简易地描述了 $W^{\pm}$ 及 Z^0 粒子的构成与能量推导，而且更为重要的在于，这一方法的使用贯穿于空间基本单元理论的始终，如缪子的质量、磁矩的推导，质子的磁矩推导，夸克的 $1/3e$ 的分数电荷推导，以及中子质量和磁矩的推导、核子核电荷半径的推导，乃至引力等，这些具有物理学统一性的推导结果无一不同现代物理学实验测量的数据一致，并且更为深刻地揭示出核子内部的精细结构，如粒子内部的空间基本单元素数集合 $E_{1595819}$、能量级数序列、能量的空间谐振原理等，在这一点上，空间基本单元理论已经远远超越了当代科技理论的范畴。

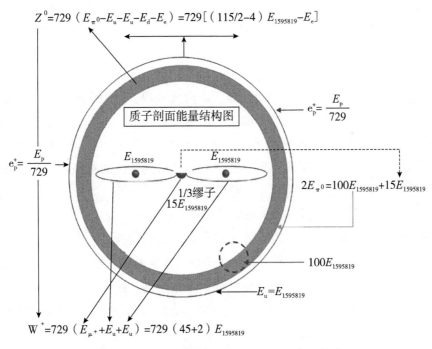

$$Z^0 = 729\left(E_{\pi^0} - E_u - E_u - E_d - E_e\right) = 729\left[\left(115/2 - 4\right)E_{1595819} - E_e\right]$$

质子剖面能量结构图

$$e_p^+ = \frac{E_p}{729}$$

$$E_{1595819}$$

$$2E_{\pi^0} = 100E_{1595819} + 15E_{1595819}$$

1/3缪子
$15E_{1595819}$

$$100E_{1595819}$$

$$E_u = E_{1595819}$$

$$W^+ = 729\left(E_{\mu^+} + E_u + E_u\right) = 729\left(45 + 2\right)E_{1595819}$$

图 4 - 11　质子内部能量结构决定 W/Z 粒子构成

4.10　空间基本单元理论的质子内部构造勾画出了希格斯粒子的出身

先看看现代物理学对物质构成统一性的成就：科学家们建立起被称为标准模型的粒子物理学理论，它把基本粒子分成三大类：夸克、轻子与玻色子。标准模型的缺陷就是该模型无法解释物质量的来源。因此，标准模型进一步预测了：有一种场弥漫于空间，称为希格斯场。在真空中，希格斯场的振幅不等于零，也就是说，真空期望值不等于零。在弱电相互作用里，这造成了自发对称性破缺。希格斯场的概念在某种意义上和空间基本单元理论接近，不同之处：空间基本单元理论认为空间本身就是物质的并存在基本物质单元，而希格斯场理论还没有确认空间的物质属性，也没有确认存在基本物质单元。我们在第 2 章中已经证明空间基本单元就是我们实验所正在寻找的轴子，同时也符合标准模型的粒子物理学理论预测的希格斯场做各种属性：①在真空中希格斯场的振幅不等于零；②希格斯场是一个标量场，希格斯粒子不具有自旋，也就没有内禀角动量；③用它来解释电弱统一理论中的 W^{+1}、W^{-1}、Z^0 玻色子非零质量的获得机制。对于第一点，我们已经证明了空间是由空间基本单元构成的（这一点同真空中存在希格斯场是等效的概念），空间基本单元的基本能量态为 2.725K，并完全符合实验测量的轴子能量。对于第二点，我们通过基本能量态的空间基本单元构成电子需要增加内禀自旋能量来证明，并反方向证明基本能量态的空间基本单元不具备内禀自旋角动量。对于第三点，我们在上节中证明了质子内部的高能电子构成了 W/Z 粒子。并以同样的方式解释了质子、中子、缪子的质量、磁矩还有夸克电荷等。所有这些证据都表明，物理学家们所谓的希格斯场就是空间基本单元构成的空间体系。

对于标准模型的粒子物理学理论来说，希格斯粒子就是终极粒子，应该代表着标准模型的所有成果，并且最终可以揭示出质量构成机理，而构成最基本的质量粒子样本的就是质子，因此我们可以这样理解希格斯粒子的价值：它可以揭示出质子构成的奥秘。在第 3 章中，空间基本单元理论已经揭示出质子构成的机理，那么现代物理学使用大型粒子对撞机使得两组质子束对撞产生的希格斯粒子能量应该与空间基本单元理论推导出的质子能量构成体系相互对应起来。

我们先看下质子内部能量构成体系中所包含的主要量子数。

①每个质子截面圆内所包含的能量为 $132E_{1595819}$，夸克能量除外。

②每个质子的 3 个方向的截面，其中 2 个截面是由 1 个上夸克（$E_{1595819}$）构成的截面，另外 1 个截面是由 1 个下夸克构成的截面。上夸克包围着其内部我们称为壳粒子的能量 $100E_{1595819}$，因此，这两个截面圆的外部总能量为 $101E_{1595819}$，顶夸克也有类似的 $101E_{1595819}$ 因子，如图 4 - 12 所示。

③每个质子的 3 个相互垂直的截面圆在 2 个质子对撞过程中会各有 2 个截面圆相互接触，合计 4 个截面圆相互作用。同时两个截面圆共有 2 个 132、2 个 101 量子数相互作用，合计 4 个组合。

④将因子 132、101、4 与夸克能量单元 $E_{1595819}$ 相互作用形成的结果如下：

$$\text{Higgs} = 132 \times 101 \times 4 \times E_{1595819} = 125.09\text{GeV} \tag{4.55}$$

上式是空间基本单元理论比较经典的一个体现质子构成与希格斯玻色子构成完全对应的公式，图 4 - 12 详细展示了这个过程。2020 年的 PDG（http：//pdg. lbl. gov/ 2020/tables/rpp2020 - sum - gauge - higgs - bosons. pdf）给出的希格斯粒子能量为 $125.10 \pm 0.14\text{GeV}$，同空间基本单元理论的推导值完全一致。

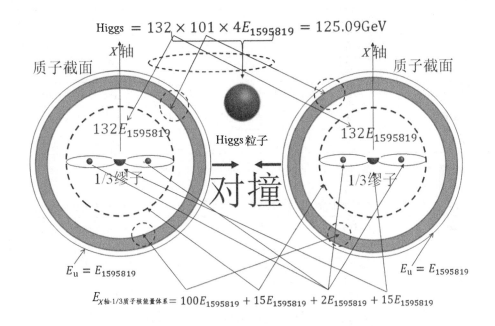

图4-12　质子内部能量结构决定 Higgs 粒子构成

4.11　空间密码729主导下的夸克构成及夸克衰变途径

我们通过分析夸克的衰变途径发现，夸克的衰变模式与运用空间基本单元理论推导出的夸克构成可以完全对应上。夸克衰变模式如下：

夸克衰变途径：　　　　t →　　b →　　c→　　s→　　u←→　　d　　　　　　(4.56)
对应的量子数：　　　　729　　81　　27　　81　　4×81　81

其中 729 = 27^2，同时，根据现代粒子物理学的研究成果，夸克是通过弱相互作用进行衰变的。

表4-2展示了6种夸克的衰变模式。而执行这种弱相互作用的就是 W$^±$玻色子，并且每一个夸克的衰变都是通过 W$^±$玻色子才可以进行的。同时，W$^±$玻色子所带的电荷的极性与夸克极性一致，而且 W$^±$玻色子还是一个虚拟粒子，这个模式更加验证了高能电子的 729 个质子康普顿波长的真实存在和物理价值。我们将空间基本单元理论推导出的6种夸克的构成和 W$^±$玻色子的构成进行汇总，如表4-3所示：

表4-2		夸克的衰变途径	
Quark	Process	Example	Mean Lifetime（s）
Up	u→d + W^{*+}	p + p→pn + e$^+$ + v$_e$	…

续　表

Quark	Process	Example	Mean Lifetime（s）
Down	$d \rightarrow u + W^{*-}$	$n \rightarrow p + e^- + \bar{v}_e$	900
Strange	$s \rightarrow u + W^{*-}$	$K^- \rightarrow \pi^0 + e^- + \bar{v}_e$	1.24×10^{-8}
Charm	$c \rightarrow s + W^{*+}$	$D^+ \rightarrow K^- + \pi^0 + \pi^+ + e^+ + v_e$	1.1×10^{-12}
Bottom	$b \rightarrow c + W^{*-}$	$B^0 \rightarrow D^{*-} + e^+ + v_e$	1.3×10^{-12}
Top	$t \rightarrow b + W^{*+}$	…	…

资料来源：http：//hyperphysics. phy – astr. gsu. edu/hbase/particles/qrkdec. html

表 4 – 3　空间基本单元理论推导的 6 种夸克和 W$^\pm$ 玻色子的构成均拥有高能量电子 729 的量子数

夸克	电荷（e）	空间基本单元理论公式	空间基本单元理论值（MeV）	2014 年 PDG 发布的测量值	包含量子数（个）
u	2/3	$E_{1595819}$	2. 34568022	$2.3^{+0.7}_{-0.5}$MeV	4×81
d	– 1/3	$2 \times E_{1595819}$	4. 69136	$4.3^{+0.5}_{-0.3}$MeV	81
s	– 1/3	$81 \times E_{1595819}/2$	95. 00005	95 ± 5MeV	81
c	2/3	$20 \times 3 \times 9 \times E_{1595819}$	1266. 667	1275 ± 25MeV	3×9
b	– 1/3	$22 \times 81 \times E_{1595819}$	4180. 002	4180 ± 30MeV	81
t	2/3	$101 \times 9 \times 81 \times E_{1595819}$	172710. 09	173210 ± 510MeV	9×81
W$^-$	– 1	$729 \times 47 \times E_{1595819}$	80370. 04	80376 ± 30MeV	9×81
W$^+$	1	$729 \times 47 \times E_{1595819}$	80370. 04	80376 ± 30MeV	9×81

从表 4 – 3 可以看出，u 夸克拥有 4×81 个 λ_p，d 夸克拥有 81 个 λ_p，质子的 3 个夸克合计拥有 729 个 λ_p。而 W$^\pm$ 玻色子拥有 729 量子数。对于这些粒子的构成，我们在第 3、第 4 章中均已证明了这些夸克和 W$^\pm$ 玻色子都是由拥有 729 个质子康普顿波长的高能电子构成的，或者是高能电子的一个分数部分，如 u 夸克拥有 4×81 个质子康普顿波长并带有 + 2/3 个电荷，d 夸克拥有 81 个质子康普顿波长并带有 – 1/3 个电荷。基于这些粒子共同的构成，那么这些夸克的衰变途径也必然同 729 量子数及其因子 27（27 × 27 = 729）、81、729 相关联。

对于 u 夸克，其能量运转 729×47 次就形成了所谓虚粒子的 W$^\pm$ 玻色子，基于类似这种能量循环的运动模式，就会形成从 t 夸克到 u 夸克的逐步衰变途径。同时，这种利用高能电子 729 个质子康普顿波长的循环运动，也形成了所谓的弱相互作用及虚拟的 W$^\pm$ 玻色子。

在第 3 章、第 4 章中，我们进一步获得了 3 个非常重要的构成质子等粒子的空间密码，它们分别是：

空间密码 4：729。729 个质子、中子康普顿波长分别构成质子、中子内的高能量电子。而且质子内部能量体系也是按照 729 周期运转。按照质子和电子构造相同的思路，电子内部也应该是这样的。729 个强力周期形成核子内部的弱相互作用。从广义上来说，源于封闭空间的构成原理，任何封闭空间都存在 729 周期，如恒星、黑洞等巨型的封闭空间天体。

空间密码 5：132。质子内部能量分布在 3 个相互垂直封闭圆内部能量量子数。

空间密码 6：137。由空间密码 5（132）与能量级数量子数 5 组合而成。137 个强力周期构成粒子的电相互作用。

我们因此发现：

任何粒子及其运动规律都是空间基本单元按照空间密码组合而成的。

第 5 章　循环素数 1193 主导下的稳定能量体系：质子、夸克、精细结构常数

5.1　素数、循环素数与素数全景图中揭示出的空间密码

作者以一个物理学探索者的角色疯狂地做了许多的探索和实践，进一步揭开了宇宙万物的构成与运转的统一而简单的谜底。探索的成果分别在 2009 年的《构造宇宙的空间基本单元》、2013 年的《统一物理学》、2018 年的《统一物理学》（第 2 版）书中发表。这三本书聚焦于空间基本单元对宇宙物质的统一构成及统一的力的构成研究，甚至还新发现了目前物理学界尚未界定的"壳粒子"、"电子云"、电子轨道自旋力（也就是卡西米尔力），以及主导万物旋转的角能量等，目前这些新发现还停留在物理思想和实践的概念范畴。

高斯说："数学是科学的皇后。"优秀的科学家们一直都这样认为，对于一个事物的探索和认知的实践过程，应该从发散式的实践与探索阶段最终走向数学上的归纳和统一。因此，作者认为空间基本单元对宇宙物质的统一构成的归纳工作，还是需要借助伟大的数学家们的思想来完成。事实也是如此，在探索中，作者再次发现了奇迹：自 2008 年发现空间密码 400 和 1595819 后，并且一直在思考为什么会大量出现 400 这样一个空间密码？经过十余年的苦行僧般的探索，最终在循环素数、素数全景图结构、自然常数及生命之花、生命之树的引导下有了突破性成果。爱因斯坦都说"上帝不会掷骰子"，但是在很多伟大的先驱者的引导下，我们却发现上帝是使用循环素数来构造稳定的宇宙万物的，即"上帝是掷循环素数骰子的"。

5.1.1　素数与循环素数

先聊下素数的故事。素数也称质数，本书统称为素数，其定义如下：素数是一个大于 1 的自然数，除了 1 和它自身外，不能被其他自然数整除。这表明，素数不能是两个大于 1 的整数的积。大约在公元前 300 年，希腊数学家欧几里得就证明了素数会有无穷多个，2300 多年来，全世界的数学家们费尽了无数心思也没有找到一个可以代表所有素数的统一公式，素数就是这么神秘。在本节中，我们一般令正整数为 n，探索中会出现如下几种素数：

① 4n+1 类型素数：费马是 17 世纪法国的律师和业余数学家，被誉为 "业余数学家之王"。费马的一个定理指出：全部大于 2 的素数可分为 4n+1 和 4n+3 两种形式，而凡是能表示成 4n+1 形式的素数必能表示成两个整数的平方和。

② 6n-1、6n+1 类型素数：数学家们还证明：凡是大于 3 的素数，都可以写成 6n-1 或 6n+1 形式。6n-1、6n+1 不都是素数，其中 n 为不为零的正整数。6n-1 型素数也可以表示为 6（n-1）+5 或 6n+5，此时 n 的范围为不为负数的整数，也称自然数。另外，如果两个相邻的奇数都是素数的话，这两个素数就被称为孪生素数，而所有孪生素数都是 6n±1 形式，如 3 和 5、11 和 13 等。

③ 循环素数 1193：有一种素数，若对其进行循环移位后，形成的数还是素数。比如：1193 就是个循环素数，对 1193 进行循环移位后会形成 4 个数字，分别是 1193、1931、9311、3119，我们发现这 4 个数字居然都是素数。具有这种特征的数就是循环素数。循环素数在宇宙中仅有 55 个，它们是：

2 3 5 7 11 13 17 31 37 71 73 79 97 113 131 197 199 311 337 373 719 733 919 971 991 1193 1931 3119 3779 7793 7937 9311 9377 11939 19391 19937 37199 39119 71993 91193 93719 93911 99371 193939 199933 319993 331999 391939 393919 919393 933199 939193 939391 993319 999331。

在这 55 个循环素数中，其二进制数是左右对称数的仅有 5 个：

5（101）、7（111）、31（11111）、73（1001001）和 1193（10010101001）

在大于 100 的循环素数中，只有 1193 的二进制数 10010101001 是对称数。1193 还同时符合 4n+1 和 6n-1 两种素数构成规则。4n+1 构成的素数会成为 2 个整数的平方和。我们发现的最著名的质子内部素数集合 1595819，也符合 6n-1 规则，并有：

$$1595819 = 6 \times 265970 - 1$$
$$1193 = 6 \times 199 - 1，1193 = 6 \times 198 + 5$$
$$1193 = 4 \times 298 + 1，1193 = 32 \times 32 + 13 \times 13$$

本书中发现的另外一个重要素数 11981 也同时符合 4n+1、6n-1 素数构成规则，并有：

$$11981 = 4 \times 2995 + 1，11981 = 6 \times 1997 - 1，11981 = 10 \times 10 + 109 \times 109$$

1193 是本书发现的空间基本单元构成稳定粒子运动的最重要的素数，我们称之为 "宇宙空间中的生命之数"。

5.1.2　素数全景图显露出的空间密码：核心 5 与 400

当数学家证明除 2、3 这两个素数外，6n±1 可以产生所有的素数后，我们仍然对全部的素数集合没有一个整体上的、感官上的认识。此时，物理学家牛顿发明的极坐标系统成为展示素数全景图的一个便利工具。极坐标是以距离原点的半径长和围绕原点旋转的角度（用弧度表示）来定位的，如一个极坐标上的点 M（3，3），其括号中的第一个"3"代表距离原点半径为3，括号中的第二个"3"代表围绕 X 轴旋转角度为3弧度的一个点。我们将所有的素数标注在一个极坐标系统上，形成了可视化的素数地图。尽管这个工作早已被前辈数学家完成，但是其中显示出的并被忽视的关键的数字结构，却验证出粒子构成的核心密码400与核心5，我们在此揭示其中的奥秘。

当我们在极坐标上标出2万个数字中的素数时，就会发现这些素数在极坐标上形成了2个旋转相位相差180度（弧度为π）的旋臂，每个旋臂中均拥有10条由素数构成的螺旋线，并均以核心5为初始原点，如图5－1图（一）、图（二）所示；继续增加数字到10万以上，20条螺旋线向外延伸逐步演变形成4个一组的总计70组放射线，从而形成由素数构成的280条射线，如图5－1中图（三）所示。

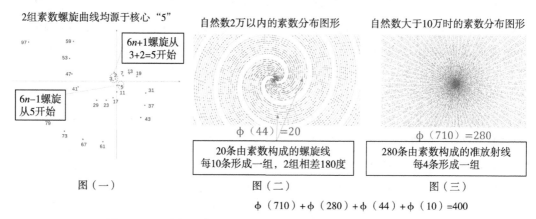

$$\phi（710）+\phi（280）+\phi（44）+\phi（10）=400$$

图5－1 极坐标下素数全景图展示出的空间密码：核心5与400

这样一来，2个旋转相位相差180度的旋臂中的2组由10条素数构成的螺旋线相互作用将会形成100素数组合。合并20、100、280，其总数为400。读者感兴趣的话可以见图6－4中的水分子团结构，其也恰恰是由最外围的280个水分子、中间的100个水分子与核心的20个水分子构成的能量团，可见水分子团与素数集合拥有完全一致的构造。

$$10 + 10 + 10 \times 10 + 280 = 20 \times 20 = 400 \tag{5.1}$$

大家都知道，质量乘以速度的平方构成了能量，而速度等于距离除以时间周期，因此能量正比于周期的平方倒数。牛顿的万有引力定律就是根据行星的半长轴的3次方与行星运动周期的平方之比是个常数这样一个事实推导出来的。如此而来，素数全景图中的2个旋臂各自形成的10条螺旋线的基础周期为2、10及20，其平方值分别为4、100、400。在第3章、第4章中我们发现了质子是由638327600个空间基本单元构成的；质子能量的1/4构成了质子内部的"壳粒子"；质子能量的1/100是构成质子的3个夸克（2个上夸克加1个下夸克）的能量总和；质子能量的1/400则是一个上夸克的能量，而上夸克是质子内部的最小能量单元体，并由1595819个空间基本单元构成。159万个空间基本单元足以形成素数全景图的构造，并具有素数全景图所展示的核心属性。空间基本单元理论的探索成果无不与素数尤其是循环素数的演变结果一一对应，也是本书副书名"循环素数下的宇宙帝国"的来源。

素数的特性就是不可再分解成除 1 以外的两个整数之积，也就是说由素数构成的能量体系在没有外界干扰的情况下只能保持原来体系不变。对于不是素数构成的能量体系，必然会产生 2 个整数相乘的结果，并导致该体系构成的能量具有 2 种能量可分性，这样的能量运转最终还是会分解成素数构成的能量体系。最先进的物理实验证明，夸克是不可再分的，正是夸克的素数构造出这种不可再分的性质。

对于极坐标下素数全景图结构解释得最清楚的是数学网站 https：//www.3blue1brown.com/中的视频课件"Why do prime numbers make these spirals？"借助这个课件，我们可以用欧拉函数精准地推演出空间密码 400 的出身。

我们知道，一个完整的圆周是 360 度，用弧度表示就是 2π，由于 6 与 2π（6.28）接近，因此以 6 为倍数的周期变化，会形成大致的圆形周期变化；但是在从 $6n$、$6n+1$、$6n+2$、$6n+3$、$6n+4$、$6n+5$ 生成的所有自然数中，只有由 $6n+1$、$6n+5$ 会形成素数，其余结果均是偶数而不会形成素数。因此伴随着 n 继续增加，极坐标上大致形成了 2π 弧度的旋转周期，并由其产生的素数逐步形成了 2 个相位相差约 180 度的旋臂；数值增加到了 44 时，由于 44 弧度等于 $7.002817\times2\pi$，因此会自然形成以 44 为基数的更为接近 360 度圆周的循环周期。这个时候就需要介绍一下欧拉函数，欧拉函数用 $\phi(x)$ 表示，其含义为与小于正整数 x 中并与其互质的数的数目有几个，如与 10 互质的数有 1、3、7、9 共 4 个数，故 $\phi(10)=4$；44 的欧拉函数为 20，表示为 $\phi(44)=20$。这个结果体现在素数全景图上，就意味着以 44 为旋转周期而形成的周期性的、与 44 周期互质的、由素数构成的曲线数目会有 20 个，这个就是我们所看见的 2 组互为反相的 10 条螺旋线；伴随着自然数继续增长到 710，由于 710 等于 $113.0000096\times2\pi$，代表着以 710 为周期变化的数会形成更高级的、更精细的、更接近圆形的循环周期。此时 710 的欧拉函数值为 280，这就意味着有 280 条素数曲线形成的循环周期。而 280 的欧拉函数值为 96。我们汇总这些素数全景图上的重要素数循环周期，并用欧拉函数表示如下：

$$\phi(710)+\phi(280)+\phi(44)+\phi(10)=$$
$$280+96+20+4=\phi(44)\times\phi(44)=400 \tag{5.2}$$

素数构成独立不可再分的稳定循环体系，能量运动遵循素数结构时就会形成稳定能量体系。

在第 3 章、第 4 章中我们发现，作为一个标准的，由旋转能量形成的封闭空间，质子也恰恰是由 400 个 $E_{1595819}$ 能量单元构成的，并形成 3 个相互垂直的封闭圆结构，每个封闭圆中均有 132 个 $E_{1595819}$ 能量单元。132 个 $E_{1595819}$ 能量单元中的 $100E_{1595819}$ 能量单元构成质子的外壳，我们称之为壳粒子，如图 4-4 所示。这些探索成果是作者臆想的呢，还是确确实实的存在？素数全景图中的密码序列给出了清晰的答案。

①素数全景图中的主欧拉函数值φ（710）与φ（44）的总和为300，正好分别对应着质子的3个封闭圆中的3个壳粒子的能量总数，每个壳粒子均拥有$100E_{1595819}$能量单元。

②素数全景图中的次级欧拉函数值φ（280）值为96，对应着质子3个封闭圆中的3个$32E_{1595819}$，并同构成壳粒子的φ（710）与φ（44）构成了3个封闭圆中的3个$132E_{1595819}$。

③素数全景图中的次级欧拉函数φ（10），代表着2组相位相差180度的10条由素数构成的核心漩涡，φ（10）值为4，对应着构成质子的夸克总电荷的能量$4E_{1595819}$。同时，质子电荷也被证实其是处于高速旋转的状态。

④素数全景图起源中心处的2组螺旋线的核心恰恰都以5作为核心。其中一组螺旋线以5为起始点，另外一组则从3开始到2再到7，3和2都在同一个象限并与5的象限相差180度，而3加2恰恰也是5。素数全景图中的所有的素数曲线均源于这2组螺旋线。

⑤极坐标下的自然全景图由710循环周期和44循环周期为主体构成了螺旋循环周期，710的欧拉函数值为280，280的欧拉数值为96，依次类推，将710循环周期按照拉函数值逐级展开，直到1为止。如此，由710周期及其欧拉函数逐级展开得到的数值与44周期的总和形一个完整的周期——1193周期，公式表示如下：

$$710 + 280 + 96 + 32 + 16 + 8 + 4 + 2 + 1 + 44 = 1193 \tag{5.3}$$

无论是由大量的空间基本单元构成的粒子，还是由大量恒星、行星构成的星系（如银河系），其结构与运动行为都是需要遵循素数全景图的构造规则的，如此才能形成稳定不相干的能量运转体系。换言之，一个混沌无序的体系，在混乱的运动中，要么在混乱中迅速解体，要么在素数规则的主导下，形成有序的运动及稳定的结构体系而长期存在下去。400因子就是数学上的素数集合在极坐标全景图中形成的独立的素数集合团体，而在物理空间形成封闭空间状态下，直线被弯曲成曲线，平直的笛卡尔坐标自然转换为半径与弧度等效的极坐标系统，极坐标系统内的400个独立的素数集合体系形成了独立的循环能量集合，也就是所谓的夸克，这也同时是夸克不可再分的原因，一个夸克由1595819个空间基本单元构成，这个数值也足以形成素数全景图结构体系。更大的宇宙空间中的能量运转状态同样也是如此。

5.1.3 自然常数

说完素数的故事，我们再谈下自然常数。自然常数是非常有意思的一个常数，它是一个无限的、不循环的小数，其值为2.71828182845904523536…，用正体e表示，e是无理数和超越数。在自然界中，一个体系的成长如生物生长、细胞生长、利息增长等都由自然常数决定，下面看一个著名的案例：

假如你有1元钱，银行一年的利息为100%，一年结算一次，那么到年底兑现的总

收益为 $1+1=2$ 元。有一个聪明的商人，他要求银行按照每天的利息每天结算一次，每天的利息应该是 $1/365$ 元，每一天本金加微小的利息形成本金后再继续生息，第 2 天的本金加总收益应该为 $1+\dfrac{1}{365}$，第 3 天的总收益为 $1\times\left(1+\dfrac{1}{365}\right)^{2}$，那么一年下来总收益为：

$$1\times\left(1+\frac{1}{365}\right)^{365}=2.7182818284\cdots=e$$

这个案例表明，当一个物体在以非常微小固定的增长率生长时，其一个周期的极限增长率就是自然常数倍。自然常数的标准公式表示如下：

$$\lim_{n\to\infty}\left(1+\frac{1}{n}\right)^{n}=e$$

自然常数的其他表达式还有融合 e、π、i（i 为虚数单位）的著名的欧拉公式：

$$e^{i\pi}+1=0 \tag{5.4}$$

自然常数按照阶乘的表达方式如下：

$$e=\sum_{n=0}^{n=\infty}\frac{1}{n!} \tag{5.5}$$

自然常数的每一种表达方式都代表着自然界存在着一种能量的演变模式。比如，自然界的海螺外壳、热带气旋的生长等司空见惯的自然现象。本书中发现的质子内部的 638327600 个空间基本单元构成整个质子能量体现的过程，自然常数和循环素数 1193 在其中也同样起着主导作用。

5.2　古苏美尔文明的生命之花及卡巴拉生命之树中揭示出的空间密码

即便在今天，还有许多研究古代文明的书籍中写道：当前的地球人类文明或许来源于外星人文明，这些外星人在数万年前来到地球，展示并传授给当时的智人以各种先进技术，而智人因为理解能力低下，只能将外星人奉为上帝，这样一来，重要的科技就以口述的、宗教的、神话的形式流传下来。尽管这种说法没有实际证据，但是作者确实发现很多远古文明遗留下来的传说都多多少少包含着一些让现代人不能理解的内容。

空间基本单元理论是建立于各种实践数据基础上的探索与实证相结合的理论。如果真的有超级远古文明通过宗教形式流传下来，但因为代代相传的语言描述产生歧义，那么这些文明痕迹在数字上应该有所体现。数字是不会让人产生误解的，因为数字组合是最简单的语意描述，也是密码常用的方法。这样一来，如果空间基本单元理论发现的空间密码能够和远古文明流传下来的密码数字一一对应，那么我们就可以将远古超级文明以空间数字密码的形式重现。

无论如何，如果空间基本单元理论能够通过空间密码这一途径破解各种远古文明的秘密，就能验证其正确性。这也是导致空间基本单元理论一直在现代最尖端的量子物理领域、最远古的文明遗传领域、最微小的粒子物理领域以及最宏大的宇宙空间、最智慧的生命体系、最宏大的太阳系星系等广泛领域中能够寻找出统一的空间密码的原因。

生命之花是古埃及神秘学派的核心，是一个无所不包的几何符号。在《生命之花的灵性法则》（图5-2、图5-5、图5-6的原图均引用于该书）一书中记载着这样一个发现：在埃及一座超过六千年历史的奥赛里斯神庙里，就刻着"生命之花"的图案（见图5-2）。如果不是一个民族最重要的文明信息，就不应该在神庙中遗留这样的痕迹。

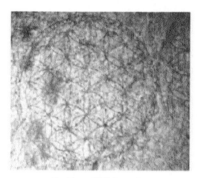

The Flower of Life in granite
at the middle Temple of Osiris at Abydos, Egypt

5-2 埃及神庙中的六千年前的生命之花遗迹

最基本的生命之花画法，如图5-3所示：一个圆置于中心，外面有6个圆围绕中心圆并依次相切（相切于边缘或相切于圆心），这样外面的6个圆都是空间相邻60度并与中心圆相切。在构成生命之花的7个圆中，两个圆相重叠部分称为"鱼眼"，由于圆也会是球形的，因此，按照无线电的概念，我们称2个圆周相围绕的封闭空间为"空间谐振腔"。

2009年出版的《构造宇宙的空间基本单元：统一的物质统一的力》一书中发现了构成稳定质子、电子的400个1595819个素数集合。为什么会是1595819这个素数呢？1595819又是如何形成的呢？这个疑问困扰了作者十年有余。在2019年，学习卡巴拉生命之树后（如图5-4所示），这个问题似乎有了答案。

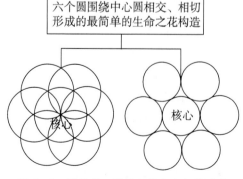

图5-3 最简单、最美丽的生命之花图案

图5-4 带有生命之树的生命之花图案

我们知道，古代四大文明发源地分别是美索不达米亚（古巴比伦）、古埃及、古印度和中国。其中美索不达米亚（也称两河流域）平原是位于底格里斯河及幼发拉底河之间的冲积平原，位于现今的中东伊拉克境内。古文明的创造者为距今 6000 多年前（公元前 4000 年）的苏美尔人，两河流域是地球上人类文化发展最早的地区，苏美尔人在这里发明了世界上第一种文字——楔形文字，建造了第一座城市，编制了第一部法律，发明了第一个制陶器的陶轮，制定了第一个七天的周期等，这些信息被苏美尔人用楔形文字记载在数十万块坚硬的泥板上，这些泥板在 19—20 世纪被逐步挖掘出来。而我们要讲述的卡巴拉生命之树的故事就与美索不达米亚的苏美尔人有关。

生命之树，就是卡巴拉思想的核心，它不只是一个存在于纸上的图样，而是真实存在的，代表着一个三度空间的宇宙，也就是我们存在其中的这个宇宙。生命之树分为 3 个支柱、10 个原质、4 个世界、22 个路径等基本结构。最为特殊的是，采用希伯来文的 22 个字母对应着卡巴拉生命之树的 22 条路径，这 22 个希伯来文基础字母不仅有发音，每个字母还有特殊的象征意义，同时又对应着 22 个数字，其中第 22 个字母寓意"世界"，对应着最大的数值 400。用字母对应数字方便计算的模式产生于公元前 800 年的古希腊文明。古希腊人用 27 个古希腊字母表示数字，前 9 个字母分别表示 1~9，中间 9 个字母表示 10~90，后 9 个字母表示 100~900。而生命之树使用了 22 个希伯来字母以相同模式对应前 22 个数字并止于 400，故附有字母的生命之树历史约在公元前 8 世纪。

这样看来，卡巴拉生命之树也是一种描述宇宙构造或揭示宇宙空间密码的理论。空间基本单元理论的最大优势就是以从物理实践中发现的数据作为理论的依据。无论是什么理论，其在现实物理世界中势必要有数据呈现的，而卡巴拉生命之树恰恰也使用了数据来描述和体现其思想，从这一点来看，二者非常相似。

一个在卡巴拉生命之树和空间基本单元理论中都占据着重要地位的，用于描述宇宙万物构成的神秘数字"400"，奇迹般地呈现在我们面前。这令人欣喜若狂。

早在 2009 年出版的《构造宇宙的空间基本单元：统一的物质统一的力》一书中就发现了 400 个 1595819 素数可以聚合构成稳定的质子、电子，同时，书中也发现了中子是由质子和高能电子构成的。而质子和电子、中子又是构成整个宇宙的基础粒子。空间基本单元理论还发现元素中不满 400 个 1595819 $E_{1595819}$ 的能量体会引发原子构成的不稳定性，这个重要发现记载在《统一物理学》第 2 版第 7 章中。400（等于 20×20），这个数字的大量出现引导我们以十维的空间视角来看待宇宙空间乃至宇宙万物，而素数全景图则从数学原理角度指出空间密码 400 的来源。这样看来，空间基本单元理论的确是发现了宇宙最重要的空间密码 400 这个因子。

再细细观察一下生命之树内的生命之花构造，我们不难发现构成生命之树的生命之花形成了 9 层"鱼眼"结构，如图 5-5 所示，这些构造均为左右对称，即左侧、右侧数字序列均一样。我们也称这些"鱼眼"为"空间谐振腔"，每层的构造"眼"的数目如表 5-1 所示。

表5-1   生命之树含有的空间谐振腔数目表

第一列	第二列	第三列	第四列	第五列	第六列	第七列	第八列	第九列
2个	11个	3个	15个	4个	15个	3个	11个	2个

图5-5   生命之树中包含66个"鱼眼"

一个生命之树含有的"鱼眼"或"空间谐振腔"的数目总数为66。如果每个"鱼眼"或"空间谐振腔"仅有2种正—负或左旋—右旋的能量状态,那么一个生命之树的总能量态就有132(2×66)个。

奇迹出现了,我们在第3章的探索中,发现了质子内部能量体系是由3个相互垂直的二维的封闭圆构成的,每个封闭圆中均含有132(2×66)个1595819个空间基本单元集合体。同时,质子的总能量体系也包含有400个1595819个空间基本单元集合体。空间基本单元理论发现的主要空间密码400及132在生命之树中均有出现。

生命之树分为10个原质、3个支柱、4个世界、22个路径等基本结构。10个原质,其名称和含义如表5-2所示。

表5-2   生命之树10个原质的寓意

原质序号	原质名称	原质的寓意
1	王冠	与人类头顶的大宇宙之间的接点,有创造的源泉、纯粹存在、生命力的源泉之意
2	智慧	别名为"至高之父",为男性原理及"动性"的象征
3	理解	别名为"至高之母",和"智慧"是相对应的关系,赋予所有事物形体
4	仁爱	意味着纯粹而神圣的宇宙法则"爱"
5	严格	别名是"天使的外科医生"
6	美丽	生命之树中央的位置,补充所有生物之能源的中心
7	胜利	含有"丰饶"之意
8	光辉	有物质形态的"铸形"之意
9	基础	意味着ASTRAL体,灵魂与肉体之间的灵体,卡巴拉以此表现"前存在物质"
10	王国	"物质的王国"之意

生命之树的路径是从第 10 个原质"王国"到第 9 个原质"基础"，路径为 22（代表数值 400，寓意"世界"）。由于以质子为基础的粒子构成了宇宙的物质形态，因此我们有理由视质子为生命之树中的第 10 个原质，即"王国"。凑巧的是，现代物理学界也认为夸克是构成质子的基础，即最基本粒子。同样，空间基本单元理论认为，质子体内的 1595819 个空间基本单元的素数集合构成了夸克。这样一来，"王国"对应质子，"基础"对应夸克和 1595819 个空间基本单元的素数集合，非常符合逻辑。质子就是夸克的"王国"，反过来，夸克也是质子的基础。

那么从"王国"到"基础"的构成关系是什么呢？空间基本单元发现的空间密码 2 告诉我们，400 个 1595819 个空间基本单元素数集合（也称夸克）构成一个质子；而生命之树的结构告诉我们，与质子对应的"王国"到夸克对应的"基础"需要通过路径 22，而路径 22 对应的数值恰恰是 400，这明显意味着 400 个夸克构成质子。

空间基本单元理论发现的空间密码与生命之树的理论，无论从哲学思想、语意描述还是数学描述上都完全一致。

生命之树的 10 个原质应该对应着空间基本单元理论发现的十维度空间属性（可以简单地理解为质子构造的 10 个层次）；生命之树的 22 个路径与我们发现的空间密码 5：132（$132 = 22 \times 6$）直接相对应；生命之树的 3 个支柱应该与质子内部 3 个相互垂直的封闭圆对应，进而与其内部之间运转的能量体系的 3^{4n} 对应；而 4 个世界就是十维空间中去掉质子尺寸大小的、封闭的六维空间后的大尺度宇宙空间的四维时空，因为世界的概念往往都是与大宇宙空间对应的。当然，这仅仅是我们的直觉，还需要真实数据来验证。

①如果第 10 个原质"王国"对应着质子，那么就应该有 638327600 个空间基本单元，也就是对应着密码 1：638327600。数字 10 暗喻拥有十维的空间构造的质子。

②第 9 个原质"基础"对应的数字就是 400，指向 400 个 1595819 个空间基本单元的素数集合 $E_{1595819}$（也称夸克）构成质子，同时"基础"又是第 9 个原质，后期也发现了 400 个空间素数集合也含有 9 的运动周期，并也会形成终极的 1193 循环素数运动模式。

③进一步推理，第 8 个原质"光辉"应该对应着 1595819 个空间基本单元的素数集合 $E_{1595819}$（也称夸克），"光辉"有物质形态的"铸形"之意，空间基本单元理论发现的秘密也同样显示，夸克确实是形成各种稳定的物质形态的基础，进而形成稳定的元素和物质世界。早在 2008 年作者就发现了这个在宇宙物质质子中起到决定作用的 1595819 素数，但是 1595819 是如何发展出来的呢？在这个问题的研究进程上，停滞了十几年。

④根据图 5-6 生命之树的 22 条路径，在生命之树中代表 1595819 的第 8 个原质"光辉"的下一个节点是第 7 个原质"胜利"，数字为 7。如果生命之树也是描述宇宙空间密码的，那么第 8 个原质的空间密码 1595819 就应该来源于代表 7 的第 7 个原质"胜利"。在数学中，7 是奇迹般的轮回数字。

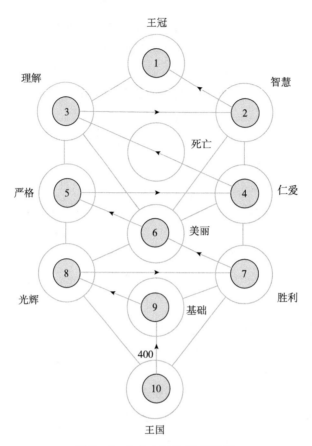

图 5-6　生命之树的 22 条路径

同时，常识也告诉我们，一个事物的自然发展必须要符合自然常数 e 的规则。基于这个原则，我们发现 1595819 可以由素数 11981 和 7 的平方及自然常数 e 构成，公式表示如下：

$$1595819 = 11981.00004 \times 7 \times 7 \times e \qquad (5.6)$$

其中，自然常数 $e = 2.7182818284$，而 11981 也同时符合 $4n+1$、$6n-1$ 素数构成规则。并有：

$$11981 = 4 \times 2995 + 1, \quad 11981 = 10 \times 10 + 109 \times 109$$

$$11981 = 6 \times 1997 - 1, \quad 1997 = 6 \times 333 - 1, \quad 333 = 9 \times (6 \times 6 + 1)$$

按照生命之树的引导，我们发现 1595819 是由素数 11981 依据 7 的周期自然生长而来，人类也是按照 7 天一个周期活动的，7 是一个非常奇特的数字，更加神秘的是 1/7 是个无限循环数。

$$1/7 = 0.142857142857142857142857\cdots$$

实际上，不为 0 的任何数除以 7 都是循环数。循环数在物理意义上就是一种运动经过若干过程又回到原来的运动状态。这不就是意味着循环运动模式就是一个稳定的运动状态吗？特别稳定的体系也同时意味着是一个特别强壮而不可破的体系。我们知道，1595819 个空间基本单元素数集合（也称夸克）在质子内部是不可分的，也是比电磁力还强 137 倍的强力、核力的传递者，而我们现在终于发现了这个集团超强稳定性的原因，似乎是缘于任何一个事物只要经过和 7 合作就会形成一个稳定的系统的规则，这个规则支撑着夸克的不可分性。

⑤按照上述研究，第 7 个原质"胜利"代表 7×7 周期，第 6 个原质"美丽"代表自然常数 e，而自然常数确实是各种生命发展出美丽形态的根本。这样一来，第 5 个原质"严格"应该代表 11981。

我们继续沿着 11981 的线索探索生命之树的奥秘，第 5 个原质"严格"的别名是"天使的外科医生"，5 也代表 10 的 1/2。我们知道素数是不可分的，那么应该是 2×11981 的 1/2 才会形成 11981，所以在原质 5 节点上暗示着应该形成 2 个 11981。剩下的过程就简单很多，我们发现：

$$2 \times 11981 = 1192.9977322307 \times e \times e \times e \tag{5.7}$$

很明显，原质 1"王冠"就是 1193，原质 2"智慧"、原质 3"理解"、原质 4"仁爱"均为自然常数 e。

有人会说 1192.9977322307 近似为 1193 有些勉强，其实任何一个能量体系都会存在一些特殊的子循环系统。在 1193 构成质子过程中我们会发现 3 的平方的运动周期，以及第 7 个节点的 7 的平方合成周期。因此我们得出：

$$1192.9977322307 + 1/(3 \times 3 \times 7 \times 7) = 1192.999999804 \tag{5.8}$$

既然 1193 对应着生命之树的第一个原质"王冠"，"王冠"是"与人类头顶的大宇宙之间的接点，有创造的源泉、纯粹存在、生命力的源泉之意"。而下面就会发现，1193 也恰恰拥有创造一切、生命力的源泉、纯粹存在的性质。

空间基本单元构成质子、电子乃至一切粒子及空间物质。638327600 个空间基本单元构成质子、电子，其中又分成 400 个素数 1595819 个空间单元素数集合（也就是所谓的夸克），而这 400 个素数集合同样是在全景图构架下的自然体现。在探索 1595819 这个素数的起源的过程中，最为超前的空间基本单元理论与人类最古老的文明传说"生命之树"产生共鸣，通过生命之树的密码 400 发现了 638327600 乃至 1595819 个空间基本单元是产生于循环素数 1193。我们再用简单的数据流重现一回这个过程，并按照这个数据流匹配生命之树，如图 5-7 所示，图中每个节点之间都是相乘的关系：

$$638327600 = 1595819 \times 400$$
$$1595819 = 11981.00004 \times 7 \times 7 \times e$$
$$2 \times 11981 = 1192.9977322307 \times e \times e \times e$$
$$1192.9977322307 + 1/(3 \times 3 \times 7 \times 7) = 1192.999999804$$

根据图 5-7 的路线，我们从最初的空间密码 638327600，通过空间密码 400 再到空间密码 1595819，最后追踪到了终极空间密码 1193。这 1193 代表着最原始的空间基本单元集合，通过1193个空间基本单元的循环运动形成了1595819个空间基本单元素数集合，并由400个这样的素数集合体系构成质子、电子。更为奇特的是，1193的二进制码10010101001按照生命之树的路径同样形成了回文对称循环模式。在成功发现空间密码1193后，我们还需要破译1193这个宇宙空间的超级密码，极度兴奋之余，我们先细数下所探索到的成果。

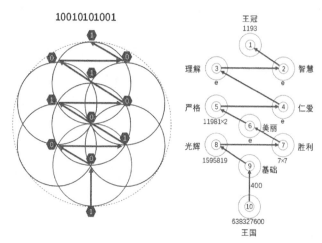

图5-7 638327600个空间基本单元的构成与生命之树的构成完美匹配

①1193个空间基本单元是按照$6n-1$（n为大于等于1的正整数）素数规则构成的，$6n-1$也等效于$6(n-1)+5$，其构成用公式表示如下：

$$1193 = 6 \times 199 - 1 = 6 \times 198 + 5 = 9 \times 6 \times 22 + 5 = 9 \times 132 + 5 \qquad (5.9)$$

需要注意的是，1193的构成中不仅出现了132，还出现了数字22，对应着生命之树的22个路径。在1193的$6n-1$构成模式中，出现了另一个重要的循环素数199，故1193也可以由$6 \times 199 - 1$构成。

②构成生命之树的生命之花是由6个相邻或相切的并围绕中心圆相切构成的7个圆。

③质子内部能量体系形成3个相互垂直的二维封闭圆，每个二维封闭圆内能量为132个1595819素数集合$E_{1595819}$。

分析以上数据，我们发现1193个空间基本单元可以按照生命之花的7个圆作如下分配：

①按照$6n+5$模型：独立的5个空间基本单元分配给中心圆，即中心圆拥有5个空间基本单元。按照$6n-1$模型：独立的1个空间基本单元分配给中心圆，即中心圆拥有1个空间基本单元。

②5个空间基本单元中的每一个都可以形成$1/3e$电荷电量，共可以形成5个（$+1/3$、$+1/3$、$+1/3$、$+1/3$、$-1/3$）$1/3e$电荷，总电荷恰恰为e。e代表一个质子的总电荷电量。我们知道质子的3个夸克总电荷为e，总能量为$4 \times E_{1595819}$。

③外围的 6 个圆按照素数 $6n+5$ 构成规则，每个圆分配 22 个空间基本单元，6 个圆共拥有 $6 \times 22 = 132$ 个空间基本单元。这个就和质子内部的 3 个相互垂直的封闭圆内能量 132 个 1595819 素数集合 $E_{1595819}$ 对应上了。未来的能量运动会将这 132 个空间基本单元发展成 132 个 1595819 素数集合 $E_{1595819}$ 并形成所谓的胶子。

④质子内部的 3 个相互垂直的二维封闭圆的相互作用关系数为 3×3，这样质子的每个封闭圆都会拥有 $3 \times 6 \times 22 = 396$ 个空间基本单元。3 个相互垂直的二维封闭圆的总空间基本单元数目为：

$$3 \times 132 + 3 \times 132 + 3 \times 132 = 1188 \tag{5.10}$$

⑤质子内部的 3 个相互垂直的封闭圆内总空间基本单元数量都是 396，这个 396 数码是通过 3×132 形成的，就是 132 循环 3 次完成一个运动周期。进而每个封闭圆内的 6 个圆构成 396 数码，当这 396 个空间基本单元发展成 $396E_{1595819}$，而中心圆中有 3 个夸克，其总能量为 $4 \times E_{1595819}$，总量子数为：

$$396 + 4 = 400$$

另外，我们发现 1595819 有两种生长模式，第一种生长模式就是按照著名的自然常数生长规律生长：

（1）1595819 的自然生长规则

该规则也是宇宙万物生长的必然规则，符合统计规则，1193 生长为 1595819 也是一样的。我们常说的 1595819 个空间基本单元的素数集合按照自然生长规律是这样构成的：

$$1595819 = 7 \times 7 \times 0.5 \times e \times e \times e \times e \times 1192.9977322307 \tag{5.11}$$

$$1192.9977322307 + 1/(3 \times 3 \times 7 \times 7) = 1192.999999804$$

$$1193 = 9 \times 132 + 5 = 3 \times 3 \times 6 \times 22 + 5 \tag{5.12}$$

①上式中出现的 3、5、7 因子均与 1193 一样是循环素数。不仅如此，3 的二进制 11，5 的二进制 101，7 的二进制 111 也都是二进制对称数。数码 3、5、7 在一个由 1193 个空间基本单元形成的基本能量体系演化出一个完整的 1595819 个空间基本单元的素数集合的能量体系过程中起到关键作用。因此，这 3 个数码均代表着空间基本单元在形成质子内部的物理运动规范。

②在 1595819 的构成中出现了自然常数的 4 次方，如果 1193 每乘一次自然常数代表着其发展了一个圆满的周期，那么 1193 由 4 个层次的周期形成。而这 4 个层次恰恰对应着生命之树的 4 个世界。

③在 1595819 的构成中出现了 1/2，这其实意味着 1193 通过 $7 \times 7 \times e \times e \times e \times e$ 次的发展生成了 2 个 1595819 素数集合，而这应该对应着生成正 - 负极性的一对能量体。这就可以解释 400 个 1595819 空间基本单元的素数集合既可以生成带正电荷的质子，也可以生成带负电荷的电子。

④$7 \times 7$ 次的循环数与 1193 本身就是循环素数对应上了。

另外，我们也可以从 1595819 的素数构成中直接解析其成长模式。

（2） 1595819 的素数构成规则

这个规则更精细，没有半分差异。实际上，不但 1595819 是由 $6n+5$ 素数构成外，构成 1595819 的素数 24179 也是 $6n+5$ 素数，一次分解如表 5-3 所示。

表 5-3	1595819 的素数构成
$1595819 = 6 \times 265969 + 5$	第三层 $6n+5$ 形成素数 1595819
$265969 = 11 \times 24179$	11 为循环素数，$11 = 6 + 5$
$24179 = 6 \times 4029 + 5$	第二层 $6n+5$ 形成素数 24179
$4029 = 3 \times 79 \times 17$	3、17、79 均为循环素数
$17 = 6 \times 2 + 5$	第一层 $6n+5$ 形成素数 17
	2 为循环素数

因此有：

$$
\begin{aligned}
1595819 &= 6 \times 11 \times \{6 \times 3 \times 79 \times (6 \times 2 + 5) + 5\} + 5 \\
&= 6 \times (6 \times 1 + 5) \times \{6 \times 3 \times 79 \times (6 \times 2 + 5) + 5\} + 5 \\
&= 79 \times 17 \times 1188 + 5 + 30 \times 11 \qquad\qquad\qquad (5.13) \\
&= 3^3 \times 2^2 \times 79 \times 17 \times (6 \times 1 + 5) \qquad 形成 79 \times 17 次 1188 循环 \\
&\quad + 3 \times 2 \times (6 \times 1 + 5) \times (6 \times 0 + 5) \qquad 基础循环 5 次 66 循环 \\
&\quad + 3^0 \times 2^0 \times (6 \times 0 + 5) \qquad\qquad 形成核心 5
\end{aligned}
$$

其中：

$$
2^2 \times 3^3 \times 79 \times (6 \times 2 + 5) \times (6 \times 1 + 5) = 79 \times 17 \times 1188 \qquad (5.14)
$$

在 79×17 次 1188 的循环中，每次 1188 循环都会与核心 5 形成 1193 稳定系统，即：

$$
1188 + 5 = 1193 \qquad (5.15)
$$

根据上述数据结构，1595819 的构成分为 3 层 $6n+5$ 素数体系（如果算上 11，就是 4 层素数构成体系，并与 1193 自然发展生成 1595819 中的 4 个自然常数 e 对应上了），包括核心循环因子"5"在内，每层骨架都由循环素数构成。1595819 具有牢不可破的内在结构，这一点与夸克不可再分，并且可以承受 4 种力的属性密切相关。

1595819 的主体核心构造为：$3 \times 6 \times 6 \times 11 \times 79 \times 17 = 79 \times 17 \times 1188$，基础循环为 9 次 132 循环构成 1188，核心为 5 参与每次循环运动，并最终形成 79×17 次 1193 超级循环稳定体系。图 5-8 为 1595819 个空间基本单元在质子内部的详细运动构造解析，该图将三维球形构造转成平面构成图以便读者理解。

除 1193 循环外，1595819 还包含有一个微循环结构：

$$5 + 30 \times 11 = 335$$

经进一步研究发现，这个微循环周期会在电子磁矩中体现，同时 30 因子也在 DNA（脱氧核糖核酸）染色体的螺旋管结构中体现。

整个 1595819 构造，居然全部是由循环素数（2、3、5、11、17、79）按照降阶规则有序构成的，从而形成一个非常美丽的数学关系。我们回顾一下质子/电子之比 1836 的构成，$1836 = 3 \times 6 \times 6 \times 17 = 2 \times 2 \times 3 \times 3 \times 3 \times 17$ 也全部是由循环素数构成的，并且结构与 1595819 的构成基本上是一样的，都拥有第一层 17（$6 \times 2 + 5$）的核心，只是缺乏了高级因子 79、11。作者在本书中的一个重要发现就是：粒子性能量体系的必要条件是有量子数 5 作为核心。循环素数 79 可以由 $4n + 3$ 及 $6n + 1$ 构成，并包含有 2 的 7 次方与 7 的平方因子关系：

$$79 = 6 \times (6 \times 2 + 1) + 1, \quad 79 = 4 \times (4 \times 4 + 3) + 3, \quad 79 = 2^7 - 7^2, \quad 5 \times 79 = 395,$$

$$395 + 5 = 400$$

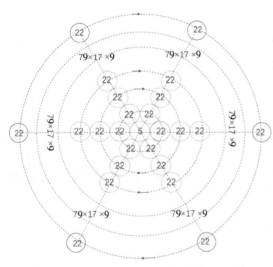

质子内部 1595819 个空间基本单元运动组合解析

1. 球核心空间基本单元数：5
2. 每圆周循环空间基本单元数：$6 \times 22 = 132$
3. 每个圆周围绕核心循环总空间基本单元数目：$132 + 5 = 137$
4. 球形 3 个相互垂直圆相互作用总循环周期数：9
5. 球形 3 个相互垂直圆总循环空间基本单元数目：$9 \times 132 = 1188$
6. 球形 3 个相互垂直圆围绕核心总循环空间基本单元数目：$1188 + 5 = 1193$
7. 79×17 次 1193 循环形成 1595819 个空间基本单元能量集合——夸克最基本能量体系构成
8. 每个相接触的空间基本单元相互作用为强力
9. 每个圆周循环对外形成 137 量子数或强力的 1/137 作用强度，这就是所谓的电磁力
10. 137 量子数与 1193 内部微循环效应形成精细结构常数倒数

图 5 - 8　夸克——1595819 个空间基本单元运动模式的
三维转平面解析

而在生命之树中我们也恰恰发现了 7 的平方和 2 的因子，并按照自然常数 e 的规则从 1193 生长到 1595819，同样 1595819 的素数构成规则中也拥有 $3 \times 3 \times 6 \times 22 = 1188$ 及 7 的平方因子，并同核心 5 构成 1193。

在 1595819 核心的第一层构成中，$4029 = (3 \times 17 \times 79)$ 是由 3、17、79 这 3 个循环素数构成的。其中 3（11）、17（10001）的二进制均是对称数。

而 3、17、79 在循环素数排列中均是之间相隔 5 个循环素数，并且从 3 继续往下排到第 6 个循环素数就是 1931，1931 是 1193 的循环素数，又回到了 1193 这里来了，见下数列：

2 3 5 7 11 13 17 31 37 71 73 79 97 113 131 197 199 311 337 373 719 733 919 971 991 1193 1931

如果数码 5 构成空间的核心数，那么 1595819 就是拥有 3 层核心的 $6n+5$ 的素数构造，并且最核心处是由 3、17、79 这 3 个间隔为 5 的循环素数构成的。这样的构成使 1595819 成为最强大的、不可分的粒子集团，也就是我们所说的夸克。另外，1595819、24179、3、79 也同时是 $4n-1$ 素数，4029、17 是 $4n+1$ 素数。

我们在探索远古文明密码的过程中，无意间发现了 638327600 个空间基本单元构成质子和生命之树所描述的物质世界构成在数据上完全匹配，并按照这个线索揭开了 1595819 的构成机理。很显然，把宇宙最基本的粒子电子、质子的构造数量放到最古老的生命之树中后，生命之树就会告诉我们宇宙的终极生命密码：1193。

5.3 循环素数 1193 构成稳定的质子能量体系——质子的生命之花数学模型

我们用数据解析了构成质子内部的 638327600 个空间基本单元的详细构造，并且将其汇聚成 400 个 1595819 个空间基本单元素数集合形成质子。在这节里，我们将重构质子内部的能量与物质构成体系。

我们知道 1193 起于 $6n+5$（n 为大于等于 0 的正整数）或 $6n-1$（n 为大于等于 1 的正整数）素数构成规则，并有：

$$1193 = 6 \times 199 - 1 = 6 \times 198 + 5 = 6 \times 9 \times 22 + 5 = 3 \times 3 \times 6 \times 22 + 5 \quad (5.16)$$

更为奇特的是，1193 的循环素数 1931、9311、3119 都是按照 $6n+5$ 规则构成的素数，并且均拥有 9×2 因子：

$$1193 = 6 \times 3 \times 66 + 5 = 9 \times 2 \times 11 \times 6 + 5$$
$$1931 = 6 \times 3 \times 107 + 5 = 9 \times 2 \times 107 + 5$$
$$9311 = 6 \times 3 \times 11 \times 47 + 5 = 9 \times 2 \times 11 \times 47 + 5$$
$$3119 = 6 \times 3 \times 173 + 5 = 9 \times 2 \times 173 + 5$$

有趣的是，构成 1193 和 1931 的循环主体之和等于 3119 的循环主体：

$$6 \times 3 \times 66 + 6 \times 3 \times 107 = 6 \times 3 \times 173$$

$6n+5$ 的规则意味着，n 在从 0 到无限大自然数的变化过程中，会不断形成各种素数，这里需要注意的是，不是每个自然数都会产生素数，如 $n=5$ 时，$6 \times 5 + 5 = 35$ 就不是素数。

那么如何把 1193 匹配到生命之花的 7 个圆中呢？首先，我们看到生命之花的外围是 6 个圆，这 6 个圆恰恰和 $6n$ 相对应，这个时候的 1193 的 n 值为 9×22，在生命之树的 22 个路径中，数码 22 应该作为每个圆的基数，生命之花是立体的，应该和质子内部能量体系构成类似，由 3 个相互垂直的圆构成，而中心的一个圆也恰恰可以和代表中心的数码 5 对应。这样一来我们就有了一个初级的匹配关系，如图 5 - 9 所示。

质子能量E_p的空间分布与生命之花结构的数据匹配

$$E_p=400E_{1595819}=132E_{1595819}+132E_{1595819}+132E_{1595819}+4E_{1595819}$$

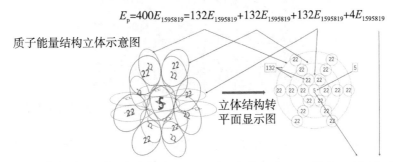

质子能量结构立体示意图　　　　　　立体结构转平面显示图

$4E_{1595819}=$下夸克（$-1/3e$）+上夸克（$1/3e+1/3e$）+上夸克（$1/3e+1/3e$）→5个$1/3e$电荷

图 5 - 9　质子内部 3 个封闭圆中的 132 量子数和中心量子数 5 的生命之花构造

在图 5 - 9 所示的质子体系物质构造中，形成了环状量子数 $3 \times 6 \times 22 = 3 \times 132 = 396$。我们知道，质子是由拥有 4 个 1595819 空间基本单元素数集合的 3 个夸克构成的，其与上述的 396 个 1595819 空间基本单元素数集合恰恰构成了质子的 400 个 1595819 空间基本单元素数集合。

同时，这 3 个夸克分别带有 $-1/3e$、$+2/3e$、$+2/3e$ 电荷，是由 5 个 $1/3e$ 电荷构成的，恰恰可以形成核心的量子数 "5"，核心的量子数 5 和每个封闭圆空间中的 132 形成了著名的 $132 + 5 = 137$ 量子数，这个就是构成精细结构常数的主量子数。

因为 3 个相互正交（垂直）的封闭圆（分别用 X、Y、Z 代表）的总相互作用向量为 9，完成这 9 次相互作用，就形成一次完整的质子内部 3 个正交封闭圆内的向量循环。见下面公式表述：

$$|X \quad Y \quad Z| \times \begin{pmatrix} X \\ Y \\ Z \end{pmatrix} = \begin{vmatrix} X_x & X_y & X_z \\ Y_x & Y_y & Y_z \\ Z_x & Z_y & Z_z \end{vmatrix} \tag{5.17}$$

图 5 - 10 为立体质子的 3 个相互垂直的二维封闭圆的生命之花构造的能量运转体系，每个封闭圆都有一个 3 层循环的 6×22 的生命之花构造能量运转体系，3 个封闭圆形成总数 1188 能量循环主体：

$$3 \times 3 \times 6 \times 22 = 1188$$

上述循环主体和 3 个相互垂直的封闭圆所共同的核心 5 构成一次质子内部能量完整的 1193 循环。

$$3 \times 396 + 5 = 1193$$

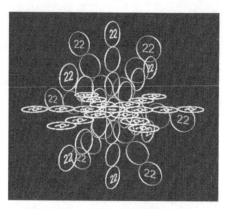

图 5 - 10　质子内部 3 个相互垂直的封闭空间中的 1193 能量循环体系

拥有电荷的 3 个夸克（对应着生命之花结构的核心数 5）和胶子（对应着生命之花结构中的 3 × 396 量子数）构成了质子，这个说法不仅与本节的质子生命之花的构成模型完全对应上了，我们还更深入、更详细地描述了质子内部夸克与胶子的清晰构成及相互作用规则。

5.4　循环素数 1193 稳定能量体系下的精细结构常数的起源

精细结构常数是物理学中应用得非常普遍的一个常数。在空间基本单元理论的探索和研究中，我们发现了夸克间的强力通过精细结构常数耦合产生了电磁力、万有引力（见第 9 章、第 10 章）。如果 1193 形成了电子、质子内部稳定的能量体系，那么电子、质子之间的相互作用常数——精细结构常数也一定会由 1193 体系产生。基于这个推论，沿着循环素数 1193 的成长途径，我们再次出发，去探索精细结构常数的起源。

早在 1193 的素数构成体系中，我们就发现了 1193 起源于 3 个封闭空间的谐振因子 27（27 = 3 × 3 × 3），1193 中也必然包含 27 的循环因子（1193 = 27 × 44 + 5）。我们还知道，质子内部每个二维的封闭圆拥有的能量量子数都是 132，而核的核心量子数是 5，这个量子数 5 是质子内部 3 个相互垂直的封闭圆共同的核心。这样一来，3 个相互垂直的封闭圆拥有的主能量量子数均为 132 + 5 = 137，如图 5 - 11 所示。质子磁矩显示出质子内部能量是高速自旋状态，因此，任意方向上、任何时刻所面对质子内外部空间的相互作用主量子数均为 137，这就与精细结构常数倒数的主体整数部分 137 对应上了。换言之，如果一个强力的 137 循环周期形成了电磁力，那么这个电磁力强度就是强力的 1/137，这就是精细结构常数倒数。

此外，我们还需要讨论精细结构常数倒数的小数部分的起源。空间基本单元理论认为，精细结构常数倒数的小数部分是源于 3 个相互垂直的封闭圆之间的相互作用影响了各个封闭圆的对外空间的作用，而这 3 个相互垂直的封闭圆的相互作用因子就是 27，如果质子内部能量体系依靠 1193 无限循环得以维持稳定状态，那么质子内部就必

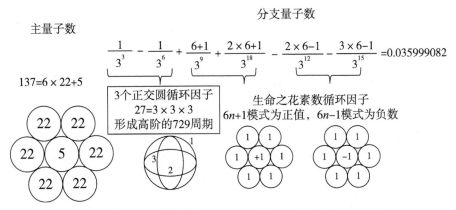

图 5 - 11　生命之花素数循环体系中形成的精细结构常数倒数

然存在 27 的幂级数般的无限循环周期。在质子的生命之花模型中，质子内部空间能量密码 1193 是以 $6n+5$（$6 \times 22 + 5 = 132 + 5$）的无限循环形式存在，并构成稳定的能量体系。1193 的构成解析如下：

$$1193 = 9 \times 132 + 5 = 27 \times 44 + 5 \tag{5.18}$$

每个封闭圆的循环周期：

$$137 = 6 \times 22 + 5 = 132 + 5 \tag{5.19}$$

质子内部 3 个相互垂直的封闭圆空间之间最小循环周期为 $3 \times 3 \times 3$，而每个封闭圆内部生命之花结构均有 3 的循环周期，合计总循环周期为 27，即存在 27 循环因子。我们也发现，精细结构常数倒数的小数部分确实是在以 27 为周期的循环中，按照幂级数循环周期展开，结果如下：

$$\frac{1}{3^3} - \frac{1}{3^6} + \frac{7}{3^9} - \frac{11}{3^{12}} - \frac{17}{3^{15}} + \frac{13}{3^{18}} = 0.035999082$$

对于这个结果，有的学者会说：任何一个小数都可以由幂级数展开获得，这只不过就是一个数字游戏。这里，请慢下结论，我们按照质子的生命之花模型展开，奇迹再次出现：

$$\frac{0 \times 6+1}{3^3} + \frac{0 \times 6-1}{3^6} + \frac{6+1}{3^9} - \frac{2 \times 6-1}{3^{12}} - \frac{3 \times 6-1}{3^{15}} + \frac{2 \times 6+1}{3^{18}} = 0.035999082 \tag{5.20}$$

上式很清晰地展示出，精细结构常数倒数是以 1/27 的幂级数展开的，不仅分母 3 是循环素数，并且其分子部分 7、11、17、13 也全部都是循环素数，而且分式中，n 从零开始，以 $6n + 1$ 模式出现的素数分子就一定为正值，以 $6n - 1$（或 $6n + 5$）模式出现的素数分子就一定为负值，素数全景图中的两组素数螺旋线的相位差直接反馈到精细结构常数倒数的小数结构中的正负属性上了。宇宙的万能法则就是循环素数而已。7、11、17、13 不是随意出现在这里的，它们是 1595819 的构成因子，这些因子会在下节的电子磁矩的构造中体现出来：

$$1595819 = (6 \times 13 + 1) \times 17 \times 1188 + 5 + 30 \times 11$$

如此，从质子（电子）内部 1193 超级循环中最基础的素数循环周期结构给出的整体能量循环密码，也称精细结构常数 α 的倒数为：

$$\frac{1}{\alpha} = 6 \times 22 + 5 + \frac{1}{3^3} - \frac{1}{3^6} + \frac{7}{3^9} - \frac{11}{3^{12}} - \frac{17}{3^{15}} + \frac{13}{3^{18}} = 137.035999082 \qquad (5.21)$$

构成 1193 的关键数字 27、22、6、5、3 均体现在精细结构常数的构成上，其中 2、3、5 为 55 个循环素数的前三位。除 5 构成核心并与 132 结合成精细结构常数倒数的整数部分 137 外，以 27 为主体的高阶循环周期在生命之花循环模式下构成了精细结构常数倒数的小数部分，整个循环分母以 27 的幂级数展开，循环分子则严格按照素数全景图中的 2 组螺旋线数字及其极性属性展开，只不过更高阶数值已经非常微小了，超出了实验测量的范畴。

2018 年 CODATA 给出的精细结构常数倒数为：137.035 999 084（21），括号内代表后两位的误差范围。空间密码给出的精细结构常数与物理学实验值完全一致。

所谓的"跨越空间"是指粒子通过自由空间中的空间基本单元接触其他粒子的间接相互作用模式，如果现实中不存在上述的能量循环体系，那么即便我们人为地拟合这个数据，也常常是不可能的。而在事实存在的基础上，就非常容易通过简单的、有规律性的探索挖掘出宇宙规律。这就是空间密码的客观存在和不可否认的属性。而本书中的空间基本单元理论所探索出的通过自由空间产生相互作用的电磁力、万有引力、卡西米尔力、电子云力等均拥有精细结构常数因子存在，这也从另一个角度说明了生命之花构成的客观存在。详细内容请见第 9、第 10 等章节。下面请继续跟随作者通过空间密码探索更多的宇宙奥秘。

5.5 质子、中子、原子与强力、弱核力、电磁力中的 1193 超级循环周期

在上几节中，我们研究了构成上夸克的 1595819 个空间基本单元集合是以 1193 循环模式形成稳定能量体系的。而我们知道电子、质子包含有 400 个 1595819 个空间基本单元素数集合。那么这 400 个独立单元是否也遵循着 1193 循环体系呢？

质子（质子能量用 E_p 代表）的 1193 循环体系：

我们先看下质子内部的能量体系构成。通过第 3 章的研究我们了解到，质子能量（用 E_p 表示）按照十维空间属性（即按照素数全景图结构体系）形成 400 个能量单元，每个能量单元（用 $E_{1595819}$ 表示）由 1595819 个空间基本单元构成，并称为夸克，质子能量的构成结构如下：

$$E_p = 400 E_{1595819} = 3 \times 132\, E_{1595819} + 4\, E_{1595819} \qquad (5.22)$$

其中，独立的 $4\, E_{1595819}$ 构成了 2 个上夸克和 1 个下夸克（2 $E_{1595819}$），而每个上夸克

拥有电荷 $+2/3e$。1 个下夸克拥有电荷 $-1/3e$，这样实际上 $4\,E_{1595819}$ 是形成了 5 个 $1/3e$ 电荷：（ $+1/3e$、 $+1/3e$）， （ $+1/3e$、 $+1/3e$）， （ $-1/3e$）。如第 3 章中对质子磁矩解析图 3 - 6、图 3 - 7 所示。在质子内部 3 个相互垂直的封闭圆中，两对 $+2/3e$ 电荷分别分布于 2 个相互正交的封闭圆中形成 2 个上夸克，1 个 $-1/3e$ 电荷独立分布于一个封闭圆中形成 1 个下夸克，即质子内部电荷 $+e$ 是由 5 个等量不等极性的分电荷构成的，这 5 个 $1/3e$ 电荷总等效电荷为一个正电子电量（ $+e$）。因为构造质子的 2 个上夸克、1 个下夸克总能量为 $4\,E_{1595819}$，形成总电荷量子数为 5，因此我们可以用 $5\times(1/3e)$ 来替代等效的 $4\,E_{1595819}$ 能量。

质子内部的 5 个 $1/3e$ 电荷拥有 4 个 $E_{1595819}$ 能量，围绕质子核心旋转，完成完整的电荷与能量的循环需要 $5\times4=20$ 次，周期的平方反比于能量，20 的平方就是 400。因此质子内部必然拥有 400 个能量运转单元。所以质子内部能量与质子的电荷不是能量相加的关系，而是能量与电荷周期卷积的关系，这样一来质子能量体系表述如下。

$$E_{p}=400E_{1595819}=3\times132E_{1595819}+5\times(1/3e) \qquad (5.23)$$

在质子能量体系中还存在 3^{n} 次循环体系，由此质子内部的能量循环 3 次后形成如下能量值：

$$3E_{p}=3\times400E_{1595819}=3\times3\times132E_{1595819}+5\times(e)\ \rightarrow1188+5=1193 \qquad (5.24)$$

即质子是带正电荷的，并以 5 个 $1/3e$ 夸克电荷形成"5"的运转核心，进而形成 1193 循环素数体系。质子的 1193 是以电荷"5"为核心，这显得独立的质子很特殊，拥有极性电荷而不足以构成稳定的质子集团物质。这个时候，质子外部玻尔半径处 $(200)^{2}\lambda_{p}$ 的电子就恰恰补偿了这个缺点。实际上，质子内部的能量循环 3 次就能形成一个稳定的 1193 体系，未必需要 3 个质子才形成一个 1193 稳定体系，但是 3 个质子能量在一起时，也确实存在 1193 循环体系。这方面的研究可以见第 6 章的内容。

中子是由质子和一个 729 周期的高能电子构成，中子的高能量 729 电子周期本身就源于 1193 的周期循环，即 729 是 1193 的基础循环周期，$9\times9=81$ 个 1193 循环形成 729 周期：

$$9\times9\times1193=9\times9\times(9\times132+5) \qquad (5.25)$$

从上面的研究中我们知道，质子（电子）、中子、原子的内部能量循环体系都依赖于 1193，而这三类粒子构成了宇宙中所有的有形物质形态。进而可以这样说，宇宙万物的生成都依赖于 1193 循环体系。探索到此似乎显得很圆满了。

强力、电磁力、弱力中的 1193 循环体系：

能量的 1193 循环形成稳定物质形态，而能量的 1193 循环内容也同时指向稳定的相互作用关系。因此，1193 的故事还远未结束，从 1193 的构成中我们发现：$1193=9\times132+5$，即一个完整的 1193 循环是由 9 次 $132+5=137$ 循环而成，而之前我们说过核心"5"是每次循环都要参与的，这样核心 5 的量子数要循环 9 次，并会形成 $9\times5=45$

量子数。而在第 3 章质子构成模型中，恰恰有核心的缪子能量 $45E_{1595819}$ 存在。因此 1193 循环体系也恰恰验证了我们在 2009 年就提出的质子内部能量构成模型。与此同时，公式（5.17）也揭示出了同样的事实：

封闭空间中必然存在着 9 个物理意义上的空间维度，才会产生 1193 中 9 个 137 的基本循环。

在质子内部 3 个正交封闭圆中，会形成 3 个独立的 1193 循环系统：

$$X: 9 \times 132 + 5$$
$$Y: 9 \times 132 + 5$$
$$Z: 9 \times 132 + 5$$

这样一来，质子内部 3 个独立正交（相互垂直）的封闭圆中的能量完成一次两两相互的能量循环需要 $9 \times 9 = 81$ 次 137 循环，完成 3 个封闭圆之间的能量循环就需要 $9 \times 9 \times 9 = 729$ 次 137 循环。这 9 次循环、81 次循环、729 次循环均在第 3 章、第 4 章中质子、中子构成中已发现。如 9 次循环对应着缪核（质子能量的 1/9 及 9 λ_p），81 次循环恰恰对应着下夸克的 $-1/3$ 电荷及 81 λ_p，729 次循环对应着高能量电子及 729 λ_p。

如果视质子内部 1 次能量循环相互作用引发的是强力，137 次强力循环相互作用引发的是电磁力，那么质子内部存在 729 周期的 137 次循环的大能量循环系统，我们可以直接推理为质子内部的弱电相互作用了。我们从统一的力的探索中发现，强相互作用力在距离 R 上与空间基本单元直接耦合（一次能量循环相互作用），公式表示为：

$$F_{强力} = \frac{hc}{2\pi R^2} \tag{5.26}$$

很明显，电相互作用力形成于空间基本单元之间的 137 次的能量循环作用，公式表示如下：

$$F_{电磁力} = \alpha \frac{hc}{2\pi R^2} = \frac{1}{137.035999084} \times \frac{hc}{2\pi R^2} \tag{5.27}$$

我们之前证明了在精细结构常数倒数的 137 的小数位（0.035999084）由循环作用中的高阶循环形成。那么 $9 \times 9 \times 9 = 729$ 次 137 循环就对应着如下的能量关系，即存在质子能量 1/729 的电荷循环体系与质子能量（用符号 E_p 代表）进行交互作用，这也是我们在中子构成探索中发现的，称为高能量电子，其能量为：

$$高能电子能量 = \frac{E_p}{729} \tag{5.28}$$

我们在质子、中子的内部能量探索中也发现了这个高能量电子，其对外在整体上表现为一个正电荷电量，并形成与电子之间的电相互作用力。但是这个高能量电子在质子和中子内部还同时与质子能量存在着基于 $132 + 5 = 137$ 周期之上的 729 周期的大循环作用，这就是物理学家们所说的"弱相互作用"。因此，由高能电子参与的弱力应该与 1/729 及电磁力成正比，公式表述如下：

$$F_{弱核力} = \frac{1}{729} \alpha \frac{hc}{2\pi R^2} = \frac{1}{729 \times 137.0359990084} \frac{hc}{2\pi R^2} \tag{5.29}$$

由此，我们从核子（质子、中子）内部的 1193 超级循环的基础循环周期中推导出强力、电磁力、弱力的统一性公式。

我们将上述发现汇总在表 5 - 4、表 5 - 5 中，简明扼要地描述质子、中子、原子内部 1193 循环细节以及形成的相关相互作用。

表 5 - 4　　　　　　　　　质子、中子、原子内部的 1193 循环数学模型

质子内部三个相切封闭圆 X、Y、Z	质子内部三个相切封闭圆的正交因子	循环序数	生命之花结构中的 6 个圆中的量子数	质子运转核心：$5 \times 1/3e$	原子运转核心：$5 \times E_{1595819}$	中子运转核心：$5 \times E_{1595819}$	X、Y、Z 切面圆中每次循环形成的量子数
X、Y、Z 三个封闭圆内均有的 9 种循环周期。形成的总量子数：1193	XX	1	132	5	5	5	$132 + 5 = 137$
	XY	2	132	5	5	5	$132 + 5 = 137$
	XZ	3	132	5	5	5	$132 + 5 = 137$
	YX	4	132	5	5	5	$132 + 5 = 137$
	YY	5	132	5	5	5	$132 + 5 = 137$
	YZ	6	132	5	5	5	$132 + 5 = 137$
	ZX	7	132	5	5	5	$132 + 5 = 137$
	ZY	8	132	5	5	5	$132 + 5 = 137$
	ZZ	9	132	5	5	5	$132 + 5 = 137$
	合计运转次数		9×132	5	5	5	$9 \times (132 + 5) = 9 \times 137$
			$1193 = 9 \times 132 + 5$				

表 5 - 5　　　　　质子、中子内部循环周期形成对应的强力、弱力、电磁力相互作用

质子、中子内部三个相切封闭圆 X、Y、Z	循环总数	基础循环单元	核子核心单元	强相互作用循环周期	电磁相互作用循环周期	弱相互作用循环周期
X 圆中的 9 次 137 循环	9	132	5	1	137	
Y 圆中的 9 次 137 循环	9	132	5	1	137	$9 \times 9 \times 9 \times 137$
Z 圆中的 9 次 137 循环	9	132	5	1	137	

在一维度的直线中的运动模式只可以是前、后两种：在二维的平面中的运动模式有很多种，如圆、直线，但是当这个二维平面形成一个封闭圆的有限空间状态时，光也只能沿着弯曲的圆周进行圆周运动，这个时候一维中的前、后运动模式就转化为沿着圆周左循环运动和右循环运动两种模式，即左旋、右旋。我们在研究1193的性质时发现，在质子的每个封闭圆的1193循环模式中，都只会有左旋和右旋两种等效的能量运动模式。同时还发现，封闭圆空间也确实产生 +1/3e 和 −1/3e 两种极性相反、电量相等的电荷，这样的巧合就不得不使人确认：是质子封闭圆空间中的左旋、右旋两种运动模式产生了两种极性相反的电荷，我们称为正、负电荷。因此我们会获得这样的研究成果：

无论质子还是电子，其最基本的电荷来源于封闭空间中1193的能量循环过程。有封闭空间就有电荷存在，有封闭空间就必然有1193能量循环体系存在。

5.6 循环素数1193构成稳定的电子能量体系——电子的生命之花数学模型

按照辩证法的观点，既然使用1193超级循环能够推导并证明 400×1595819 个空间基本单元构成质子，也一定能够使用1193超级循环推导出电子的内部构成，并用这个电子构成规则推导出电子的磁矩。按照磁矩定义，一个带电荷电量为 e 的电子围绕半径为 r 的圆周运动形成的磁矩 μ 为：

$$\mu = \frac{evr}{2} \tag{5.30}$$

当我们认为电子的内部能量运动速度为光速 c，并以电子康普顿波长 λ_e 为圆周运动时的磁矩为：

$$\mu_B = \frac{1}{2}\frac{\lambda_e}{2\pi}ec \tag{5.31}$$

该磁矩也被称为玻尔磁子，用 μ_B 表示。按照经典物理学理论，电子的磁矩就应该是一个玻尔磁子这么大。可经现实的物理实验测量，实际的电子的磁矩比理论值恰恰多出千分之一左右，用公式表示电子磁矩（2020年PDG数据）为：

$$\mu_e = -1.00115965218091\,(26)\,\mu_B = -1.00115965218091\frac{\lambda_e ec}{4\pi} \tag{5.32}$$

上述公式括号内的两位数字为精度不确定位。多少年来，几乎所有的物理学研究者和探索者，无不费尽心思地试图解开电子磁矩异常中的奥秘，同时他们也都知道，电子与质子之间通过空间的耦合是以精细结构常数为基准的，因此会很容易寻找出如下的结果，并以此为基础推导出电子磁矩为：

$$1 + \left(\frac{\alpha}{2\pi}\right) - \left(\frac{\alpha}{2\pi}\right)^2 + \left(\frac{\alpha}{2\pi}\right)^3 \cdots = 1 + \sum_{n=1}^{n=\infty}\left(\frac{\alpha}{2\pi}\right)^n(-1)^{n-1} = 1.0011600624252$$

上述结果意味着电子通过精细结构常数（或电力因子137）与空间的级数般的相互

作用，就应该产生附加的磁矩 $-0.00115965218091\mu_B$，但是想简单地使用这个公式合理地推导出精确的电子磁矩结果，比登天还难，作者也为此耗费不止十年的时光。实际上，我们从本章的精细结构常数推导过程中发现，精细结构常数起源于质子的 1193 内部能量体系。我们知道，原则上电子和质子应该是同构的，而且都是由 400×1595819 个空间基本单元构成。空间基本单元理论的探索实践却发现质子是按照空间密码核心"5"的模式构成的，这一论点在第 3 章及第 5 章中有所论证。与此同时，科学家们做了几十年的大量的实验，也没有能够发现电子的核物质，所以根据这个事实，空间基本单元理论的假设 5 就提出了：电子核心区域就是一个空间基本单元。

如果是这样，电子的核心就是一个空间基本单元，而不是按照我们所说的万物核心必须为"5"的规则。并且，按照和质子一模一样的构成模型，电子中心也应该有量子数"5"，并应该也是类似 5 个 $1/3e$ 电荷电量构成一个负电荷（$-e$），但是若这样推导下去就出现一个巨大的矛盾，即电子和质子类似，也应该有 3 倍左右的玻尔磁子。而实际上电子的磁矩就是 1 个玻尔磁子，仅仅是多了约 0.0011596 倍。因此电子核心量子数应该是 1，并代表一个负电荷（$-e$）。按照这个思路探索，1193 的两种完全等效素数构成模型为此提供了一个重要途径：

$$1193 = 6 \times 199 - 1 = 6 \times 198 + 5 \tag{5.33}$$

即 1193 可以由 $6 \times 198 + 5$ 循环模式构成，其中核心为"5"。这一模型就是我们发现的质子内部能量构成体系，质子的封闭空间中充满了能量，因而会形成核心"5"量子数。与此同时，1193 也可以是由 $6 \times 199 - 1$ 循环模式构成，其中 -1 代表核心为"-1"，这说明其核心仅仅是形成了最初级的封闭空间，因而电子中心没有量子数 5 所形成的核心。大量的物理实验也验证了这一点，即普通电子核心区域没有发现核心物质。

我们进一步研究 1193 的 $6 \times 199 - 1$ 构成模型，会发现 199 也是一个循环素数，并且 $199 = 6 \times 33 + 1$。如果质子能量是按照 $6 \times 198 + 5$ 模型构成的，因为 198 不是素数，而构成电子的模型是由循环素数 199 构成的，那么从空间基本单元理论的视角来看，循环素数构成的能量体系是最稳定的体系。因此，电子体系稳定性远高于质子体系稳定性，即从寿命上看，电子的寿命要远高于质子的寿命。物理实验也证明，电子的寿命是无限的，而质子的寿命大约是 10^{35} 年。因此，通过上述分析发现，物理学的实践再次证明了空间基本单元理论的正确性。

如图 5-12 所示，按照电子的能量体系以 $1193 = 6 \times 199 - 1$ 构成的数学模型，可以非常方便地解释电子核心量子数应为 -1，并且应该带一个负电荷。同时 1193 的生命之花的构成模式也仅仅只有这两种，并分别形成了稳定性极高的质子和电子。而电子因为拥有更高层级的素数构成体系，其寿命远远长于质子。

为便于理解，我们根据上述研究成果，将电子的 1193 构成模型在图 5-13 中描述出来。

1193循环的两种构成模式形成的质子与电子

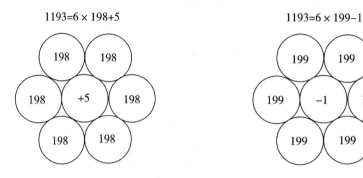

质子：核心空间基本单元数目=5
电荷e：（1/3e，1/3e，1/3e，1/3e，−1/3e，）

电子：核心空间基本单元数目=−1
电荷：e（−e）

图 5 – 12　由 1193 循环的两种模式构成的质子和电子

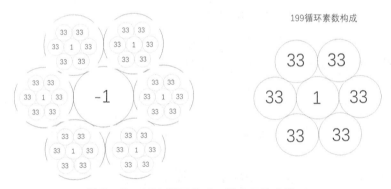

图 5 – 13　1193 循环体系下的电子构成模型

从图 5 – 13 中可以看出，电子的 1193 循环系统结构包含 6 个次一级的循环素数199 = 6 × 33 + 1结构，如果将这 6 个次一级循环素数6 × 33 + 1结构的核心"1"与主循环体系核心的"−1"合并，就会再次形成核心"5"的结构。这就是1193超级循环两种模式的等效性。当然，这种演变需要额外的能量，即正、负电子在更高的能量作用下其结构被压缩成拥有核心"5"的质子与反质子。

$$1193 = 6 \times 198 + 5 = 6 \times （6 \times 33 + 1） - 1$$

我们最早从 2.725K 的空间背景辐射中，发现并推导出电子拥有 638327600 个空间基本单元，这 638327600 个空间基本单元又由 400 个 1595819 素数集合构成。每个1595819 又是由 1193 个空间基本单元以超级循环形态形成的，同时我们也证明了 400个 1595819 素数集合也可以形成以 1595819 素数集合为单位的 1193 循环体系，如质子、中子的夸克 1193 循环体系。因此我们可以顺利地推导出精细结构常数。如果上述的研究成果都是符合宇宙客观规则的，那么根据电子的 1193 能量体系结构也可以顺利、简洁地推导出电子的磁矩。此时电子的磁矩应该只与电子内部能量体系构成相关。并因此从电子的磁矩推导结果中验证空间基本单元理论所推导出的电子构成的合理性。

5.7　循环素数 1193 稳定能量体系下的电子磁矩起源

按照经典物理学理论，电子磁矩就应该是 1 个玻尔磁子（用 μ_B 表示），但是实际的电子磁矩测量值出现了所谓的电子磁矩异常现象。参考精细结构常数倒数的推导方式，精细结构常数倒数的主量子数 137 由主循环空间密码 132 + 5 来决定，其小数部分代表着质子构成中的 27 高阶循环。上节中我们提出电子的 1193 循环是由 $6 \times 199 - 1$ 模型构成的，这个数学模型的物理含义就是：6 个均拥有 199 个空间基本单元的封闭圆围绕核心封闭圆 − 1 运转，因此电子磁矩的主量子数应该为 1（考虑到极性的话应该是 − 1），其小数部分 − 0.00115965218091 应该由电子内部的 1193 循环因子中的子循环因子决定。

空间基本单元理论告诉我们，无论是质子还是电子等基本粒子，它们最基本的能量集合都是 1595819 个空间基本单元构成的稳定系统。我们再重温一下 1595819 素数集合构成 1193 超级循环的模型，1595819 由 3 层 $6n + 5$（或 $6n - 1$）素数结构构成［见公式（5.13）］，针对电子的 $6n - 1$ 模型，将 1595819 简化成如下的 1193 循环结构：

$$1595819 = 17 \times 79 \times 1188 + 5 + 30 \times 11$$

$$1595819 = (3 \times 6 - 1) \times (13 \times 6 + 1) \times 1188 + 5 + 30 \times 11$$

上式中的 1188 + 5 构造在质子构成模型中以 $198 \times 6 + 5$ 形成 1193 循环，而在电子构成模型中以 $199 \times 6 - 1$ 形成 1193 循环。由此可见，1595819 中包含 3 个 $6n + 1$、$6n - 1$ 循环周期，它们分别是：$3 \times 6 - 1$、$13 \times 6 + 1$、$199 \times 6 - 1$。因此电子的次级循环因子是以循环素数 199、13、3 为主体的 $6n \pm 1$ 的生命之花循环模式，这 3 个循环素数就应该是构成电子磁矩小数部分的主体。而且我们按照上述 3 个子循环周期，确实也很轻易地发现有如下结果：

$$-\frac{3}{199 \times 13} = -0.00115964437572 \tag{5.34}$$

上式中，分子中数字"3"代表电子中的 3 个相互垂直封闭圆，分母中数字"13"代表着 $13 \times 6 + 1$ 循环周期、分母中数字"199"代表着 $199 \times 6 - 1$ 循环周期。研究到这个地步，我们可以很清晰地看到，同精细结构常数由质子能量体系构成规则一样，电子能量体系的构成也同样决定着电子磁矩，并由其内部能量运转的循环素数主导。电子磁矩的更精细的部分取决于电子的 1193 循环中的素数子循环周期。我们从 1595819 素数解析中发现了这 3 个子循环周期。

在 1595819 构成中还有一个 30×11 的更小循环周期，这个周期也对电子磁矩有微小的影响。进一步分析 1595819 中的基础循环因子 13、9、17、11、6 及 30×11 的微循环周期，可以获得两组相互作用的循环因子（30、11）和（13、9、17、11、6）。按照这几个循环因子的线索，我们开展更深入的探索活动。我们将子循环周期 30×11 中的因子 30、11 分别与主循环中的高阶循环因子中的（13、9）和（17、11、6）相互匹配形成如下等效的对称总周期：

$$30^2 \times 13 - 30^1 \times 9 - 30^0 = 11429 = 11 \times (11 \times 17 \times 6 - 11 \times 6 - 17) \quad (5.35)$$

1595819 的构成中的子循环因子 30 与主循环因子 13、9 形成的组合周期数为 11429，11429 恰恰也是 1595819 构成中的子循环因子 11 与主循环剩余的因子 17、11、6 构成的组合周期数。两种循环是等效的。这简直是一个奇迹。

由此我们获得一个在电子 1595819 循环周期内包含的子复合周期 11429，将这个周期并入 199 周期中，获得如下电子磁矩精细结构构成公式：

$$-\frac{3}{199 \times \left(13 - \frac{1}{11429}\right)} = -0.00115965218078 \quad (5.36)$$

2020 年 PDG 报告给出的电子磁矩为：$-1.00115965218091 \pm 0.00000026 \, \mu_B$。如此，我们按照电子的 1193 循环构成规则和循环周期因子，推导出了电子的精确磁矩数值，其与最新的电子磁矩测量值完全一致。电子磁矩的合理推导，打开了对电子构成的另一个感知窗口，我们发现由空间基本单元理论推导出的电子磁矩小数部分有 3 倍的因子存在，公式表示如下：

$$-0.00115965218078 = \frac{-1}{199 \times \left(13 - \frac{1}{11429}\right)} + \frac{-1}{199 \times \left(13 - \frac{1}{11429}\right)} + \frac{-1}{199 \times \left(13 - \frac{1}{11429}\right)}$$

$$(5.37)$$

上述公式明确表明，电子磁矩的异常部分是由 3 个相同的分磁矩构成的，这也意味着电子可能是由 3 个带有 $-1/3e$ 电荷电量的分电子构成的（这个现象可以理解为作为电子核心的电荷被 3 个相互正切的封闭圆空间分割形成 3 个 $-1/3e$ 电荷），公式表示如下：

$$-e = -\frac{e}{3} + \left(-\frac{e}{3}\right) + \left(-\frac{e}{3}\right) \quad (5.38)$$

同理，电子的磁矩也应该是由 3 个带 $-1/3e$ 电荷的分电子磁矩构成的，公式表示如下：

$$\mu_e = -\left(\frac{1}{3} + \frac{1}{199 \times \left(13 - \frac{1}{11429}\right)}\right)\mu_B - \left(\frac{1}{3} + \frac{1}{199 \times \left(13 - \frac{1}{11429}\right)}\right)\mu_B - $$

$$\left(\frac{1}{3} + \frac{1}{199 \times \left(13 - \frac{1}{11429}\right)}\right)\mu_B \quad (5.39)$$

这样，电子磁矩异常性研究不仅在 1193 的超级循环体系中获得解答，也揭示出电子的 $-1/3e$ 电荷的秘密。一切宇宙奥秘都在空间密码打开后明了了，我们获得了解开电子磁矩的钥匙。其关键在于构成电子的空间基本单元以素数 $6 \times 199 - 1$ 模型形成的循环素数 1193 超级循环体系 1595819。按照这一线索，我们很轻松地获得了电子磁矩及电子的 1/3 电荷组合。从质子、中子、缪子、电子的磁矩推导到精细结构常数的推导，都说明：

找出系统中精细的能量循环结构是推导出正确的物理常数的关键。

原以为，作者终生也解不开电子磁矩异常之谜了。谁承想，按照电子的 1193（$6 \times 199 - 1$）数学构成模型，轻轻松松得到了来源于电子构成的电子精确磁矩数据，同时按照本章的电子磁矩及质子构成的解析模型，发现了封闭空间的数学构成模型，这足以引导人们进一步建设大尺度的封闭空间——"超级电子"，进而形成科幻梦想中的巨大的封闭空间，消除一切时间、引力的影响。

5.8　生命之花在现代科技中的体现——量子物理八重态模型、磁控管

这些秘密似乎有些玄之又玄，虚无缥缈。为了让人信服和易于理解，本节将介绍一下生命之花结构在当今最先进的科技中的体现，以贴近现实。

默里·盖尔曼（Murray Gell - Mann）在 1964 年提出了"Kuark"（夸克）名称及夸克模型，并于 1969 年获得诺贝尔物理学奖，被誉为"夸克之父"。对应于李群 SU（3）理论，他提出了对强子分类的"八重法理论"。图 5 - 14 左图就是著名的粒子八重态分类图例。我们惊讶地发现，图 5 - 14 中的两种图形不就是一个典型的生命之花的构造吗？很明显盖尔曼的"八重法理论"在粒子研究领域中无意使用了生命之花的结构来分类粒子。而空间基本单元理论表明，宇宙中粒子的构造就是来源于生命之花数学模型。我们所谓的"科学"无外乎就是发现宇宙中的规律。

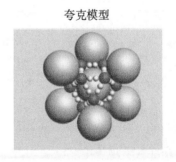

八重法的夸克模型　　　　　　　夸克模型

资料来源：百度百科，维基百科

图 5 - 14　粒子八重法与夸克模型

我们继续以图 5 – 14 中盖尔曼的"八重法理论"这轻子构造体系为例，来分析 1193 循环素数的存在。我们将图 5 – 14 中的粒子能量及其与 $E_{1595819}$ 的倍数关系列入表 5 – 6 中。

表 5 – 6   "八重法理论"中的 1193 循环

核心区域粒子	粒子能量值（MeV）	粒子能量与 $E_{1595819}$ 的倍数关系	粒子能量的空间基本单元理论值
π^0	134.9768	57.5427	$115/2 \times E_{1595819}$
η	547.862	233.5621	$467/2 \times E_{1595819}$
η'	957.78	408.3165	$408 E_{1595819}$
核心区域粒子总能量/3	—	233.1404	233
外围区域 6 个粒子	—	—	
K^+	493.677	210.4622	$421/2 \times E_{1595819}$
K^-	493.677	210.4622	$421/2 \times E_{1595819}$
π^+	139.57039	59.50103	$119/2 \times E_{1595819}$
π^-	139.57039	59.50103	$119/2 \times E_{1595819}$
K_0	497.611	212.1393	$212 E_{1595819}$
$\bar{K}_0$	497.611	212.1393	$212 E_{1595819}$
外部粒子能量总数 + 核心区域粒子总能量/3	—	1197.34546	$1197 E_{1595819}$
减掉夸克电荷所带的能量 $4E_{1595819}$	—	1193.34546	$1193 E_{1595819}$

我们知道，按照空间基本单元理论，质子内部粒子能量一定与质子能量的 1/400 成倍数关系（$1/2 \times n \times E_{1595819}$）。按照生命之花的质子 1193 循环数学模型，核心区域的粒子供质子核心的 3 个相互垂直的封闭圆空间共用，因此能量量子数要除以 3。盖尔曼的"八重法理论"在轻子分类中，恰恰形成了 1197 量子数，而当我们减去上、下夸克需要的能量 $4E_{1595819}$ 后，我们惊讶地发现了存在于盖尔曼的"八重法理论"粒子分类中的 1193 循环能量体系。实际上，按照空间基本单元理论，质子内部核心是一个带有能量 $45E_{1595819}$ 的缪子，见第 3 章。当我们在表 5 – 6 中用缪子的 $45E_{1595819}$ 能量替代 π^0 介子时，盖尔曼的"八重法理论"的介子分类图中恰恰就形成了 1193 循环。

现在高能粒子理论中广泛使用的李群 SU（3）理论、盖尔曼的八重法理论都是聚焦于 3 个相互垂直的封闭圆空间之间的能量的数学关系，这 3 个相互垂直的封闭圆内部能量关系可以用三维的正交矩阵来描述。而这个也同样是空间密码所发现的质子的生命之花数学模型。不同的是，空间密码所发现的不仅适用于微观粒子，对于整个宇宙来说，也是适用的，1193 超级循环是宇宙空间无处不在的万能密码。

我们继续挖掘生命之花的超级科技应用案例。当前人类科技能够产生的最大的可持续、可控的空间能量（如光波、无线电波）就是通过磁控管技术实现的，尤其是当今最先进的"轴向输出相对论磁控管"（也称作 A6 型磁控管）。微波炉使用的就是磁控管技术，磁控管将电能转化为某些频率的电磁波能量。磁控管技术最先应用于雷达探测。早在 20 世纪 80 年代，苏联科学家就研制出了相对论轴向磁控管可产生 10GW（100 亿瓦）微波功率，采用两端封闭的六腔体磁控管（也称 A6 磁控管），见图 5 – 15，其中心形成一个空心圆腔体，周围围绕着 6 个空心腔体（有圆形和非圆形），也是一个典型的 $6n+1$ 的生命之花结构模型。更为重要的是，相对论磁控管工作原理就是电子垂直地穿过相互正交的电场平面和磁场平面，即电子运动方向、电场方向、磁场方向三者相互垂直正交，恰恰也是三个相互垂直的正交圆的结构。这样一来，能够产生最大可控空间能量的科技设备，也恰恰在无形中使用了生命之花的 $6n+1$ 结构。

中心腔体附加外围6个腔体的A6磁控管
形成典型的6n+1模型

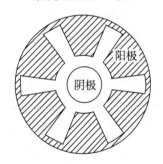

在中心腔体到外围6个腔体之间
运动的电子轮辐

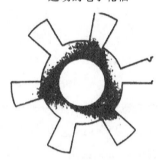

图片来源：百度百科

图 5 – 15　生命之花应用于最强大的空间能量——电磁波

电子在磁控管中的运动是一种类似轮辐（也称电子轮辐）的模式就是一大堆电子在正交电场和磁场的作用下，围绕中心圆旋转，从电场阴极运动到阳极。这个电子轮辐与质子内部的高能量电子的波形是不是特别类似？请读者自己判断。

按照空间密码的指引，使用生命之花模型的磁控管可以做成 3 个相互垂直的封闭圆空间模式，并形成更大尺寸的封闭空间，如 100 米的封闭空间。所谓封闭空间，是指光在其中运动而不能传播出这个空间区域。

当前射频界最大功率的射频发生器——磁控管的广泛应用再次验证了生命之花结构的存在价值。与此同时，另一个生命之花的奇迹也产生于地球上一种花期最长的、名叫"地涌金莲"的花，其花期长达 250 天，金灿灿的花朵以 6 片为一层，层层交叠生长，形成莲花形态，凋谢一层，再开一层，持续不断。地涌金莲的花瓣与核心一样，形成了典型的生命之花的"6 + 1"模式。

即便是自然界中拥有 6 片花瓣的鲜花（花蕊是中心圆）也是在几十亿年的生命历程中进化和演变来的。雪花也是六瓣的，由氢氧原子构成的水分子在空间中自然形成，因为水分子的总能量高度谐振于 $6 \times 1193 \times E_{1595819}$，所以雪花形成 6 瓣是必然现象。

5.9 生命之花主导下的生命现象——DNA 中的 400、1193 生命密码

下面，我们将视野聚焦在人类生命的繁衍过程中。空间基本单元理论认为，质子、原子的空间密码的自然组合形成了形形色色的稳定生命体。

先看下大数据，人体中有多少个 DNA 碱基对呢？最新的研究告诉我们，人体总共有 31.6 亿个 DNA 碱基对，这 31.6 亿个 DNA 碱基对又蜷缩在球形的细胞核内。而在第 3 章、第 4 章中空间基本单元理论的研究成果也告诉我们，在每个球状的电子及质子的标准的封闭空间里均拥有 400 个能量单元体，每个能量单元体是由 1595819 个空间基本单元构成的，并用著名的 $E_{1595819}$ 来表示，即每个标准的封闭空间由总数为 $400 \times 1595819 = 638327600$ 个空间基本单元构成。其中，4 个 1595819 空间基本单元集合用于形成带电荷的 3 个夸克，进而形成 3 个相互垂直的封闭空间，封闭空间内包含有 396×1595819 个空间基本单元，并形成质子内部中性的所谓的"胶子"，用这个数字乘以 5，结果如下：

$$396 \times 1595819 \times 5 = 31.5972162 \times 10^8 \qquad (5.40)$$

人类基因的碱基对数据再一次暴露了人类基因的秘密：人类所拥有的 DNA 碱基对是 396×1595819 的 5 倍，这些碱基对的数量对应于构成质子内部中性物质胶子的空间基本单元的数量，这句话可以理解为：在类似质子的标准的封闭空间中，存在着 396×1595819 个变化量子数，人类细胞作为和质子类似的封闭空间也可以拥有同样的变化量子数；而质子内部的 3 个夸克（1 个下夸克、2 个上夸克）所拥有的量子数则构成了质子的外壳，这应该与人类的细胞膜构成所需的量子数一致。科学证明，细胞膜也恰恰拥有 3 层结构，其中内外两层是一样的结构，类比于质子内部的两个一样的上夸克；中间一层则不同，类似于质子内部的下夸克。按照空间基本单元理论的发现，万物均有核，核密码为"5"，人类基因恰恰拥有核密码"5"，并且还拥有和电子、质子一样的空间密码"638327600"，各种粒子也是由质子内部的 396 个独立的 1595819 个空间基本单元素数集合组合而成的，而人类的 396×1595819 个 DNA 碱基对恰恰在细胞内处于绝对的物理核心及繁殖核心的地位。

一切都是按照质子这样一个标准的封闭空间模式延伸发展而来的，生命也不例外。

按照空间基本单元理论，凡是有 638327600 的地方，就一定有因子 400。按照这一原则，我们从 DNA 的最基本单元——碱基构造开始探索。

DNA 的一级基础结构是指构成核酸的四种基本组成单位之一的脱氧核糖核苷酸（也称 DNA），每一种脱氧核糖核苷酸由三个部分组成：一分子含氮碱基 + 一分子五碳

糖（脱氧核糖）＋一分子磷酸根。核酸的含氮碱基又可分为四类：腺嘌呤（缩写为 A）、胸腺嘧啶（缩写为 T）、胞嘧啶（缩写为 C）和鸟嘌呤（缩写为 G）。DNA 的四种含氮碱基组成具有物种特异性，即四种含氮碱基的比例在同一物种不同个体间是一致的，但在不同物种间则有差异。

四种碱基中的共性是：它们均拥有一个六角形的碳—氮（C–N）环，这是一个标准的生命之花形状的环，而且每个链环上的元素的核子（核子指一个质子或一个中子）总数目都是一样的，都是由 4 个碳原子（拥有 12 个核子）和 2 个氮原子（拥有 14 个核子）构成，六角链环的核子总数目为：

$$4 \times 12 + 2 \times 14 = 76$$

腺嘌呤（A）和鸟嘌呤（G）均为双环结构，其中一个是六角环，环链接元素的核子数目是 76，另一个是五角环形结构，由 3 个碳原子和 2 个氮原子构成，环链接元素的核子数目是 $3 \times 12 + 2 \times 14 = 64$。这样，我们发现四种碱基均拥有六角环核子数 76，如图 5–16 所示。构成 DNA 的四种碱基均以六角形状的生命之花结构形成，四种碱基彼此间再度以六角形的生命之花结构通过氢键相互连接，而 10 个碱基对转一周形成螺旋链。

同时，构成脱氧核糖核苷酸的五碳糖是由一个氧原子（拥有 16 个核子）、4 个碳原子构成的核子数目为 $16 + 4 \times 12 = 64$ 的五角环形结构。

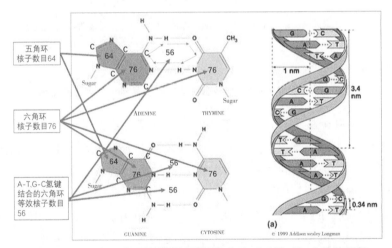

图 5–16　生命之花结构的脱氧核糖核苷酸（碱基对）中的核子数

发现了碱基对中的核子数目和生命之花结构相关联后，我们继续开展 DNA 的探索之旅。在图 5–17 中，构成 DNA 的四种碱基分别以腺嘌呤（A）和胸腺嘧啶（T）通过氢键结合配对，胞嘧啶（C）和鸟嘌呤（G）通过氢键结合配对，用符号简化这种配对形式为 A–T，C–G。在这种配对的构成中，又形成了 3 个六角形态的生命之花构造，我们按照氢键结合的原则来计算碱基对结合中的环链核子数目，由于 A–T、G–C 之间的结合是通过氢键（用符号 H 表示）结合形成六角生命之花形态，因此我们将

A－T、G－C 结合中的 N—H 链用 H 替代，见图 5－16，这样 A－T、G－C 碱基对相互结合形成的 3 个六角环链均为：C—H—O—C—H—N 链结构，并且环中的总核子数均为：

$$12 + 1 + 16 + 12 + 1 + 14 = 56$$

所有真核生命都是依靠这两种碱基对的各种组合形成了形形色色的不同的基因表达式，从而形成各种生命形态。下面，我们继续分析碱基对里的空间密码。在图 5－17 中，我们将上面的每个碱基环及碱基对通过氢键结合所拥有的核子数目，标注在 DNA 分子结构解析图中。我们惊讶地发现，在每个碱基对的链路上环路结构所拥有的总核子数目约为 400。

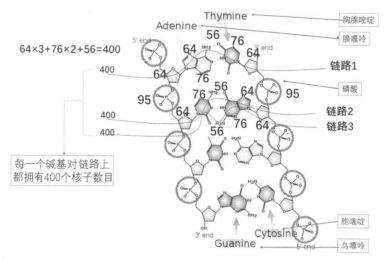

资料来源：https：//www. advancedaquarist. com/2012/3/chemistry

图 5－17　DNA 的每一个碱基对均形成拥有 400 个核子的链路

碱基对拥有 400 个核子有什么必要吗？为了维持几亿个碱基对的稳定性，碱基对除依靠氢键及 C（碳）—N（氮）—O（氧）环联结外，还需要核子（质子、中子）空间能量的支持来维护海量的碱基对的群稳定性，这个能量就是每个核子都拥有的 400 个量子数所形成的稳定的 1193 循环体系。否则，很容易造成系统性紊乱。

发现了 DNA 链中的空间密码 "400" 后，在 DNA 中应该还有 1193 密码出现，所以我们应该继续深入地探索生命中的密码。不妨先研究下生命体的微观结构——染色体。最新的生物学研究显示，染色体承载着生命体的 DNA，染色体的超微结构显示：染色体是由半径仅为 5 纳米的 DNA－组蛋白组合成的高度螺旋化的纤维所组成，其构成为半径为 1 纳米的碱基包围着半径 5 纳米的核小体基团，从而形成 DNA 的链珠式结构。每个核小体都是由近乎球状的组蛋白形成的八聚体结构，半径 5 纳米左右，见图 5－18。每一条染色单体可看作一条双螺旋的 DNA 分子。可见，生命体的 DNA 是由半径仅为 5 纳米左右的 DNA 链珠式的螺旋构成的体系。而质子的空间能量显示，在质子康普顿波长的 2000^2 处形成了半径约为 5.286 纳米的角能量环形带，见图 5－19。

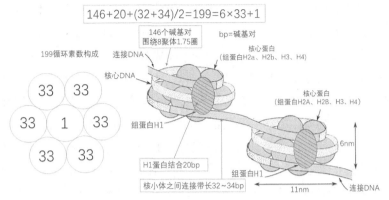

图片来源：百度百科

图 5 – 18　核小体系统中的 6n + 1 碱基对构造

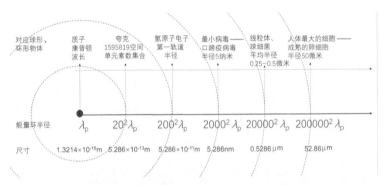

图 5 – 19　质子空间能量下的粒子：生命属性

换言之，生命体的 DNA 链是依靠质子的 $2000^2 \lambda_p$ 空间能量形成的，这个能量形成半径为 5 纳米的环形能量。目前发现的最小的病毒是口蹄疫病毒，半径也是 5 纳米，因此空间体系中没有小于 5 纳米的生命体了（即便临时形成了，也会因为没有质子空间能量的维护而解体）。按照空间基本单元理论，比半径 5.286 纳米（$2000^2 \lambda_p$）小的能量环半径是 0.05286 纳米（$200^2 \lambda_p$），在这个半径上运动着氢原子的第一轨道电子。按照万物皆有生命的思想，电子似乎也可以视为一个有生命的"精灵"。

另外，根据质子能量体系的解析发现，凡是 400 的倍数关系的空间密码都存在 1193 循环体系，等效的 5.286 纳米对应着 $2000^2 \lambda_p$，也是 400 的倍数关系，并且碱基对中也出现 400 因子。由此说明，构成的各种生命体中势必存在着 1193 的能量循环体系。

我们将染色体的链条继续放大，可以观察到最小的微结构是核小体形式。核小体是由近乎球状的组蛋白形成的八聚体，由 H2A、H2B、H3 和 H4 这四种蛋白的各 2 个分子（总数 8 个蛋白分子组成）和在其外围绕两圈的 DNA 分子所构成。DNA 的 146 个碱基对围绕着由组蛋白构成的球形体，并有长 20 个碱基与 H1 蛋白结合稳定住每一个核小体以及 32 ~ 34 个碱基对连接相邻的核小体，形成拥有 199 个碱基对的核小体体系，如图 5 – 18 所示。

真核 DNA 链在核小体结合的组蛋白 H1 诱导下组装成 6 个核小体构成的中空的环（空心环中心可视为 -1，实心环中心可视为 1），每个环拥有确切的 199 个碱基对，这 6 个环恰恰形成一个拥有 6 × 199 - 1 = 1193 个碱基对的循环系统，在这个 1193 循环系统中，同样以 5 种蛋白分子（H2A、H2B、H3、H4、H1）为运转核心，这是非常重要的一点发现，即人类 DNA 中依然存在以 5 种蛋白为核心的 1193 个碱基对循环运转体系。毋庸置疑，这个结构同图 5 - 13 的电子的生命之花结构模型完全一致。

并且这些环组成 6 个圆的生命之花圆盘形状排列构成了圆筒状螺线管结构。在分裂期间，大多数真核染色体以螺线管形式存在，图 5 - 20 很好地说明了这个过程，我们基于此图展示质子空间能量主导下的基因的生命之花属性。

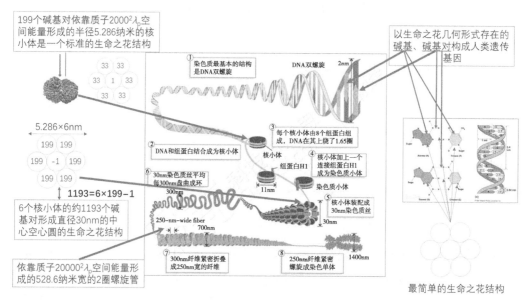

资料来源：Annunziato 2008，Nature Education，1（1），10 - 9
其中核小体结构图片引自 Song et al.，2014，Science，344：376 - 380

图 5 - 20　DNA 的 1193 超级循环下的多重生命之花结构解析

图 5 - 20 中的 DNA 结构分析结果显示了如下信息：

①碱基以生命之花模式形成。

②每个碱基对都拥有标准的 400 个核子的生命之花结构。

③碱基对链接成的双螺旋的 DNA 链围绕蛋白质依靠质子空间能量形成了标准的生命之花结构的核小体。

④以 6 个 199 个碱基对构成的核小体围绕空心圆形成了 1193 超级循环下的 6 × 199 - 1 的生命之花形态的螺旋管空心状染色体丝结构，而 1193 超级循环下的 6 × 199 - 1 数学解析模型恰恰是一个空心圆外部围绕 6 个圆的生命之花结构，这个结构同电子结构完全一致。

⑤染色体螺旋管每圈由 30 个拥有 6 瓣的生命之花状的蝴蝶结构成。

这样看来，所谓整个生命体所依赖的核心 DNA，无论在碱基数量上，还是在结构上，都是完全由质子的 $200^n\lambda_p$ 空间能量复制形成的，甚至包括质子能量体系中的微循环能量体系也被用于染色体的螺旋管构造之中。1193 的超级循环能量体系，形成最终的、稳定的实体生命细胞。这些证据也表明：1193 超级循环下的空间密码的自然组合形成了各种生命体。

如果碱基对存在 1193 循环，那么这种循环在碱基对的物理特性上就应该有所体现。这个时候 DNA 碱基对的特有的对紫外线 260nm 波长的峰值吸收属性就证明了这一个循环属性。按照空间基本单元理论，质子核内部强力演变出弱力、电磁力、引力等（见第 5 章、第 9 章、第 10 章）；而空间密码告诉我们，在统一的力的构成体系中，强力的系数为 1、电磁力的系数为精细结构常数（1/137.035999084），电磁力也可以理解为核子内部的生命之花结构的 137 次强力循环产生的力，碱基对是通过氢键联结的，也就是电磁力。我们知道质子康普顿波长为 $1.3214 \times 10^{-15}\mathrm{m}$，由此而来，我们会发现有如下结果：

$$1.3214 \times 10^{-15}\mathrm{m} \times 137.035999084 \times 1193 \times 1193 = 257.72\mathrm{nm} \qquad (5.41)$$

公式（5.41）表示，DNA（碱基对）通过 1 次氢键（质子波长的 137.035999084 次循环形成的电磁力）、2 次 1193 循环（1 次碱基对构成 400 核子形成的 1193 循环，1 次核小体构成 1193 个核子形成的 1193 循环）来完整地吸收质子的空间能量。而质子（中子也由高能量电子和质子构成）核能量体系本身就存在多层 1193 循环。因此，DNA（碱基对）按照核子内部能量体系构成并与核子内部能量谐振，产生谐振吸收峰，是一个必然结果。没有这些基础发现，我们是没有办法解释 DNA 的 260nm 波长吸收峰值的。

更为重要的一点是，染色体的螺旋管每圈是由 30 个蝴蝶结构成的，这借助了 1595819 素数构成结构中的微循环 30×11 所提供的能量。同时，这个因子也是形成电子磁矩的微循环因子，这些循环因子本身就对应着相应的质子、电子能量，进而揭示出染色体的密码如下：

$1193 = 6 \times 199 - 1 \rightarrow 6$ 个 199 个碱基对构成的核小体以标准的生命之花结构形成 1193 超级循环

$638327600 = 400 \times 1595819 \rightarrow 1595819 = 79 \times 17 \times 1188 + 5 + 11 \times 30 \rightarrow 30$ 个蝴蝶结构成一圈染色体

按照质子内部的生命之花能量构成去建造任何物体，都会与质子能量产生谐振效果。

中国古代有天人合一的哲学思想，从构成生命体的 DNA 形成过程来看，"天人合一"的确不是一句空谈。重复循环利用质子的生命之花形态的空间能量环，才能构造各种生命形态。好了，聊完 DNA 的空间密码来源，我们继续探索。人类拥有 23 对染色体，其中 22 对染色体是常染色体，另外两条是性染色体。如此，我们又发现了 "22" 和 "2" 这两个因子！$22 \times 6 = 132$。同时 "23" 是我们在第 3 章发现的一对 π^0 介子，是由 5×23 个能量级数构成的，并且在质子内部。所以，从人类基因角度来看，无论是基因构成，还是染色体组合，都是按照质子内部 1193 循环素数模式展开的，毫无例外。

5.10 循环素数 1193 下的十维空间及其能量单元和核心"5"的物理形态

5.10.1 循环素数 1193 下的十维空间的表述

为什么循环素数 1193 会构成空间能量的稳定形态，而不是其他的循环素数呢？在认真研究了 1193 的二进制数后，又发现了一个空间秘密，不过这个秘密存在于 1193 的二进制空间密码 10010101001 之中。循环素数 1193 的二进制数码 10010101001 又称为二进制的回文数，之所以称为回文数，是因为这个数码从左数和从右数都是一样的，并且以中心分割的对称二进制部分 100101 对应的十进制是 37，37 也是循环素数。循环素数分裂后依然是循环素数这个特性为生物细胞分裂及 DNA 分子复制创造物理条件，如图 5-21 所示。

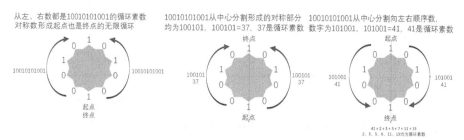

图 5-21　1193 的二进制循环素数引导能量在十维空间中进行无限循环

更为奇特的是，10010101001 以中心分割并从中心向左右方向排序形成的对称二进制为 101001，其十进制为 41，而 41 是由宇宙中 55 个循环素数的前 6 个循环素数相加而得出的：

$$41 = 2 + 3 + 5 + 7 + 11 + 13$$

我们一直都认为，能量存在两种性质，左—右或正—负、左旋—右旋，其实这些状态都可以以 0、1 运动状态来统一描述。这样看来，存在空间的能量有两种状态（0 和 1），而空间又有 10 个维度，相应地会形成 10 位的二进制数码。

之前的研究发现，一个稳定的能量体系必须是封闭和收敛的，也就是说能量从一个二进制的状态不断演变，历经各个空间维度后还会回到初始状态，这样的循环不会导致能量损失或发生紊乱，同时还能进入无限循环状态，从而保证该能量体系稳定地存在，如电子、质子、非放射性原子等。我们将这个数码在平面中展开，按照十维空间的思路，每个维度的空间占据两种能量状态（0 和 1），恰巧的是作为一个二维的封闭圆空间，其周长被分割成 4 等份，这也验证了二维的空间存在 4 种能量状态。奇迹再次出现，我们发现将 1193 超级循环的二进制数 10010101001 在平面空间中展开后会形成一个包括 10 个节点的闭环循环，这 10 个节点可以对应于空间的 10 个维度，能量每变化两次都会从一个维度进级到下一个维度，并且无论是向左循环还是向右循环，都会产生一致的 1193 次，这种模式可以一直循环下去，如图 5-21 所示。用欧拉函数表达这个 1193 循环周期的 11 位二进制形成的十维空间：

$$\phi(11) = \phi(22) = 10$$

这样看来，循环素数 1193 的循环因素来源于每个维度中能量的 2 种状态（2 是第一位循环素数）和容纳能量的 10 个维度的空间属性。没有这个性质，1193 的体系是建立不起无限循环的、稳定的能量系统的。

另外，参与 1193 循环的 3 个重要循环素数：形成 3 个相互垂直的封闭圆因子"3"（二进制 11）、形成核心的因子"5"（二进制 101）、形成生命之花的 7 个圆因子"7"（二进制 111），全部都是二进制回文数，再加上我们发现的空间能量的二元属性。这就意味着在质子的 1193 的生命之花结构循环中，拥有二元属性的能量运动会从起点开始运动，最终回到终点，并发现这个终点就是运动的起点，从而形成没有起点和终点之分的无限往复运动模式。而最可怕的是，这种十维的无限往复运动是由 7 个圆的生命之花这种结构所引发的，这个结构本身就是无终点和起点的循环架构。当然，上述内容也仅仅是从表面上引出十维空间的存在，对十维空间的存在本质依然没有表述清楚。

维度实质上就是能量在某些方向上运动的体现，其特点是彼此相互垂直，也称正交。相互正交的能量体系可以在独立的运动过程中不相互干扰，如现代通信中采用的伪随机码就是一个例子，因此在相互正交的维度上运转的各种能量体系也不会相互干扰并形成完整的循环。质子作为标准的封闭空间是由 3 个相互垂直的封闭圆构成的，封闭圆是二维的，如果每个封闭圆与相切的封闭圆之间相互作用产生新的能量运动维度，那么 3 个相互封闭圆周形成的最基本能量循环周期为"6"，加上由质子中心引出的 X、Y、Z 三个轴向垂直于 3 个相互正切的圆周，也就形成了 9 个可以相互正切的物理维度，实际上 X、Y、Z 的 3 个维度也是 3 个相互正切的封闭圆中的能量交互的结果，如表 5-4、表 5-5 所示，我们会发现在质子、中子这样封闭空间中存在着"9"的循环周期，如 9、81、729 周期。即便如此，似乎还不能构成 10 的循环，也没有办法形成能量的 10 个运动维度，也就不应该存在于质子能量的 1/400 量子数及衍生出的夸克能量 $E_{1595819}$。但是我们发现，这 1193 超级循环内的"9"的循环周期是无限的，并存在着阴—阳—阴—阳无限循环的属性，如此，我们就会发现如下的级数系列：

$$\frac{1}{9} - \frac{1}{9^2} + \frac{1}{9^3} - \frac{1}{9^4} + \frac{1}{9^5} - \cdots + (-1)^{n-1}\frac{1}{9^n} = \sum_{n=1}^{n=\infty}(-1)^{n-1}\frac{1}{9^n} = \frac{1}{10} \quad (5.42)$$

能量在 9 个空间维度中的无限循环运动形成系统的等效 10 个维度。

在公式（5.42）中，对应着 9 个物理维度空间的量子数，其中量子数 1/9 对应着总数为 9 维度的 3 个封闭空间自有的 6 个维度及相互作用的 3 个维度；量子数 $-1/9^2$ 对应着 81，也对应着质子内部的拥有 81 个质子康普顿波长的带有负 $1/3e$ 电荷的下夸克；量子数 $1/9^3$ 对应着 729，也对应着质子内部的拥有 729 个质子康普顿波长的带 $+e$ 电荷的高能电子；量子数 $-1/9^4$ 也必然存在，只是能量弱小，尚未被重视而已。公式（5.42）中发现封闭空间中能量在 9 个物理维度内的无限循环模式的结果最终等效于 10 个维度，而这所谓的第 10 个维度恰恰就是对应于无限循环运动所产生的时间过程，也称时间维度。时间是以光速为基准的，在第十维的定义中，1193 循环中的 9 个循环周期恰恰是指 9 个 $132+5=137$ 的循环周期，而 137 对应于精细结构常数倒数，也对应于电磁力，电磁力也恰恰是光速传播的。十维空间的构成结构及对应的极性与第 3 章、第 4 章中发现的质子、中子、上下夸克及高能量电子达到了从理论到实践的完美匹配。如图 5-22 所示。可以这样总结我们发现的宇宙秘密：宇宙中存在着各种运动形态和模式，但是因为生命之花模式激发了可以使运动形成无限往复的循环的 1193 超级循环模式，进而形成了能量的稳定形态及所谓的十维空间，因此在宇宙空间中形成了可以长时期稳定存在的物质形态。稳定的物体诞生（当然，首先是从电子、质子诞生开始），而不稳定的能量运动依然存在，只是因为不能形成稳定的、无限的能量循环，使得其寿命非常短暂而已。图 5-21、图 5-22 的发现不应该是作者的臆想，我们再回头在自然界中寻找更多的例子来印证这个发现。

$$1193=9\times132+5$$
$$132+5=137\cong1/\alpha\rightarrow\text{电磁场运动}$$
$$\frac{1}{9}-\frac{1}{9^2}+\frac{1}{9^3}-\frac{1}{9^4}+\frac{1}{9^5}-\cdots+(-1)^{n-1}\frac{1}{9^n}=\sum_{n=1}^{n=\infty}(-1)^{n-1}\frac{1}{9^n}=\frac{1}{10}$$

封闭空间中能量在9个物理维度中的无限循环运动形成新的、等效的第十维度：时间维度

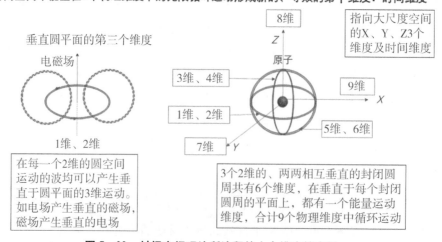

图 5-22　封闭空间理论所诠释的十个维度的空间

5.10.2　十维空间中的能量单元

上节中，我们推导出了封闭空间中的十维属性。通俗地讲，从微小的质子、中子、原子等粒子到巨大的恒星、自转的行星乃至自旋物体都属于封闭空间范畴，也存在符合封闭空间规则的能量运动。物理学中，任何一个物体的能量都可以用质量（用 m 表示）与速度（用 v 表示）的平方来表述，而速度又等于距离（用 S 表示）除以时间（用 T 表示），故有如下公式：

$$E = \frac{1}{2} m v^2 = \frac{1}{2} m \left(\frac{S}{T} \right)^2 \tag{5.43}$$

我们还知道，在每个维度上的能量运动只有两种模式（正、负或左旋、右旋），封闭空间中每个维度尺度均等，所以在 10 个维度的封闭空间中的能量循环遍历所有维度形成的能量周期就应该为 2×10 循环周期。这样十维空间中就应该存在如下能量单元 E_{10}：

$$E_{10} = \frac{1}{2} m \left(\frac{S}{20 \times T} \right)^2 = \frac{E}{(20)^2} \tag{5.44}$$

当 E 代表质子能量（用 E_p 表示）时，质子内部的十维空间中的能量单元 E_{10} 就有如下形式：

$$E_{10} = \frac{E_p}{(20)^2} = E_{1595819} \tag{5.45}$$

$E_{1595819}$ 就是现代物理学所称的夸克，由 1595819 个素数空间基本单元构成。同理，质子对外部空间（也是十维的）形成的循环能量推导也是用夸克能量除以 10 的平方，并形成氢原子的电子第一轨道；而对于恒星来说，也同样如此形成了太阳系的各级能量环；对于旋转的行星也如此，如地球的卫星月球也是在地球的十维空间轨道上运动，详细内容见第 11 章，这里不再赘述。封闭的十维空间中的最小能量周期因子 $20 \times 20 = 400$ 广泛地存在宇宙空间中的任何一个角落，如 400 个 $E_{1595819}$ 构成了质子，400 个核子构成了 DNA 的碱基对，生命之树里的 400 因子，电子轨道、恒星的能量环里都存在着 400 因子。在最基本的数学领域，由欧拉函数证明的在素数全景图中存在的独立的、互质的由素数构成的螺旋线直接验证了 400 因子存在的合理性。

自然界中，固体物质大多都以晶体的形式存在，它们在宏观上表现出特定的对称性。早在 100 多年前，物理学家们证明晶体只能出现 $n = 1$、2、3、4、6 五种旋转对称轴，晶体结构中不允许出现 5 次和 6 次以上的旋转对称性，这一点已被写进教科书，100 多年来没有人怀疑其正确性。以色列科学家舍特曼在 1982 年发现了拥有 5 次对称性的铝锰合金的二十面体晶体的衍射图像，如图 5-23 左图所示，并以新的物理概念"准晶"改写了 100 多年的物理准则。中国科学家在过渡族金属中合成准晶，在国际上产生了很大的影响，被称为"中国相"。在生命领域，1193 的超级循环构成的二十面体依然广泛存在，绝大多数球状病毒属于二十面体。除痘病毒外，所有脊椎动物 DNA病毒都是二十面体，而且这些二十面体病毒的解剖截面恰恰又是生命之花结构，如图 5-23 中右图所示。如果没有质子的 1193 超级循环能量，那么这些无机体和有机体是不会以生命之花结构形成的。我们发现二十面体的各种属性与本书中的空间密码的各种性质完全相同，举例如下：

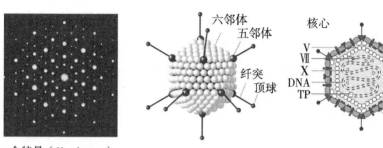

舍特曼（Shechtman）
首次观察到的铝锰合金X射线衍射图像

腺病毒结构图

资料来源：百度百科

图 5-23　元素与生命体以 20 面体模式利用质子空间能量

①正二十面体是由 3 个相互垂直的矩形构成的，与之对应的是，空间基本单元理论发现的封闭空间也是由 3 个相互垂直的封闭圆周构成的。如图 5-24 左数第 2 排的上、下对比图所示。

②构成正二十面体的 3 个相互垂直的矩形边缘形成了著名的 3 个不相扣的博罗梅安环，这样的环没有解开方案，除非绞断一个环，而同时空间基本单元理论的封闭空间也是由 3 个相互垂直的圆周构成的，每个圆周分别拥有 4×81、4×81、81 个质子康普顿波长，这 3 个相互垂直的圆周所拥有的波长组各自对应着质子内部的 3 个夸克，而物理学家们经过无数次实验发现这 3 个夸克是不可以独立获得的，因此这 3 个相互垂直的圆周内的波长组也同样是不可解开的。如图 5-24 左数第 1 排上、下对比图所示。

③从正二十面体的任意一个面正视，都能看到一个正六边形的生命之花结构。正二十面体还拥有 12 个对角，可以形成 6 个穿过正二十面体中心的对称轴，以这 6 个对称轴为中心旋转可以形成 $6n+1$ 运动模式，其中"6"代表 6 个对称轴，"1"代表二十面体的核心。这个构造与质子的生命之花构造模型是完全一致的。如图 5-24 左数第 3排上、下对比图所示。

④从正二十面体的任意一个顶角正视都和图 5-21 一样，是拥有 10 个顶点的圆周。1193 超级循环二进制码 10010101001 完整的循环与这个图完全匹配，如图 5-24 左数第 4 排上、下对比图所示。

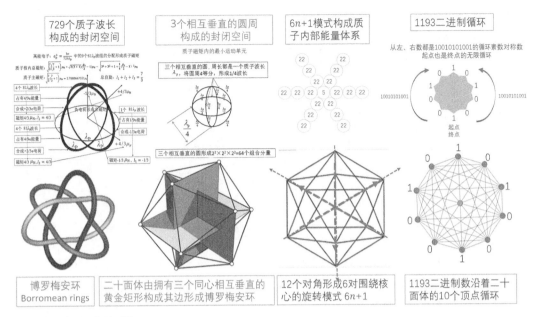

资料来源：北城百科

图 5 - 24　生命之花、十维空间、正二十面体与 1193 二进制循环的对比图

⑤正二十面体的 20 个三角形相互作用，恰恰形成了 $20 \times 20 = 400$ 量子数。空间密码 400 是生命之树、质子、电子构造中最著名的数码，也是指向十维空间属性的一个重要证据。

综上所述，本书中探索的各种空间密码多次出现在拥有正二十面体形状的各种无机物质、晶体、准晶及有机生命体中。

5.10.3　十维空间中的核心"5"的物理形态

上节中，图 5 - 22 简述了由电磁场效应构成的封闭空间，并形成了物理上的十维空间结构。在空间基本单元理论中，空间基本单元的波动就是电磁波（或光），这一点与弦理论相符合。简单地讲，一个空间基本单元在能量的作用下形成一个二维的封闭圆周，电磁理论告诉我们，电流（电磁波或光）沿着一个由空间基本单元构成的二维的圆周做平面运动时，就会在垂直于该圆平面的方向上产生环形闭合磁场，与之形成正交的磁场只有 2 对，如图 5 - 25 左图所示。对于球形内 3 个相互垂直的空间基本单元构成的环，在每个平面中电磁场的环形运动都会在另 2 个相互垂直的平面中分别形成 2 对相互垂直的环形闭合磁场，整个球就会在空间中形成 12 个圆形封闭磁场，每个二维平面都会有 4 个由与本平面相垂直的平面所产生的磁场封闭圆围绕着中心圆运动，进而构成本平面的核心"5"，而对于球体内 3 个相互垂直的平面中均因此拥有同样的核心"5"，进而形成立体的核心"5"，如图 5 - 25 所示。所以，万物的核心量子数"5"是产生于空间基本单元的正交属性。

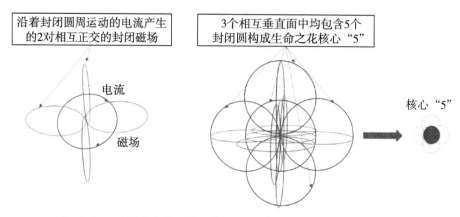

图 5-25　空间基本单元的（电磁）波形成的核心 "5" 的物理形态

5 和 2 都是循环素数，并且 $5 = 2 \times 2 + 1$，其中 2×2 就是 2 对相互垂直平面产生的磁场封闭环，1 就是本平面核心封闭圆，循环素数的性质就是利于无限循环不分裂，3 个相互垂直圆平面上的电磁场的相互耦合会形成非常坚固的核心，在光速下电磁与磁场是等效的，彼此相互垂直和相互转换。由此而来，数学上的构成与物理上的构成得以相互验证。

围绕中心圆的 6 个圆是如何形成并运转的？我们在数学中仅发现了 $6n + 5$ 这样的运转规律，即 $6n$ 个封闭圆围绕着核心 5 运动；而在电磁学中恰恰有这样的现象：把一个 6 圈的螺线管按照固定方向旋转展开成 "生命之花" 模式，通上交流电后，会在 "生命之花" 的核心处产生旋转电磁场，如果有金属球体在核心处，我们会看到这个金属球体在旋转。这就是 $6n + 5$ 的物理运动模式，同样也是通用的三相交流电动机原理。由于质子、中子、电子都是按照这样的生命之花结构生成的，那么由这些粒子构成的原子也同样拥有这样的能量结构，并且延伸到原子外部空间，进而形成空间中不断运转的空间能量，这些永恒的能量在分子体系中会逐步演化出数不清的生命现象。

5.11　生命之花下的六十甲子与天干地支计时的科学根源

中华民族正式使用干支纪年始于汉章帝元和二年（公元 85 年），朝廷下令在全国推行干支纪年，有接近 2000 年历史了。天干用十个字符代表，依次为甲、乙、丙、丁、戊、己、庚、辛、壬、癸，也称 "十天干"。十二地支则依次为子、丑、寅、卯、辰、巳、午、未、申、酉、戌、亥。十天干和十二地支的最小公约数为 60，简称 60 甲子。据传，天干地支的发明者是四五千年前上古轩辕时期的大挠氏。考古发现，在商朝后期帝王帝乙时代（约公元前 1100 年）的一块甲骨上，刻有完整的六十甲子。这也说明在商朝时已经开始使用干支纪日了。

在地球的所有文明中，只有中华民族使用这种奇怪的纪时、纪日、纪年的方法，并且一用就是数千年。这种奇怪的方法用于万年历，据传可以推演出宇宙万物的运转规则。在揭开质子封闭空间中的生命之花结构后，我们对干支纪时方法有了更科学的认识，先总结一下之前的发现：

①生命之花封闭圆空间结构由 6 个外围圆与 1 个中心圆构成 $6n+5$ 模型。外部 6 个圆每个均含有 $2×11$ 个基本能量单元，中心圆含有 5 个基本能量单元，合计 137 个。如图 5-26 第一排图形所示。

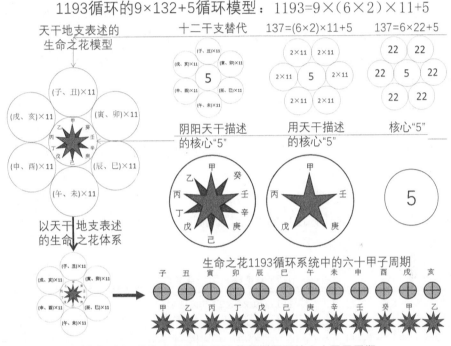

图 5-26　生命之花中的 1193 超级循环下的六十甲子周期

②完整的封闭空间由 3 个相互垂直的封闭圆空间构成，每个封闭圆空间由 $6×2×11+5=137$ 个空间基本单元构成，并构成 1193 循环：$1193=9×（6×2）×11+5$。

如图 5-26 第二排图形所示，原则上我们应该将中心圆中的量子数"5"分别用甲、丙、戊、庚、壬表示，但是考虑到中心圆的量子数"5"是带有极性的（质子电荷由 $-1/3e$、$2/3e$、$2/3e$ 共 5 个不同极性的 $1/3e$ 电荷构成），故用甲、丙、戊、庚、壬表示其阳性量子数"5"，用乙、丁、己、辛、癸表示阴性量子数"5"，由此核心"5"的量子数可以表示为甲、乙、丙、丁、戊、己、庚、辛、壬、癸；同样，周围 6 个圆中的每个圆内的量子数均为 $2×11$，这样 6 个圆中均拥有量子数"2"，由于每个圆中的"2"均有不同的角度属性，因此用代表不同方位的十二地支（子、丑、寅、卯、辰、巳、午、未、申、酉、戌、亥）表示这 12 个量子数。围绕中心的 6 个圆中的 6 对量子数"2"同核心的量子数"5"依时间顺序相互耦合，其耦合输出序列就自然形成了 60 个循环排列，依次为甲子、乙丑、丙寅……辛酉、壬戌、癸亥。而这 60 个循环周期被称为一个甲子，也是存在于 1193 超级循环构造中的循环子周期。解析 1193 的数学构造，还可以发现众多的重要循环。

从表5-7中的1193数值解析因子合成表中可以发现中华文明推崇的十天干、十二地支、六十甲子循环周期均源于1193的数值解析因子的再合成，而且著名的《周易》六十四卦因子64也在其中。七天一个星期的周期，源于《创世纪》中描述的上帝7天创造世界一说："上帝看到宇宙混沌一片，所以第一天创造了光……第七天休息。"其实这个说法是有漏洞的，因为一天是以地球自转一周形成一个圆周来计量的，没有地球哪里来的一天呢？而宇宙处于混沌时代是根本不会有地球存在的，自然也不会存在天的计量单位。但是从数学视角上分析，上帝做了六天的运动，第七天休息，这个结构恰恰同生命之花的6个外切圆与一个中心圆结构相匹配。中心圆代表休息的一天，外围的6个圆代表运动（创造世纪的6天）。更为巧合的是：上帝指出的7个地球自转周期所形成的7个圆（内含一个代表休息的中心圆）恰好形成了典型的生命之花结构，而生命之花的结构理论同样来源于《创世纪》的产地古苏美尔文明。因此，上帝的7天创造宇宙更多的是指，来到地球的外星文明告诉地球上的人类：宇宙万物形态均是由混沌物质以7个交互的生命之花模型构成的。这样一种对宇宙万物的解释同空间基本单元理论的生命之花模型构成宇宙万物的发现是完全匹配的。地球自然也遵从1193的超级循环周期，因此居住在地球的人类根据长期经验总结发现并使用1193的子周期是必然结果。

表5-7　　　　　　　　　　　　1193 数值解析因子合成表

$1193 = 9 \times 3 \times 2 \times 2 \times 11 + 5$						
子周期	9	3	2	2	5	11	现实中的周期应用
$729 = 9^3$	9	3					2 个阴历年等效周期
$64 = 4^3$		3	2	2			《周易》六十四卦
$8 = 2^3$		3	2				八卦
$12 = 3 \times 2 \times 2$		3	2	2			12 个月 12 星座、12 地支
$15 = 3 \times 5$		3			5		15 分钟一刻
$10 = 2 \times 5$			2		5		十进制、十天干
$20 = 2 \times 2 \times 5$			2	2	5		
$60 = 3 \times 2 \times 2 \times 5$		3	2	2	5		六十甲子周期、六十进制
$45 = 9 \times 5$	9				5		
$66 = 11 \times 3 \times 2$		3	2			11	六十四卦加中心 2 个鱼眼
$137 = 11 \times 3 \times 2 \times 2 + 5$		3	2	2	5	11	精细结构常数倒数
$7 = 6 + 1 = 2 \times 6 - 5 = 3 + 2 + 2$		3	2	2	5		生命之花结构、7 天一星期

根据本章的探索成果我们发现：似乎宇宙大帝更钟爱循环素数，循环素数的属性可以将能量的持续运动状态转变到原来的初始状态，进而形成稳定的、永恒不变的运动模式，无论是微观粒子的构成，还是生命的出现乃至后续章节的星系运动都是如此！

在本章的探索中我们还获得了宇宙空间中 5 个最重要和最基础的空间密码，包括 55 个循环素数序列中的前 3 个，其中循环素数 2、3、5 作为基础核心空间密码的重要性往往容易被忽略。

空间密码 7：循环素数 1193 是宇宙空间构成稳定能量体系的终极密码，并直接导致各种稳定粒子的构成、各种力的构成。1193 也被称为宇宙万物的生命之数、生命密码。

空间密码 8：循环素数 2 构成宇宙空间每个维度上能量的两种循环运动状态。2 是最基础的循环素数，读者可以看到任何的波动都是正—负—正—负这样无限循环波动的。

空间密码 9：循环素数 3 构成宇宙空间的 3 个相互垂直的封闭圆，并形成能量的 3 的 n 次方周期，同时形成空间的 9 个维度，并进一步演化成包含时间在内的十维空间。空间密码 729 也是基于空间密码 9 形成的，封闭空间由循环素数 3 构成。现代数学家证明了周期 3 意味着"混沌"。中国古代《道德经》上说：一生二，二生三，三生万物。

空间密码 10：循环素数 5 构成宇宙万物稳定能量体系的核心。任何物质的核心都要有量子数 5。1193 超级循环就是以"5"为核心的素数周期。

空间密码 11：64，构成任何封闭空间的 3 个封闭圆周彼此相切而形成的 64 种组合。中国古代数千年来使用六十四卦预测万物变化符合封闭空间理论。每个封闭圆中存在 4 个被分割的象限，形成质子内部最基本的循环周期 4，而在第 3 章中确实发现了作为质子能量 1/4 的"壳粒子"的存在。同时，两个正交圆形成的 4×4 的周期与每个正交圆共有的核心"5"形成的 5×5 的周期合并为质子内部的 20×20 周期，这个就是著名的质子能量的 1/400，也称夸克或能量 $E_{1595819}$。所谓粒子不过是这些基本能量周期的平方结果。

总结古苏美尔文明和中华文明两个重要文明密码的共同点与不同点：

①古苏美尔文明和中华文明都提出了一个可以描述宇宙整体运转的哲学思想：生命之花、生命之树及《易经》《道德经》。两种文明均属于东方文明。

②无论是古苏美尔文明还是中华文明提出的数码文明，都有由"非人类"提供的这种说法。古苏美尔文明说是"上帝""天使"提供的，中华文明说是"神龟"提供的。这种说法反馈出似乎是某种超级文明提供给人类的痕迹，这种痕迹最好的遗传方式就是以数字的形式流传下来。因为当时人类的语言和记录能力还不能完整地保留超级先进文明的信息。

通过空间基本单元理论的探索实践，我们发现了两大古文明遗存万年的文明密码中的奥秘。尽管现代科学还仅仅将这些视为古代文明的启蒙遗产，但是从空间基本单元理论的探索结果来看，当前的科技水平似乎还远没有达到远古文明对宇宙本质的认知程度。这似乎就是所谓的文明更迭的断代现象。结合古苏美尔文明提出的400、中华文明提出的64、空间基本单元理论发现的729周期，发现这3个质子内部封闭空间（或任何一个封闭空间）中存在的最为重要的空间密码729、400、64相加后恰好为生命密码1193，这也是1193循环的3个标志性显示：

$$729 + 400 + 64 = 1193 = 9 \times 132 + 5 \qquad (5.46)$$

所以，只有空间密码解开了这些古文明遗产中的宇宙超级秘密！

第6章 空间密码400、729、1193主导下的元素、化合物、生命体的属性

6.1 由$E_{1595819}$主导的原子核内的空间能量饱和度系数O值

在探索了基本粒子中的空间密码后，我们继续在元素中挖掘空间密码的存在及影响。俄国化学家门捷列夫在1869年发明的元素周期表，是近代科学史上的一个创举，对科学的发展起到了巨大的作用，但是对于空间基本单元理论来说，这似乎还仅仅是个开始。空间基本单元理论发现了原子核及其外部的电子是一个统一体，这种统一尤其表现在原子、化合物乃至生命体系构成的统一性上。在前几章的探索中，我们发现了构成所有元素的核子（质子、中子）中决定核子内部、外部属性的两大因素：

①空间基本单元素数集合能量$E_{1595819}$，也称夸克（$E_{1595819}=2.34568022\text{MeV}$），该能量就是质子能量的1/400，承担着4种力（电磁力、引力、强相互作用力及弱相互作用力）的相互作用。质子内部的400个$E_{1595819}$可以形成1193循环，同时每个$E_{1595819}$能量体系都是由1595819个空间基本单元构成的，而这1595819个空间基本单元也同样是由1193超级循环构成的。因此，我们说1193超级循环导致$E_{1595819}$的生成，并在此基础上又继续形成1193个$E_{1595819}$的能量循环。由此而来，一个封闭空间中所拥有的整数倍的$E_{1595819}$是衡量该封闭空间中能量完整性程度的一个度量。小到质子，大到星球，皆如此。

②能量级数序列$\sum\limits_{n=1}^{n=\infty}\dfrac{E_{\text{p}}}{3^{4n}}$（$\sum\limits_{n=1}^{n=\infty}\dfrac{E_{\text{p}}}{3^{4n}}=5\times E_{1595819}$），由$5\times E_{1595819}$构成，也由质子能量的1/80构成，说明一个封闭空间中拥有80个能量级数序列。该能量级数中的$\dfrac{E_{\text{p}}}{3^{4n}}$对应着该能量形成的81 λ_{p}波长，这个波长也是729 λ_{p}的基础组成部分，而729循环源于1193超级循环的基础循环周期9，同时也是弱力的承载者，按照1193构成模型$1193=9\times132+5$，当质子内部的3个相互垂直的封闭圆空间均形成1193循环周期时，整个质子内部就拥有了$9\times9\times9=729$循环周期。因此，能量级数序列是将开放空间转成封闭空间的核心因素，这一点我们在推导质子、中子磁矩中已充分证明。

这两个源于1193超级循环的因素不仅决定着其复合成多核子（质子及中子）原子

133

后的电子的外围轨道能量以及元素之间的能量交换，还与元素的原子参与引力，原子的稳定程度（衰变、裂变、聚变），元素构成物质的化合物、超导性、物质硬度等属性密切相关，甚至还决定着生命的起源及构成。总之，从空间基本单元理论的角度看，原子核中的上述两大能量因素的状态，决定着由该原子核构成的元素的一切属性。因而在空间基本单元理论的深入探索下，原子核内部的空间基本单元素数集合 $E_{1595819}$（夸克）对该元素物理性质的影响的奥秘被挖掘出来了。

基于空间基本单元理论的发现，原子外围电子的运动是由原子核的核能量在核外部空间形成的空间能量轨道所支撑的，对于质子来说就是质子的 $(n \times 200)^2 \lambda_p$ 空间能量轨道。根据本书的研究成果，我们提出原子核的空间能量饱和度系数 O 值的概念，用于体现原子核内部能量的不平衡性对其原子外部电子运动及原子间相互作用的影响。其原则就是将一个元素原子的核能量同质子内部 1595819 个空间基本单元素数集合 $E_{1595819}$（夸克）的能量之比，作为衡量该原子核内部拥有完整的空间基本单元素数集合 $E_{1595819}$ 数目的度量，这个度量同时涉及原子核对原子外部电子运动所提供的能量的强弱性，并影响到原子对外部空间能量所给予的或所需求的程度。当一个原子核的能量等于或略高于 $E_{1595819}$ 的整数倍时，其原子核能量接近于夸克能量的整数倍，这个时候原子核可以对外部空间提供较强的谐振于夸克能量的空间能量。当一个原子核能量逐步达到或接近 $E_{1595819}$ 的整数倍时，如 Be 原子核能量为 3577.96 $E_{1595819}$，这个能量以 0.96 $E_{1595819}$ 的程度接近 $E_{1595819}$ 的整数倍，其原子核作为封闭空间需要大量吸收空间能量以达成 3578 倍的 $E_{1595819}$ 能量，来满足封闭空间能量饱和的需求。发现这个特性后，我们得出原子核的空间能量饱和度系数 O 值：

$$O = \frac{1}{1 - \left(\dfrac{E_{核能量}}{E_{1595819}} - INT \left(\dfrac{E_{核能量}}{E_{1595819}} \right) \right)} \tag{6.1}$$

其中，$\dfrac{E_{核能量}}{E_{1595819}}$ 为元素原子的核能量值与 $E_{1595819}$ 能量值之比，$INT \left(\dfrac{E_{核能量}}{E_{1595819}} \right)$ 为该元素的核能量值与 $E_{1595819}$ 能量值之比的整数部分，然后将二者相减以提取核能量值对 $E_{1595819}$ 能量值之比的小数部分。如图 6-1 所示，O 值等于 1 的也就是其原子核总能量恰恰是由一个整数倍的 $E_{1595819}$ 构成，并会提供最强的核子空间能量的元素，其所代表的原子核空间能量饱和度最强，如氢的 O 值为 1，氧的 O 值为 1.0048，因而这两种元素构成的体系都有很强的核空间能量，并成为构成生命的基础元素，应用于各种科学技术，比如养育万物的水，以氢、氧元素为基础形成的各种酸、有机物、生命的基本物质 DNA 等。O 值大于 2 的元素原子的核能量值的小数部分开始大于 0.5 $E_{1595819}$，因此，这些元素逐步趋向于需要获取其他元素的空间能量来满足自己封闭空间的能量需求。如图 6-1 所示。

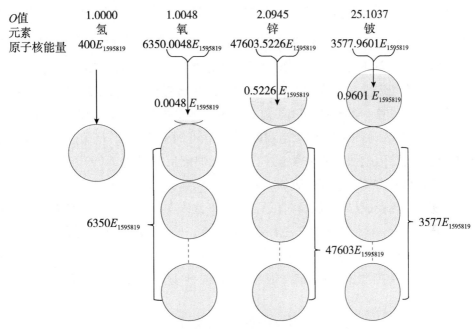

图 6 - 1　原子核的空间能量饱和度系数 O 值演示

我们可以发现，O 值很大的元素如铍和砷作为稳定元素，它们更为急迫地需要外部空间能量来形成稳定的能量体系——同夸克能量成整数倍的能量关系，因而它们或它们的化合物都拥有很强的掠夺性，有剧毒。当然 O 值很大的元素同样也存在更大的原子级别的不稳定性质。如剧毒的铍和砷元素的 O 值高达 20 以上：

铍元素 O 值 = 25.104，砷元素 O 值 = 24.479

就单一元素来讲，在 Be（铍）、As（砷）、Cl（氯）中，Be 毒性最强。铍有剧毒，每立方米的空气中只要有 1 毫克铍的粉尘，人就会染上急性肺炎——铍肺病。当然，这里没有包含放射性元素的毒性，因为两种毒的性质不同。同样，对于绝大部分重金属物质，由于其形成于更多次的核聚变而丧失更多的有效的核子空间能量，因而大部分都是有毒的，不但不能向生命体提供非常优良的同核子内部夸克能量高度谐振的核子空间能量，还极度需要核子空间能量。这些元素只可以作为微量元素存在于生命体中。在元素周期表中，排列在 Be 前的元素 Li6（锂），其原子核能量为 2388.014515 $E_{1595819}$，有略为多一点的核子空间能量输出的能力（0.014515 $E_{1595819}$），因而就是无毒的，甚至能提高人体免疫力；而排在其后的金属 Be，其原子核能量为 3577.960165 $E_{1595819}$，就是因为少了那么一点点能量（0.0398 $E_{1595819}$），就变得剧毒无比。换言之，金属 Be 原子核作为封闭空间是极度需要空间能量的，在同 DNA 与 RNA 一起时会抢夺其所具有的核子空间能量，所以金属 Be 有剧毒，这一情况适用于从原子级别到分子级别乃至化合物，如剧毒的氰化钾等。

源于质子的空间能量 $\dfrac{E_p}{(200)^2} = 23.4568022\text{KeV}$ 引发了更微量的核子空间能量体系的出现，并成为生命体尤其是分子级别的微型生命体的能量来源，这些能量的积聚才产生了各种生命现象和人类。当人类在到处寻找能量之时，具有核子空间能量的原子的集合体已经在使用这一能量了。有谁会想到，自元素周期表被发现以后，其中还藏有那么多未知的奥秘。表 6-1 列出了前 20 余位元素的核子空间能量对生命的影响。从表中我们明显看出，原子空间能量饱和度 O 值 4 以上的都有毒，O 值越大，吸收其他元素空间能量的能力越强，毒性也越强。其实，即便是 O 值为 3.793 的磷也有很有趣的毒性转换，磷有白磷、红磷、黑磷 3 种同素异构体，白磷有强烈的毒性，不过白磷经过 260 度的加热变成红磷就没有毒了，高压下红磷变成黑磷，也没有毒性。就磷的毒性状态转换来看，O 值为 3.793 还真是个转折点。最著名的毒元素还有 Tl（铊）（O 值为 6.223），铊为强烈的神经毒物，毒性高于（Pb）铅（O 值为 6.106），这一点从 O 值上也可以看出来。而原子空间能量饱和度 O 值小于 1.03 的非放射性元素基本上都是显著有益于生命的。

表 6-1　　　　　　　　元素的 O 值对有机元素和有毒元素的划分

元素	核子数	质子数	相对原子质量	原子核质量（MeV）	原子核 O 值	原子核的核空间能量对生命作用关系
H	1	1	1.007825032	938.272088	1.000	有多余核子空间能量，有益生命
He	4	2	4.002603	3727.379091	1.041	有多余核子空间能量，无毒
Li	6	3	6.015122795	5601.518412	1.015	有多余核子空间能量，无毒
Be	9	4	9.012182	8392.750387	25.104	紧迫需要核子空间能量，剧毒
B	10	5	10.012937	9324.436769	1.180	有多余核子空间能量，无毒
C	12	6	12	11174.863235	1.019	有多余核子空间能量，有益生命
N	14	7	14.003074	13040.203854	1.319	有多余核子空间能量，有益生命
	13	7	13.005739	12111.192183	1.234	有多余核子空间能量，有益生命
	15	7	15.000109	13968.936077	1.212	有多余核子空间能量，有益生命
O	16	8	15.99491463	14895.080655	1.005	有多余核子空间能量，有益生命
F	18	9	18.000938	16763.168594	1.666	核子空间能量需求平衡，中性
Ne	20	10	19.99244018	18617.730126	1.029	有多余核子空间能量，无毒
Na	23	11	22.98976928	21409.213513	1.088	有多余核子空间能量，有益生命
Mg	24	12	23.9850417	22335.792902	1.107	有多余核子空间能量，有益生命
Al	27	13	26.98153863	25126.501122	5.514	需要核子空间能量，有毒
Si	28	14	27.97692653	26053.188084	8.314	需要核子空间能量，弱毒
P	31	15	30.97376163	28844.211304	3.793	有毒物质与无毒物质 O 值划分点

续　表

元素	核子数	质子数	相对原子质量	原子核质量（MeV）	原子核O值	原子核的核空间能量对生命作用关系
S	32	16	31.972071	29773.619595	23.590	需要核子空间能量，有毒
Cl	35	17	34.96885268	32564.593058	4.832	需要核子空间能量，有毒
Ar	40	18	39.96238312	37215.526216	2.264	核子空间能量需求平衡，中性
K	39	19	38.96370668	36284.754001	4.091	需要核子空间能量，化合物剧毒
Ca	40	20	39.962591	37214.697855	1.258	有多余核子空间能量，有益生命
Mn	55	25	54.9380451	51161.690035	1.026	有多余核子空间能量，有益生命
Zn	64	30	63.9291422	59534.288964	1.651	有多余核子空间能量，无毒
As	75	33	74.9215965	69772.162318	24.479	需要核子空间能量，有毒

　　尽管如此，所谓有毒元素未必都是起到坏作用的，对于 DNA – RNA 氧螺旋来讲，尽管氢、氧有很多可以利用的空间能量，但是还不够，它们之间仅仅可以形成水，而且水很柔软，不能建立有力的空间结构，因此要建立上亿个原子构成的 DNA – RNA 双螺旋结构，氢、氧元素还需要同有需求空间能量的元素结合构成一个坚实的氢、氧双螺旋骨架，对这个元素的要求是：O 值太大不好，会有毒，会破坏 DNA 结构；O 值太小可能结构强度有问题，因此大自然给出的最佳选择就是磷，磷分子能量为 $12300.00417E_{1595819}$，使得磷分子 O 值为 1.00419，是所有元素分子中空间能量最好的一个，所以我们在 DNA 的结构中经常看到磷的身影，而磷元素也恰恰在有毒—无毒的中间状态。同样原理，人们也可以利用有毒元素治病，如银可以杀细菌、砷可以药用等。

　　在由 100 多种元素形成的单质和各种形形色色的化合物中，硬度这个属性似乎没有什么规律性。比如，为了增加钢铁的硬度，人们经常需要添加碳（O 值为 1.019）和锰（O 值为 1.026）。在空间基本单元理论指导下，可以以原子空间能量饱和度 O 值为依据来证明物质的硬度是由原子空间能量及其使用效率来决定的。目前人类将自然界物质硬度排名如下：

　　第一：金刚石（C）。目前自然界已知最硬的物质，其显微硬度为 98.59Gpa。金刚石是碳的同素异形体，主要成分是碳（O 值为 1.019），代表碳元素的原子空间能量的 O 值排名第三（O 值越低原子空间能量越强大），排在氢、氧之后。碳元素单质金刚石中的碳原子拥有 6 个电子，其第一层 k 层填充 2 个电子，第二层可以填充 8 个电子，若想形成稳定结构，碳原子在第二层中需要同额外的 4 个碳原子相互作用形成稳定原子体系——原子晶体，而金刚石中的每个碳原子就恰恰是同外部的 4 个碳原子结合而形成的稳定结构，并完全利用了其全部的空间能量，因此形成自然界中最硬的物质。

　　第二：氮化硼（BN）。属于人工合成物质，显微硬度为 72~98Gpa，其晶体结构同金刚石类似，可以很好地使用原子空间能量。硼 B11 的 O 值为 5.578，氮 N 13 的 O 值为 1.234。很明显，硼的原子空间能量并不是最好的，但是氮化硼分子核 O 值为 1.0669，32 个氮原子与 32 个硼原子构成了一个拥有 64 个原子的超级晶胞，这个晶胞的原子核 O 值为 1.0071，显示出氮化硼晶胞拥有强大的空间结合能量。因而，在同碳构成钻石的同样结构下可以形成硬度第二的物质氮化硼。

第三：硅化铈（$CeSi_2$）。核 O 值为 1.036，极低的 O 值意味着硅化铈有着很强的核外空间能量。硅化铈是在碳化硅的炉料内通过不加食盐而添加微量的氧化铈（CeO_2）冶炼出来的，其外观和绿色碳化硅相似，显微硬度为 36.29Gpa，属于人工合成物质。

物质的硬度主要取决于以下几点：

①是否有高原子空间能量，以低 O 值为标志的高原子空间能量元素的材料。

②原子空间能量的使用效率，包括外围电子结合形态和结合键长，更短的键长代表更强的结合。

③是否存在原子之间的高强度空间能量的结合。这种结合体现在物质的硬度属性上，如硬度排第二位的 BN 也用于第三代半导体。其实，硬度排第一位的金刚石是最好的激光或终极半导体材料，这类研究已经开始了。

我们在本章中知道了磷的 O 值为 3.793，属于缺乏原子空间能量的，对于 DNA 来讲刚好处于有毒—无毒的分界岭。磷是钢中有害杂质之一。含磷较多的钢，在室温或更低的温度下使用时容易脆裂，称为"冷脆"。所以一般普通钢中规定含磷量不超过 0.045%。同样，在铁中添加碳，铁的硬度会极大增强，钢是指含碳量 0.03% ~2% 的铁碳合金，其中碳 C（O 值为 1.019）的存在会增加钢的结构强度，或其他添加剂如锰 Mn（O 值 1.026）的存在也会增加钢的硬度。很明显，碳和锰会给钢带来更多的原子空间能量并增加钢的硬度。

原子核的空间能量饱和度主导着原子外部空间能量强度，并影响整个原子的物理性质和化学性质！

6.2　基于能量级数序列 $\sum_{n=1}^{n=\infty}\dfrac{E_p}{3^{4n}}$ 主导的原子核的空间封闭度系数 Ω 值

继续上节的探索，原子核内部的能量级数序列 $\sum_{n=1}^{n=\infty}\dfrac{E_p}{3^{4n}}$ 的完整或不完整程度会影响该原子核内部的封闭性和稳定性，封闭性弱的核子，内部能量更容易溢出（即裂变），也就直接影响着原子核的裂变或聚变的激烈程度。尤其是原子核总能量接近 $\sum_{n=1}^{n=\infty}\dfrac{E_p}{3^{4n}}$ 整数倍却又达不到的原子，其原子核由于有很高的能量，但又不是能量级数的整数倍，故不能形成完整的封闭空间，不能保持稳定的 1193 超级循环，就容易发生聚变或裂变。根据这两节对原子属性的研究，我们得出原子核的空间封闭度系数 Ω 值：

$$\Omega = \cfrac{1}{1 - \left(\cfrac{E_{核能量}}{\sum\limits_{n=1}^{n=\infty} \cfrac{E_\mathrm{p}}{3^{4n}}} - INT\left(\cfrac{E_{核能量}}{\sum\limits_{n=1}^{n=\infty} \cfrac{E_\mathrm{p}}{3^{4n}}} \right) \right)} \tag{6.2}$$

其中 $\left(\dfrac{E_{核能量}}{\sum\limits_{n=1}^{n=\infty} \dfrac{E_\mathrm{p}}{3^{4n}}} \right)$ 为元素的核能量值与能量级数值之比，$INT\left(\dfrac{E_{核能量}}{\sum\limits_{n=1}^{n=\infty} \dfrac{E_\mathrm{p}}{3^{4n}}} \right)$ 为元素的核能量值

与能量级数值之比的整数部分。然后将二者相减，以提取核能量值对能量级数值之比的小数部分。Ω 值越大，说明该原子越有机会发生核聚变或裂变。按照核裂变、聚变能力，铀、氘、钚 3 种元素 Ω 值从小到大排序为：

铀 235 Ω 值 = 3.042　　氘 Ω 值 = 12.594　　钚 239 Ω 值 = 13.587

如图 6 - 2 所示，我们可以这样理解元素 Ω 值的含义：一个封闭空间是由 3 个相互垂直的封闭圆周形成的，在质子、中子中的 3 个相互垂直的封闭圆周是由 729 个质子康普顿波长以 81、4×81、4×81 构成的。如果一个原子核拥有完整的 729 周期，那么这个原子核就会形成完整的封闭空间，并因此更加稳定，这时的元素 Ω 值最低为 1.0，如质子。当一个原子核特别接近拥有完整的 729 周期时，其 Ω 值会很高，并且这样的核容易分裂（或已经分裂成 2 个同位素，或形成裂变元素），同时其能量会向空间扩张以

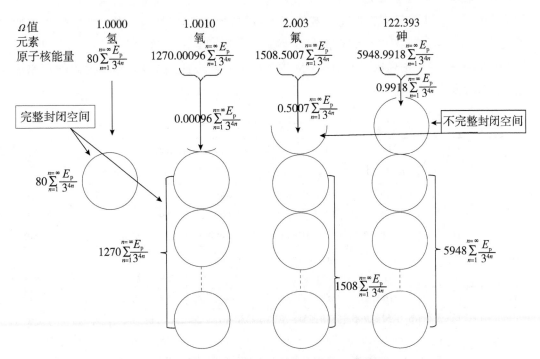

图 6 - 2　原子核的空间封闭度系数 Ω 值演示

寻求其他能量达成完整的 729 周期，这种空间的能量扩展容易使各种原子相互结合，形成聚变元素。在分子结合中，高 Ω 值的元素容易形成链型连接，若在人体就会起到促进器官形成的作用。

原子核的空间封闭度系数影响着整个原子体系的结合或分裂，进而影响着原子的物理性质和化学性质！

6.3　原子核的空间能量饱和度和空间封闭度系数揭示出元素周期表中未知的秘密

考虑到 Ω 值在核聚变中的重要性，我们将恒星聚变过程（PP1 反应链）伴随 Ω 值演示如下：

$$p^+ + p^+ \rightarrow {}_1^2H(\Omega=12.59) + e^+ + \nu_e, {}_1^2H(\Omega=12.59) + p^+ \rightarrow {}_2^3He(\Omega=1.99) + \gamma$$

$${}_2^3He(\Omega=1.99) + {}_2^3He \rightarrow {}_2^4He(\Omega=5.21) + 2p^+, {}_6^{12}C(\Omega=5.09) + p^+ \rightarrow {}_7^{13}N(\Omega=2.76)$$

$$+ \gamma, {}_7^{14}N(\Omega=6.6) + p^+ \rightarrow {}_8^{15}O + \gamma, {}_2^4He(\Omega=5.21) + {}_2^4He(\Omega=5.21) \rightarrow {}_4^8Be(\Omega=2.45) + \gamma$$

式中 γ 为伽马光子，很明显，Ω 值在聚变中显示出该元素的可利用的核能量价值，伴随着核能量的释放，高 Ω 值的元素在不断的聚变过程中逐步演变成低 Ω 值的元素，恒星聚变生成铁元素后不再继续，而铁的 Ω 值仅为 1.508。对于应用科学来讲，无外乎都是建立在原子与核子基础上的应用与实践，很多的元素特性都已经被我们发现并使用，当然还有更多的元素特性还未被发现，但是无论如何，任何一种元素所包含的特性是不可能脱离原子核空间能量饱和度和原子核空间封闭度这两个主导元素属性的，因而我们在表 6-2 中列出了元素周期表中的所有元素的原子核空间封闭度 Ω 值和原子核空间能量饱和度 O 值。

表 6-2　　　　　　　　　　　元素的 O 值和 Ω 值

元素	核子数	质子数	相对原子质量	原子核质量（MeV）	核能量与 $E_{1595819}$ 比值	核能量与能量级数比值	Ω 值	O 值
H	1	1	1.007825032	938.272088	400	80	1.000	1.000
	2	1	2.014101778	1875.612929	799.602995	159.920599	12.594	2.519
	3	1	3.016049278	2808.921116	1197.486807	239.497361	1.990	1.949
He	4	2	4.002603	3727.379091	1589.039742	317.807948	5.207	1.041
	3	2	3.016029	2808.391228	1197.260907	239.452181	1.825	1.353
Li	7	3	7.01600455	6533.833864	2785.475108	557.095022	1.105	1.905
	6	3	6.015122795	5601.518412	2388.014515	477.602903	2.518	1.015
Be	9	4	9.012182	8392.750387	3577.960165	715.592033	2.451	25.104
B	11	5	11.009305	10252.547684	4370.820710	874.164142	1.196	5.578
	10	5	10.012937	9324.436769	3975.152576	795.030515	1.031	1.180

续　表

元素	核子数	质子数	相对原子质量	原子核质量（MeV）	核能量与$E_{1595819}$比值	核能量与能量级数比值	Ω值	O值
C	12	6	12	11174.863235	4764.018190	952.803638	5.093	1.019
	13	6	13.003355	12109.482500	5162.460934	1032.492187	1.969	1.855
	14	6	14.003242	13040.871344	5559.526500	1111.905300	10.560	2.112
N	14	7	14.003074	13040.203854	5559.241939	1111.848388	6.596	1.319
	13	7	13.005739	12111.192183	5163.189799	1032.637960	2.762	1.234
	15	7	15.000109	13968.936077	5955.174946	1191.034989	1.036	1.212
O	16	8	15.99491463	14895.080655	6350.004799	1270.000960	1.001	1.005
	17	8	16.999131	15830.502281	6748.789603	1349.757921	4.131	4.753
F	19	9	18.99840322	17692.301564	7542.503626	1508.500725	2.003	2.015
	18	9	18.000938	16763.168594	7146.399774	1429.279955	1.389	1.666
Ne	20	10	19.99244018	18617.730126	7937.028231	1587.405646	1.682	1.029
Na	23	11	22.98976928	21409.213513	9127.081062	1825.416212	1.713	1.088
	22	11	21.994434	20482.064569	8731.823031	1746.364606	1.574	5.651
Mg	24	12	23.9850417	22335.792902	9522.096282	1904.419256	1.722	1.107
	25	12	24.985837	23268.027822	9919.522543	1983.904509	10.472	2.094
	26	12	25.982594	24196.501089	10315.345154	2063.069031	1.074	1.527
	27	12	26.984341	25129.622512	10713.149345	2142.629869	2.702	1.176
Al	27	13	26.98153863	25126.501122	10711.818648	2142.363730	1.572	5.514
	29	13	28.980446	26988.471548	11505.605631	2301.121126	1.138	2.536
Si	28	14	27.97692653	26053.188084	11106.879728	2221.375946	1.602	8.314
	29	14	28.976495	26984.280216	11503.818801	2300.763760	4.233	5.519
	30	14	29.97377	27913.235997	11899.847114	2379.969423	32.704	6.541
P	31	15	30.97376163	28844.211304	12296.736383	2459.347277	1.532	3.793
	29	15	28.981802	26988.712656	11505.70842	2301.141684	1.165	3.430
S	32	16	31.972071	29773.619595	12692.95761	2538.591522	2.448	23.590
	34	16	33.967867	31632.691799	13485.50903	2697.101807	1.113	2.037
Cl	35	17	34.96885268	32564.593058	13882.79305	2776.55861	2.266	4.832
	37	17	36.96590259	34424.833271	14675.84242	2935.168484	1.203	6.346
Ar	40	18	39.96238312	37215.526216	15865.55827	3173.111654	1.126	2.264
	39	18	38.964314	36285.830715	15469.2146	3093.842921	6.366	1.273
	38	18	37.9627324	35352.863361	15071.47609	3014.295219	1.419	1.909
	36	18	35.967545	33494.358065	14279.16635	2855.83327	5.998	1.200

元素	核子数	质子数	相对原子质量	原子核质量（MeV）	核能量与$E_{1595819}$比值	核能量与能量级数比值	Ω值	O值
K	39	19	38.96370668	36284.754001	15468.75558	3093.751117	4.018	4.091
	41	19	40.96182576	38145.990140	16262.22953	3252.445906	1.805	1.298
Ca	40	20	39.962591	37214.697855	15865.20513	3173.041026	1.043	1.258
	41	20	40.962278	38145.900400	16262.19127	3252.438254	1.780	1.237
	43	20	42.958766	40005.617197	17055.0175	3411.0035	1.004	1.018
Sc	45	21	44.9559119	41865.435826	17847.88714	3569.577427	2.366	8.860
Ti	48	22	47.9479463	44651.987225	19035.83738	3807.167477	1.201	6.149
	46	22	45.9526316	42793.363349	18243.47709	3648.695418	3.283	1.912
V	51	23	50.9439595	47442.244852	20225.36766	4045.073531	1.079	1.581
Cr	52	24	51.9405075	48370.012438	20620.88942	4124.177885	1.216	9.043
	53	24	52.9406494	49301.638720	21018.05621	4203.611242	2.572	1.060
	54	24	53.9388804	50231.485009	21414.46416	4282.892833	9.331	1.866
Mn	55	25	54.9380451	51161.690035	21811.02505	4362.20501	1.258	1.026
	54	25	53.9403589	50232.351224	21414.83344	4282.966689	30.020	6.004
Fe	56	26	55.9349375	52089.778428	22206.68358	4441.336716	1.508	3.160
	54	26	53.939613	50231.145424	21414.31939	4282.863878	7.346	1.469
Co	59	27	58.933195	54882.126608	23397.10509	4679.421017	1.727	1.117
	60	27	59.9338171	55814.200193	23794.46257	4758.892514	9.304	1.861
Ni	58	28	57.9353429	53952.122262	23000.62975	4600.125951	1.144	2.701
	60	28	59.9307864	55810.866114	23793.0412	4758.60824	2.553	1.043
Ni	63	28	62.9296694	58604.307943	24983.92894	4996.785789	4.668	14.073
Cu	63	29	62.9295975	58603.729969	24983.68255	4996.736509	3.795	3.150
	65	29	64.9277895	60465.034033	25777.18545	5155.43709	1.776	1.228
Zn	64	30	63.9291422	59534.288964	25380.39433	5076.078867	1.086	1.651
	66	30	65.9260334	61394.381340	26173.38067	5234.676135	3.088	1.615
Ga	69	31	68.9255736	64187.924347	27364.31155	5472.862311	7.263	1.453
	71	31	70.9247013	66050.100009	28158.18603	5631.637207	2.756	1.229
Ge	74	32	73.9211778	68840.789198	29347.90029	5869.580057	2.381	10.029
	72	32	71.9220758	66978.637475	28554.03601	5710.807202	5.187	1.037
	70	32	69.9242474	65117.672103	27760.6775	5552.1355	1.157	3.101
As	75	33	74.9215965	69772.162318	29744.95915	5948.99183	122.393	24.479
Se	80	34	79.9165213	74424.394313	31728.27808	6345.655616	2.904	1.385

续　表

元素	核子数	质子数	相对原子质量	原子核质量（MeV）	核能量与$E_{1595819}$比值	核能量与能量级数比值	Ω值	O值
	78	34	77.9173091	72562.139939	30934.37005	6186.87401	7.937	1.587
Br	79	35	78.9183371	73494.080618	31331.67087	6266.334174	1.502	3.038
	81	35	80.9162906	75355.162520	32125.07906	6425.015812	1.016	1.086
Kr	84	36	83.911507	78144.677933	33314.29291	6662.858583	7.071	1.414
	86	36	85.9106173	80006.837388	34108.16048	6821.632097	2.718	1.191
Rb	85	37	84.91178974	79075.924406	33711.29779	6742.259557	1.351	1.424
	87	37	86.90918052	80936.482139	34504.48252	6900.896503	9.662	1.932
Sr	88	38	87.90561226	81864.141427	34899.95811	6979.991623	119.372	23.874
	90	38	89.907738	83729.109749	35695.02315	7139.004629	1.005	1.024
Y	89	39	88.9058483	82795.344403	35296.94444	7059.388888	1.636	17.999
Zr	90	40	89.9047044	83725.261970	35693.38278	7138.676556	3.092	1.620
	94	40	93.9063152	87452.738831	37282.4642	7456.49284	1.972	1.866
Nb	93	41	92.9063781	86520.792320	36885.16089	7377.032179	1.033	1.192
Mo	98	42	97.9054082	91176.848377	38870.11009	7774.022017	1.023	1.124
	96	42	95.9046795	89313.181393	38075.59983	7615.119967	1.136	2.499
Tc	98	43	97.907215	91178.020402	38870.60974	7774.121948	1.139	2.562
	97	43	96.906364	90245.733598	38473.16136	7694.632272	2.719	1.192
Ru	102	44	101.904349	94900.816151	40457.69553	8091.539106	2.170	3.284
Rh	103	45	102.9055	95832.871404	40855.0452	8171.009039	1.009	1.047
Pd	106	46	105.903486	98624.966683	42045.35889	8409.071777	1.077	1.560
	108	46	107.903892	100488.333074	42839.74099	8567.948198	19.304	3.861
	105	46	104.905085	97694.962040	41648.88343	8329.776685	4.478	8.578
Ag	107	47	106.905097	99557.450423	42442.89122	8488.578245	2.371	9.193
	109	47	108.904752	101420.117263	43236.9751	8647.39502	1.653	40.159
Cd	114	48	113.9033585	106075.778739	45221.75608	9044.351215	1.541	4.100
	112	48	111.9027578	104212.230986	44427.29665	8885.45933	1.850	1.422
	113	48	112.9044017	105145.256371	44825.0599	8965.01198	1.012	1.064
In	115	49	114.903878	107007.245754	45618.85497	9123.770993	4.367	6.895
Sn	120	50	119.9021947	111662.637283	47603.52086	9520.704172	3.380	2.087
	118	50	117.901603	109799.097913	46809.06501	9361.813002	5.348	1.070
Sb	121	51	120.9038157	112595.130338	48001.05717	9600.211434	1.268	1.061
	123	51	122.904214	114458.489557	48795.43622	9759.087243	1.096	1.774

元素	核子数	质子数	相对原子质量	原子核质量（MeV）	核能量与$E_{1595819}$比值	核能量与能量级数比值	Ω值	O值
Te	130	52	129.9062244	120980.309951	51575.78979	10315.15796	1.188	4.757
I	127	53	126.904473	118183.685226	50383.54513	10076.70903	3.437	2.198
Xe	132	54	131.9041535	122840.347127	52368.7526	10473.75052	4.008	4.042
	129	54	128.9047794	120046.447842	51177.66984	10235.53397	2.146	3.029
Cs	133	55	132.9054519	123772.539713	52766.16082	10553.23216	1.302	1.192
Ba	138	56	137.9052472	128429.308518	54751.41386	10950.28277	1.394	1.706
La	139	57	138.9063533	129361.321947	55148.7457	11029.74914	3.986	3.932
Ce	140	58	139.9054387	130291.453106	55545.2751	11109.05502	1.058	1.379
	142	58	141.909244	132157.985926	56341.0071	11268.20142	1.252	1.007
Pr	141	59	140.9076528	131224.498631	55943.04693	11188.60939	2.560	1.049
Nd	142	60	141.9077233	132155.547405	56339.96752	11267.9935	153.936	30.787
	144	60	143.9100873	134020.737662	57135.12717	11427.02543	1.026	1.146
Pm	145	61	144.912749	134954.200123	57533.07675	11506.61535	2.600	1.083
	146	61	145.914696	135887.507844	57930.96036	11586.19207	1.238	25.228
Sm	152	62	151.9197324	141480.652837	60315.40516	12063.08103	1.088	1.681
	154	62	153.9222093	143345.948260	61110.60964	12222.12193	1.139	2.562
	149	62	148.917184	138683.796710	59123.06184	11824.61237	2.580	1.066
	148	62	147.9148227	137750.103071	58725.01371	11745.00274	1.003	1.014
Eu	153	63	152.9212303	142413.031225	60712.89258	12142.57852	2.373	9.309
	151	63	150.9198502	140548.757466	59918.12365	11983.62473	2.665	1.141
Gd	158	64	157.9241039	147072.667480	62699.36807	12539.87361	7.912	1.582
	156	64	155.9221227	145207.833799	61904.36043	12380.87209	7.818	1.564
Tb	159	65	158.9253468	148004.808338	63096.75423	12619.35085	1.540	4.069
Dy	164	66	163.9291748	152665.333610	65083.60872	13016.72174	3.594	2.556
	162	66	161.9267984	150800.131803	64288.44414	12857.68883	3.214	1.799
Ho	165	67	164.9303221	153597.385417	65480.95691	13096.19138	1.237	23.209
	166	67	165.9322842	154530.707204	65878.84652	13175.7693	4.335	6.516
Er	166	68	165.9302931	154528.341507	65877.83799	13175.5676	2.313	6.172
	168	68	167.9323702	156393.264518	66672.88371	13334.57674	2.363	8.599
Tm	169	69	168.9342133	157325.964458	67070.50821	13414.10164	1.113	2.033
Yb	174	70	173.9388621	161987.254301	69057.68865	13811.53773	2.163	3.212
	172	70	171.9363815	160121.955432	68262.4827	13652.49654	1.986	1.933

续　表

元素	核子数	质子数	相对原子质量	原子核质量（MeV）	核能量与 $E_{1595819}$ 比值	核能量与能量级数比值	Ω 值	O 值
Lu	175	71	174.9407718	162920.016279	69455.3396	13891.06792	1.073	1.514
	176	71	175.942679	163853.286927	69853.20741	13970.64148	2.789	1.262
Hf	180	72	179.94655	167582.358151	71442.96854	14288.59371	2.461	31.782
	178	72	177.9436988	165716.714071	70647.61542	14129.52308	2.097	2.604
Ta	181	73	180.9479958	168514.688009	71840.43527	14368.08705	1.095	1.771
W	184	74	183.9509312	171311.393625	73032.71442	14606.54288	2.188	3.502
	186	74	185.9543641	173177.579556	73828.29854	14765.65971	2.939	1.426
Re	185	75	184.952955	172244.261886	73430.41068	14686.08214	1.089	1.697
	187	75	186.9557531	174109.856505	74225.74272	14845.14854	1.174	3.887
Os	192	76	191.9614807	178772.151244	76213.35156	15242.67031	3.033	1.542
	190	76	189.958447	176906.337165	75417.92596	15083.58519	2.411	13.507
Ir	193	77	192.9629264	179704.481008	76610.81825	15322.16365	1.196	5.502
Pt	195	78	194.9647911	181568.695171	77405.56177	15481.11235	1.127	2.282
	194	78	193.9626803	180635.234871	77007.61311	15401.52262	2.095	2.585
Au	197	79	196.9665687	183432.828201	78200.27071	15640.05414	1.057	1.371
Hg	202	80	201.970643	188093.582900	80187.22301	16037.4446	1.801	1.287
	200	80	199.968326	186228.436424	79392.08202	15878.4164	1.714	1.089
Tl	205	81	204.9744274	190891.079355	81379.8393	16275.96786	31.114	6.223
Pb	208	82	207.9766521	193687.122958	82571.83622	16514.36724	1.580	6.106
	206	82	205.9744653	191822.097762	81776.74694	16355.34939	1.537	3.952
Bi	209	83	208.9803987	194621.595998	82970.21663	16594.04333	1.045	1.277
Po	209	84	208.9824304	194622.977515	82970.80559	16594.16112	1.192	5.144
	208	84	207.9812457	193690.379872	82573.2247	16514.64494	2.816	1.290
At	210	85	209.987148	195558.355035	83369.57159	16673.91432	11.671	2.334
Rn	222	86	222.0175777	206764.118351	88146.76297	17629.35259	1.545	4.219
Fr	223	87	223.0197359	207697.111805	88544.5126	17708.90252	10.259	2.052
Ra	226	88	226.0254098	210496.368318	89737.87924	17947.57585	2.358	8.281
Ac	227	89	227.0277521	211429.533260	90135.70198	18027.1404	1.163	3.356
Th	232	90	232.0380553	216096.090143	92125.12784	18425.02557	1.026	1.147
Pa	231	91	231.035884	215162.062489	91726.93731	18345.38746	1.633	15.951
U	238	92	238.0507882	221695.893381	94512.41115	18902.48223	1.931	1.698
	235	92	235.0439299	218895.022608	93318.35633	18663.67127	3.042	1.554

元素	核子数	质子数	相对原子质量	原子核质量（MeV）	核能量与$E_{1595819}$比值	核能量与能量级数比值	Ω值	O值
	233	92	233.0396352	217028.033916	92522.42998	18504.486	1.946	1.754
Np	237	93	237.0481734	220761.452609	94114.0445	18822.8089	5.233	1.047
	236	93	236.04657	219828.464949	93716.29733	18743.25947	1.350	1.423
	239	93	239.052939	222628.879942	94910.15785	18982.03157	1.033	1.187
Pu	244	94	244.064204	227296.332737	96899.96565	19379.99313	145.55	29.109
	242	94	242.0587426	225428.257270	96103.57599	19220.7152	3.511	2.358
	239	94	239.0521634	222627.646477	94909.632	18981.9264	13.587	2.717
Am	243	95	243.0613811	226361.698120	96501.51636	19300.30327	1.435	2.068
Cm	247	96	247.070354	230095.521735	98093.3035	19618.6607	2.947	1.436
Bk	247	97	247.070307	230094.966955	98093.06699	19618.6134	2.587	1.072
Cf	251	98	251.079587	233829.076631	99684.97608	19936.99522	209.07	41.813
	249	98	249.0748535	231961.679199	98888.87548	19777.7751	4.446	8.031
Es	252	99	252.08298	234763.220294	100083.2161	20016.64321	2.803	1.276
Fm	257	100	257.095106	239431.475105	102073.3658	20414.67316	3.060	1.577
Md	258	101	258.098431	240365.555426	102471.5788	20494.31575	1.461	2.374
No	259	102	259.10103	241298.959483	102869.5034	20573.90069	10.069	2.014
Lr	266	103	266.11983	247836.419290	105656.5244	21131.30487	1.439	2.102
Rf	267	104	267.12179	248769.228122	106054.1953	21210.83906	6.213	1.243
Db	268	105	268.12567	249703.825423	106452.6287	21290.52573	2.109	2.693
Sg	269	106	269.12863	250637.565749	106850.6967	21370.13934	1.162	3.297
Bh	275	107	275.14567	256241.892024	109239.9083	21847.98165	54.498	10.900
Hs	269	108	269.13375	250641.313001	106852.2942	21370.45884	1.848	1.417
Mt	279	109	279.15808	259978.406277	110832.8425	22166.56849	2.317	6.347

　　从表6-2可以看出，原子核的空间能量饱和度在1附近的元素（如氢、氧、碳等）可以向外部空间或其他元素提供强大的空间能量，这些元素也构成了有机物种类。O值和Ω值大于4以上的元素就说明出现显著异常，即原子核在合成后总能量不平衡，因而显示出某种程度的不稳定，并以元素的某种特殊属性体现其内部能量的状态。O值和Ω值为10以上的元素要引起研发人员关注，如：铍的O值为25.104，砷的O值为24.479，显示出很强的毒性，O值越大，表明该元素越有很大的获取更多的其他元素核子空间能量的欲望。由于这些元素有极端的要获取其他元素的空间能量的属性，就会因此破坏其他原子间一般性结合，并导致其体现出有毒性质，尤其是利用有机元

素的空间能量建立起来的有机物、有机生命体、DNA 等。这也意味着原子内部构成不稳定。不过 O 值很大的物质未必就一定都对人类有害，银 Ag 的 O 值为 9.193，按说是有毒的，但这种元素可以杀死很多细菌和微生物，所以在一定程度上对人体无害。

原子核的空间封闭度的含义就简单得多，Ω 值越大，核空间封闭程度越差，其核反应就越强烈。氘的 Ω 值为 12.594，钚 239 的 Ω 值为 13.587，为了对比我们把铀 235 的 Ω 值列出来，铀为 3.042，可见氘和钚的核能量使用率要远远高于铀，这一点元素的 Ω 值已经提前告诉我们了。著名的放射性元素钴 60 的 Ω 值为 9.304；镧 251 的 O 值为 41.813，有毒，Ω 值为 209.07，是放射性元素；砷 75 的 O 值为 24.479，剧毒，Ω 值为 122.393；锶 88 的 O 值为 23.874，Ω 值为 119.372，具有很强的吸收 X 射线辐射的能力，遇水燃烧会放出氢气，也就是可以夺取水中的氧，获取核空间能量能力极强。Ω 值较高的元素意味着有更大的核能量开发的可能性，目前还没有被认识或被更深入地认识。钯 108，Ω 值为 19.304，可以吸收大量氢气，被应用于新能源汽车。其实，这些元素已经在超导等技术上被广泛使用了。同 O 值一样，我们在推导多核子原子的万有引力公式中，也使用了能量级数序列因子，因而一个元素对引力的响应同二者都有密切关系。同样 Ω 值接近 1 的重金属元素也有非常丰富的特别属性，如钼、铑、金、钒、镉、铌等在抗腐蚀、抗高温、韧性和延展性方面都有各自不同的优秀表现。

总之，原子内部和外部能量的差异性，让人们有更多机会挖掘更多的有用能量和开发出更多新科技。在促进科技发展方面，原子核空间能量饱和度和原子核空间封闭度系数决定着该元素在同任何物质相互作用过程中的属性，如在聚变、裂变、分子属性、凝聚态、强力、电磁力、引力、生命现象、激光、半导体、天文学、恒星研究、宇宙研究等任何科学研究中都起着决定性的作用，因此本书将元素周期表中的所有元素的 Ω 值、O 值都计算出来，供各类科学研究使用。表 6-2 中的相对原子质量单位使用的是 2018CODATA 标准 931.49410242MeV。另外，表中元素的 Ω 值一旦大于 5，就会有 Ω 值除以 O 值等于 5 的数学关系。具有这种关系的元素有较多的核能量可以释放或通过各种形式体现出来，并引发各种奇异物理现象（未必一定是强烈的裂变、聚变方式），这一点需要特别关注。

根据每一个元素的 Ω 值，我们可以了解该元素的核能量稳定性和可利用的富余能量，并将能量广泛应用于原子能的裂变和聚变反应上。似乎这一发现已经近乎完美了，但这还仅仅是一个开始，构成原子的外围电子的运动轨迹也是受原子核能量构成的影响并按照原子核的能量构成模式形成，这一结果就直接导致了原子核及其外围电子的运动模式是统一的能量运动模式，因而原子核能量的异常属性就直接影响到其构成的原子和分子的集合体的属性了。这样一来，在原理上看似完全不同的氢弹、原子弹、炸药和黑火药等剧烈的爆炸中，就再度显示出高 Ω 值元素的共同属性了。

由于原子—分子级别的结合强度主要取决于原子空间能量饱和度属性，该属性用元素的 O 值描述，因而初级研究火药、炸药原理的重点还是在于原子空间能量的利用，具有最强大的原子空间能量的元素依旧是 O 值为 1.005 的氧、O 值为 1.0000 的氢、O 值为 1.019 的碳，其中 O 值越小原子的空间能量越大。的确，绝大部分的炸药和火药成分中的绝大部分元素也是碳、氢、氧。而这些元素其实是空间能量的最优提供者，可以为炸药的爆炸提供更多所需要的能量。产生爆炸的基本原理是构成爆炸物质极度不稳定或在特定的条件下迅速分解成气体，体积在极短时间内膨胀数千倍，这一点同原子核的裂变或聚变是一致的，只不过一种是原子核级别的分解—再结合，一种是分子级别的分解—再结合，但这种分解—再结合都是由同一个因素引发的，即原子核能量的不稳定性或高 Ω 值所代表的元素原子的属性之间在分子结合中的体现。现在我们将各种炸药、火药的化学成分或分子式列出，如表 6-3 所示。从表中我们看出，除某些特殊情况外［如三过氧化三丙酮熵炸药（$C_9H_{18}O_6$）是极其稀少的不含氮元素的特殊炸药，而且还只能是液体形态］，大部分炸药都是以氮元素为主导元素，并结合具有强大空间能量元素碳、氢、氧而成的。在炸药中，氮原子核的不稳定性导致其化合物分子的不稳定性，因而导致由氮元素合成的含碳、氢、氧元素的化合物更容易快速分解成各种气体，并在分解过程中再度重新结合并释放能量，这一过程就是爆炸。氮元素的 Ω 值为 6.596，比氢的 Ω 值还高，并且氮元素也同样作为重要元素在恒星中积极参与核反应。在炸药爆炸中，氮是起到主导的由不稳定性引发的化合物分解作用，同时具有强大的原子空间能量的碳、氢、氧在原有化合物分解后重新聚合的化学反应中，起到释放更多的原子空间能量并使得爆炸更具威力的作用。所以爆炸的根本原因在于氮原子的高 Ω 值，而爆炸的威力在于低 O 值元素的原子空间能量的释放。更有意思的是，同等质量炸药释放的能量要低于同等质量脂肪释放的能量。因而某些含高空间能量的碳、氢、氧化合物由于具有特殊结构也可以快速分解产生爆炸现象，如三过氧化三丙酮熵炸药（$C_9H_{18}O_6$）就是有名的液体爆炸物。

表 6-3　　　　　　　　　　高 Ω 值的氮元素主导的炸药

炸药名称	中文名	化学式	含氮元素
火药		S，C，KNO$_3$	1
TNT	三硝基甲苯或黄色炸药	$CH_3C_6H_2(NO_2)_3$	3
硝化纤维		$C_{12}H_{16}O_6(NO_2)_4$	4
硝化甘油		$C_3H_5N_3O_9$	3
硝胺炸药		NH_4NO_3	2
苦味酸	俗称黄色炸药，三硝基苯	$C_6H_3N_3O_7$	3
雷汞		$Hg(OCN)_2$	2
叠氮化银		AgN_3	3
叠氮化铅		$Pb(N_3)_2$	6

续　表

炸药名称	中文名	化学式	含氮元素
四叠氮甲烷		CN_{12}	12
黑索金		$C_3H_6N_6O_6$	6
硝酸铵		NH_4NO_3	2
三过氧化三丙酮熵炸药		$C_9H_{18}O_6$	无
高氯酸铵		NH_4ClO_4	1
特屈儿	三硝基苯甲硝胺	$C_7H_5N_5O_8$	5
奥克托今	四亚甲基四硝胺	$C_4H_8N_8O_8$	8
八硝基立方烷		$C_8(NO_2)_8$	8
PEIN	季戊四醇四硝酸酯	$C(CH_2ONO_2)_4$	8
PYX	二硝基吡啶	$C_{17}H_7N_{11}O_{16}$	11

　　无论如何，氢弹、原子弹、炸药、火药等剧烈爆炸都是由原子核的内部高度的、能量的不稳定因素决定的，而那些不可以提供更多的原子核能量的元素（如铁）却很难参与爆炸反应，所以说铁其实是核反应中的废料。要让铁参与核反应是很困难的，同样，炸药中加铁也不会有什么效果。这一点从铁元素的 Ω 值（1.5008）和 O 值（3.160）中可以直接看出，铁没有什么富余的原子核空间能量，同时不算高的 O 值也表明铁对原子空间能量的需求不是很强烈，因此在爆炸中的元素再组合过程中，铁并不能同有强大的原子空间能量元素氧结合释放出更多的能量。实际生产中在制造复合炸药时多有添加铝来增强爆炸威力的情况，这是因为铝的 O 值很高，为 5.514，表明铝是迫切需要原子空间能量的元素并且铝很轻。而炸药中的氧是极度富有原子空间能量的元素，因此在由氮元素引发炸药物质分解后，其中的氧元素会同铝元素激烈结合释放出大量能量进而增强爆炸的威力。在炸药中的添加剂还有锂（O 值为 1.015）、铍（O 值为 25.104）、硼（O 值为 5.578）、铝（O 值为 5.514）、镁（O 值为 1.107）、钛（O 值为 6.149）、硅（O 值为 8.314）等单质及它们的合金或氢化物。从上述高爆炸药添加物质中可以看出，要么是添加迫切需要原子空间能量的高 O 值元素，以便加强同氧结合而释放更多能量；要么是低 O 值元素，以提供更多的原子空间能量。炸药在实际应用中最普遍的高能添加剂是铝粉。要想获得超过原子空间能量所提供的爆炸效果（我们常讲的化学能量），就需要高化学能量的炸药成分，我们可以从 100 多种元素中挑选有更高核能量的元素形成准核裂变的普通炸药。这一点同第 3 代半导体（氮化镓 GaN）要依赖氮原子核空间能量的应用一致。其实氮元素的低 O 值、高 Ω 值表明其已经是一个很好的可以提供原子核空间能量的元素了，所以其具有的不稳定性，以及高原子核的空间能量并且是气体的氮成为爆炸的主导角色是必然选择。当然，爆炸的强

度还是由原子空间能量决定，而所有元素中原子空间能量最大的是氢，因而在特殊条件下，可以人为制造的不稳定物理条件（如在高压下形成的金属氢）替代氮的分解作用。金属氢的爆炸能量是最大的，其爆炸威力相当于相同质量 TNT 炸药的 25～35 倍，是目前可以想象到的威力最强大的化学爆炸物。而氢的 O 值是所有元素中最低的，空间基本单元理论的魅力就在于此——解密宇宙密码。我们在表 6－2 中将宇宙所有的元素的秘密用 O 值和 Ω 值揭示出来，以方便后来的宇宙探秘者使用。图 6－3 展示了 O 值和 Ω 值对原子间相互作用的影响，有如下发现：

①高 Ω 值的可利用元素核能量指引的研究方向有：裂变材料、聚变材料、新能源、炸药（氮）、大功率半导体功放（氮化镓、碳化硅）、闪烁材料……

②低 O 值的可利用元素空间能量指引的研究方向有：有机生命体、长寿（氢、氧）、激光（氧）、引力探测（氧）、磁性、超导（氧、氢）……

③高 O 值的可利用元素核能量指引的研究方向有：有毒物质、炸药、半导体（硅、锗、砷）……

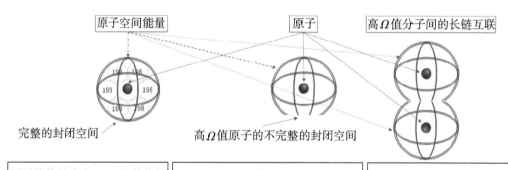

图 6－3　原子的空间能量 O 值、Ω 值含义阐释

6.4　空间密码 1193 在化合物、生命体系中的超凡作用

1193 超级循环是构成封闭空间的必然属性，空间中的能量体系在 1193 循环的组织下，形成了 3 个相互垂直的子封闭圆空间。电子、质子乃至所有的元素的原子都是如此。按照这个探索思路，我们开启 1193 在化合物及生命体系中的探索之旅。在对元素原子属性的研究中，我们使用了原子核的能量来进行分析。而化合物主体为分子，在第 8 章的研究中，我们发现质子外部的"电子云"也是按照 1193 循环规律运行的，因

此我们使用分子能量来分析在化合物及更复杂的分子体系中的 1193 循环，并且这个分子能量使用构成分子的具体的元素原子能量来计算。

根据空间密码 400、729 推导出来各种元素的 O 值和 Ω 值，虽然发现了一些元素的特殊属性，但是毕竟元素总数也就 100 多种，而且其属性大部分被科学家们识别并广泛应用了。在现实中，人们接触更多的是数百万种化合物而不是百余种元素。如果空间基本单元理论不能沿着元素的 O 值和 Ω 值探索路径深入化合物的属性研究，那么元素的 O 值和 Ω 值的发现就显得苍白无力了。不过在 1193 超级循环被发现之后，我们有幸从核能量乃至分子能量的角度解开化合物更多的秘密。我们先从万物生长必须依赖的水分子开始，水的分子式为 H_2O，由 2 个氢原子（H）和 1 个氧原子（O）构成。空间基本单元理论不研究氢原子和氧原子外部电子的化学结合规律（这部分工作已经由当今的化学学科完成了），我们只研究水分子中的 2 个氢原子和 1 个氧原子的总能量运转对水分子的未知的、奇异的空间属性的影响，水分子的形成不仅仅是氢、氧原子结合释放出化学能量那么简单，否则为什么所有生命体都需要水呢？这说明水中还有其他的能量，并且生命活动恰恰也需要这个能量来维系。水分子中的 2 个氢原子和 1 个氧原子总能量为 16776.7335MeV。从前几章的探索中我们知道质子内部能量体系是按照 400 个能量单元来划分的，并因此形成各种夸克和粒子。按照 O 值分析方法，水分子核能量除以质子的 1/400（用 $E_{1595819}$ 表示），再用 1193 来衡量，我们奇迹般地获得如下数据：

$$\frac{E_{水分子能量}}{E_{1595819}} \times \frac{1}{1193} = \frac{16776.7335}{2.34568022} \times \frac{1}{1193} = \frac{7152.183}{1193} = 5.9951 \qquad (6.3)$$

上式显示出水分子核能量体系是以能量 $E_{1595819}$ 为单元的 6 个 1193 循环系统，我们都知道美丽的雪花的形状和构成，这就是水分子的空间能量的展现。根据空间基本单元理论的发现，质子中的 $E_{1595819}$ 对应着夸克，并参与强力、弱力、电磁力乃至万有引力的作用，并由 1193 构成，而 1193 超级循环是所有力的构成源泉。由于在第 8 章、第 9 章中也发现了原子的外围电子云的运动是按照质子内部 1193 循环进行的，因此，我们在化合物的 1193 循环分析中使用原子总能量，其结果与使用原子核能量的结果基本一致。按照公式（6.1）对 O 值的定义，可以直接称呼某化合物分子的 1193 O 值，如水分子的 1193 O 值高达 205，说明水分子高度谐振于 1193 循环周期，如下所示：

$$水分子 1193 O 值 =$$

$$\cfrac{1}{1 - \left[\cfrac{E_{水分子能量}}{1193 \times E_{1595819}} - INT\left(\cfrac{E_{水分子能量}}{1193 \times E_{1595819}} \right) \right]} = \frac{1}{1 - (5.9951 - 5)} = 205.1 \quad (6.4)$$

类似地，按照 Ω 值公式（6.2），水分子的 1193 Ω 值如下：

$$水分子1193\Omega 值 = \cfrac{1}{1-\left[\cfrac{E_{水分子能量}}{1193\times 5E_{1595819}}-INT\left(\cfrac{E_{水分子能量}}{1193\times 5E_{1595819}}\right)\right]} = 1.248 \quad (6.5)$$

很明显，水分子的1193Ω值未显示出与1193循环周期相谐振的迹象，我们需要进一步探索水分子中的1193O值展示出的能量周期。水分子的1193O值的价值可以视为水分子系统对1193周期的整数倍的响应值，这个值越大（或越接近1），就越能说明水分子能量体系是以特别接近1193整数倍循环来进行的。这个能量循环来自质子中的$E_{1595819}$，也就是所谓的夸克。由于$E_{1595819}$为质子能量的1/400，故其波长为质子康普顿波长（用λ_p表示）的400倍，因而水分子所拥有的这个1193循环能量的波长为：

$400\times 6\times 1193\times \lambda_p = 400\times 6\times 1193\times 1.321409855\times 10^{-15}m = 3.7834nm$

第5章的图5-18、图5-20显示，各种生命体的DNA的最小球形结构就是半径5纳米的核小体，而自然界最小的生命体口蹄疫病毒也是半径为5纳米的球形，二者都是必须在水中生存的生命有机体，除此之外，没有更小的了，核小体、口蹄疫病毒的外壳都是依赖水分子1193超级循环形成的。同时，科学家们发现水分子也是会以最大的3纳米左右的稳定分子团形式存在，如图6-4所示，对水分子团的结构图研究结果显示，水分子的这种结构的簇合物直径可以达到3纳米，由3层二十面体构成，每层分别有280个、100个和20个水分子，合计400个水分子，每增加一层都会使簇合物的稳定性得到提高。而雪花恰恰是生命之花结构，水——这个拥有强烈的来自原子核内部的1193超级循环能量体系导致了一系列的独特的属性，并最终成为孕育生命的源泉。宇宙中绝大多数的生命体都依赖水生存，换句话说，宇宙中的生命体依赖水分子中超强的1193超级循环能量体系生存。

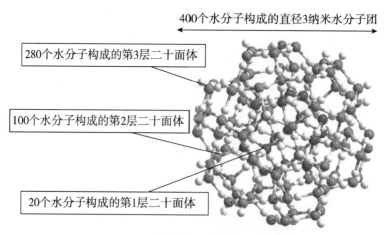

400个水分子构成的直径3纳米水分子团

280个水分子构成的第3层二十面体

100个水分子构成的第2层二十面体

20个水分子构成的第1层二十面体

图片来源：百度百科

图6-4 1193超级循环形成的3纳米的水分子团

借发现水中的1193超级循环能量之机，我们索性将各种常见的化合物中的1193秘密介绍一下。鉴于数百万种的化合物不能一一列出，如表6-4所示，我们按照分类，列出常见的化合物分子的 $1193O$ 值和 1193Ω 值。一般以超过 10 的 $1193O$ 值、1193Ω 值定义为高。下面我们举例分析谐振于 1193 循环周期的化合物：

①在表 6 - 4 中梳理出了所有的酸，只有醋酸拥有高达 238.7666 的 1193Ω 值，这说明其分子有强大的 1193 循环周期能量，有利于生命体的生长，因此醋酸（食醋的主要成分）对人体的益处几乎是说不完的。历经数千年的检验，在那么多种类的酸中，人类只选择醋酸食用。

②二氧化硅的 1193Ω 值高达 128.0737，$1193O$ 值为 25.61474 也较高。高 1193Ω 值分子拥有很强的向外延扩展的封闭空间能量，这个能量容易将很多二氧化硅分子牢固地连接在一起，人类正是利用二氧化硅的高 1193Ω 值这个属性将无数的二氧化硅分子链接在一起形成了玻璃，并广泛应用。

③无论是淀粉、蔗糖都要转化成葡萄糖才能被人体吸收，而葡萄糖的 1193Ω 值恰恰为 79.5887，蔗糖、淀粉的 1193Ω 值却都很低，才 4 左右。

④核糖的 1193Ω 值为 95.5064，是细胞核 RNA 的重要组成部分，是人类生命活动中不可缺少的物质。脱氧核糖核酸就是大名鼎鼎的 DNA。高 1193Ω 值分子利于链状结构的生成。

⑤尿素的 1193Ω 值为 290.6680，几乎是有机化合物中最高的了，而且 $1193O$ 值为 58.1335，也很高。高 1193Ω 值主导空间能量的结合，能够使生命体迅速生长，高 $1193O$ 值能够促进植物生命体茁壮成长，所以我们用尿素给各种植物施肥。

表 6 - 4　　　　　　常见化合物分子能量展示的 $1193O$ 值与 1193Ω 值

化合物名称	分子式	分子总能量（MeV）	$\dfrac{\text{分子总能量}}{\dfrac{\text{质子能量}}{400}}$ 1193	$\dfrac{\text{分子总能量}}{\dfrac{\text{质子能量}}{400}}$ 5×1193	分子 $1193O$ 值	分子 1193Ω 值
水	H_2O	16776.7335	5.9951	1.1990249	205.1	1.248
甲烷	CH_4	14933.0615	5.33629	1.06725	1.5067	1.0721
二氧化碳	CO_2	40976.2633	14.642767	2.9285533	2.7993	13.9964
氯气	Cl_2	65146.5555	23.279961	4.6559922	1.3888	2.9069
二氧化硫	SO_2	59580.1281	21.2908	4.25816	1.4100	1.348
一氧化碳	CO	26077.0958	9.31858	1.8637	1.4675	7.3376
氮气	N_2	26087.5596	9.3223	1.864465	1.4756	7.3782
氰化氢	HCN	25160.4911	8.991039	1.798208	111.600	4.9556
硫化氢	H_2S	31659.359	11.31339	2.262679	1.4564	1.3562
硫酸	H_2SO_4	91256.029	32.610117	6.5220234	2.5649	2.0922
盐酸	HCl	33512.0607	11.97545	2.39509	40.737	1.653139
硝酸	HNO_3	58680.0652	20.969177	4.193835	32.4429	1.2404

化合物 名称	分子式	分子总能量 （MeV）	$\dfrac{分子总能量}{1193\dfrac{质子能量}{400}}$	$\dfrac{分子总能量}{5\times1193\dfrac{质子能量}{400}}$	分子 1193O 值	分子 1193Ω 值
醋酸	CH_3COOH	55909. 3236	19. 979059	3. 9958118	47. 7532	238. 7666
碳酸氢钠	$NaHCO_3$	78229. 0453	27. 95496	5. 59099	22. 2007	2. 4449
碳酸钠	Na_2CO_3	98705. 1042	35. 27203	7. 0544	1. 37367	1. 0575
氢氧化钠	$NaOH$	37252. 782	13. 31219	2. 662438	1. 4539	2. 9624
食盐	$NaCl$	53988. 1145	19. 2925	3. 8585	1. 4134	7. 0673
二氧化硅	SiO_2	55858. 6753	19. 96096	3. 992192	25. 61474	128. 0737
氢氧化铝	$Al（OH）_3$	72646. 9938	25. 96022	5. 1920448	25. 1409	1. 2377
氟气	F_2	35393. 7923	12. 647884	2. 5295769	2. 83998	2. 12575
酒精	C_2H_6O	42887. 7221	15. 325822	3. 06516	1. 48328	1. 0697
葡萄糖	$C_6H_{12}O_6$	167727. 971	59. 93718	11. 987435	15. 9177	79. 5887
蔗糖	$C_{12}H_{22}O_{11}$	318679. 208	113. 87923	22. 775846	8. 2801	4. 46122
淀粉	$（C_6H_{10}O_5）n$	150951. 237	53. 94205	10. 78841	17. 2570	4. 72613
甲醇	CH_3OH	29832. 228	10. 660473	2. 1320946	2. 94527	1. 1522
核糖	$C_4H_9O_4CHO$	139773. 3	49. 947647	9. 9895295	19. 1013	95. 5064
硝化甘油	$C_3H_5N_3O_9$	211451. 547	75. 561689	15. 112338	2. 28149	1. 12655
尿素	$CO（NH_2）_2$	55919. 7874	19. 982798	3. 9965596	58. 1335	290. 6680

　　任何一种生命体系都必须是高度有序的，这种高度有序以高度靠近 1193 超级循环为标志。这一循环从构成生命体的原子及原子核就开始了，无数的谐振于 1193 超级循环的分子集团形成了碱基、DNA、细胞乃至生命体。人们都知道生命体是依靠 DNA、RNA 来进行细胞分裂的，但是这些 DNA、RNA 直接开放在自由空间中，会很快遭到破坏，也很难形成稳定的生命。这时，一个球形或封闭的空间就成为 DNA、RNA 的避难所和防护罩，而恰恰各种有机分子团和水分子团一样可以提供类球形封闭空间。我们将很多重要的有机分子的 1193O 值、1193Ω 值列在表 6 - 5 中，下面对其中的数据做更深入的分析：

表 6 - 5　　　　　　　　重要有机分子的 1193 循环能量分析表

化合物 名称	分子式	分子总 能量（MeV）	$\dfrac{分子总能量}{1193\dfrac{质子能量}{400}}$	$\dfrac{分子总能量}{5\times1193\dfrac{质子能量}{400}}$	分子 1193O 值	分子 1193Ω 值
脱氧核糖	$C_4H_9O_3CHO$	124874. 1415	44. 623467	8. 9246933	2. 65581	13. 2790
大豆皂苷	$C_{64}H_{100}O_{31}$	1271139. 905	454. 23871	90. 847742	1. 31356	6. 56782

续　表

化合物名称	分子式	分子总能量（MeV）	分子总能量／1193 质子能量／400	分子总能量／5×1193 质子能量／400	分子1193O值	分子1193Ω值
玉米	$C_{40}H_{56}O_2$	529487.316	189.21099	37.842198	1.26741	6.33704
酵母粉	$C_6H_5N_5O_2$	166778.7189	59.597964	11.919593	2.48734	12.4367
多巴胺	$C_8H_{11}O_2N$	142592.15	50.954955	10.190991	22.2000	1.23608
蜕皮激素	$C_{27}H_{44}O_7$	447404.6892	159.87896	31.975793	8.26194	41.3097
睾酮（雄性激素）	$C_{19}H_{28}O_2$	268464.8973	95.935269	19.187054	15.4487	1.23009
黄体酮（雌性激素）	$C_{21}H_{30}O_2$	292698.3199	104.59502	20.919005	2.46928	12.3464
肾上腺激素	$C_9H_{13}O_3N$	170546.8162	60.944484	12.188897	18.013	1.23289
乙酸苄酯	$C_9H_{10}O_2$	139787.5199	49.952726	9.9905452	21.1537	105.766
薄荷脑	$C_{10}H_{20}O$	145454.1108	51.977668	10.395534	44.7789	1.6543
金合欢醇	$C_{15}H_{26}O$	206976.4505	73.962524	14.792505	26.6841	4.81939
腺嘌呤 A	$C_5H_5N_5$	125802.4557	44.955198	8.9910395	22.3202	111.601
鸟嘌呤 G	$C_5H_5N_5O$	140701.6232	50.279378	10.055876	1.38769	1.05918
胞嘧啶 C	$C_4H_5N_3O$	103436.143	36.9626	7.3925	26.772	1.646
胸腺嘧啶 T	$C_5H_6N_2O_2$	117408.2342	41.955543	8.3911086	22.4937	1.64233
氨基酸	$C_2O_2NH_4$	68953.10338	24.640222	4.9280443	2.77949	13.8974
甘氨酸	$C_2O_2N_1H_5$	69891.88638	24.975693	4.9951387	41.1410	205.705
扑热息痛	$C_8H_9NO_2$	140714.5884	50.284011	10.056802	1.39667	1.06022
血红素	$C_{34}H_{32}N_4FeO_4$	573965.4701	205.10515	41.021029	1.11750	1.02148
血红蛋白	$C_{3032}H_{4816}O_{812}N_{780}S_8Fe_4$	6113601.33	21845.225	4369.0451	1.29089	1.04719
五碳糖－核糖核酸	$C_5H_{10}O_5$	139773.309	49.947647	9.98953	19.101	95.506
六碳糖	$C_6H_{12}O_6$	167727.97	59.9371	11.9874	15.917	79.5886
苯	C_6H_6	72700.26801	30993.259	6198.6518	48.2197	1.2435

①构成 DNA 的 4 种碱基中腺嘌呤 A、胞嘧啶 C、胸腺嘧啶 T 都有 22 左右的较高的 1193O 值，这使 4 种碱基有更好的条件形成链状 DNA 分子团。腺嘌呤的 1193Ω 值为 111.601，我们说较高 1193Ω 值可以促进细胞分裂，所以腺嘌呤能够促进白细胞和粒细胞增长。而鸟嘌呤的 1193O 值为 1.38769，较低的 1193O 值必然导致鸟嘌呤是最容易被

氧化的碱基，所以 DNA 的氧化通常发生在鸟嘌呤碱基上。4 种碱基都有较高的 $1193O$ 值或 1193Ω 值，这为 4 种碱基配对形成 DNA 链创造了有利条件。复杂的分子团要形成稳定的形态，其自身就必须拥有较高的 1193 循环能量。

②多巴胺是大脑中含量最丰富的儿茶酚胺类神经递质，作为神经递质调控着中枢神经系统的多种生理功能。多巴胺的 $1193O$ 值为 22. 2000，恰巧的是，高 $1193O$ 值能够使分子有较高的能量，因而大脑中的多巴胺可以调节障碍，涉及帕金森病、精神分裂症、Tourette 综合征、注意力缺陷多动综合征和垂体肿瘤等。

③蜕皮激素也称脱皮激素，是水生甲壳类（虾、蟹类）脱壳、蚕蜕皮生长所必需的物质。蜕皮激素作用于人体有促进胶原蛋白合成、抗心律不齐、抗疲劳，促进细胞生长、刺激真皮细胞分裂，排除体内的胆固醇，降血脂，抑制血糖上升等作用，是天然的抗癌制剂。在空间基本单元理论中，高 1193Ω 值对应着细胞的分裂和生长。而蜕皮激素的 1193Ω 值高达 41. 3097。

④性激素中，雄性性激素主要是睾酮激素，睾酮的 $1193O$ 值为 15. 4487，Ω 值为 1. 23009，较高的 $1193O$ 值能够使身体强壮，而雄性动物就是非常强壮的；雌性激素主要是黄体酮激素，黄体酮激素的 $1193O$ 值为 2. 46928，Ω 值为 12. 3464，而高 1193Ω 值可以促进细胞分裂和生长，而雌性正是负责孕育新生命。$1193O$ 值和 1193Ω 值在雌、雄两性成长中分别起到了主导作用。按照构成的复杂性来讲，1193Ω 值的构成比 $1193O$ 值的构成要更复杂，因此雌性结构也比雄性结构更复杂。

⑤当人或动物处于兴奋、恐惧、紧张状态时，就会分泌出肾上腺激素，肾上腺激素能让人呼吸加快（提供大量氧气），心跳与血液流动加速，瞳孔放大，为身体活动提供更多能量，使反应更加快速。肾上腺激素是一种神经传送体，往往能够拯救濒死的人或动物。肾上腺激素分子的 $1193O$ 值为 18. 013，Ω 值为 1. 23289。有机分子的高 $1193O$ 值能够提升生命力，而在人体中恰恰是肾上腺分子的高 $1193O$ 值为生命体提供了更高的能量。

⑥蚕丝主体的分子（碱基序列）主要由腺嘌呤（1193Ω 值为 111. 601）和鸟嘌呤（1193Ω 值为 1. 05918，与 1193Ω 值为 17 是等效的）构成，就是因为构成蚕丝的分子团 Ω 值较高，才比较有韧性。制作超导体时，往往某些材质较为脆弱，原因就是构成超导体的分子 1193Ω 值过低。

⑦人类血液中重要的血红蛋白及其重要组成部分血红素是运输氧气的主要分子团，它们的 $1193O$ 值分别为 1. 04719、1. 02148，都是高度谐振于 1193 循环周期的。没有这个性质，也就不会具有运输氧气的功能。

⑧Ω 值是基于质子封闭空间中的能量级数序列而推导出来的，一个封闭空间拥有 80 个独立的能量级数序列，能量级数序列恰恰是构成空间封闭性的主体。人体作为一个更大的封闭空间恰恰形成了 80 个器官，器官是由多种组织构成的能发挥一（特）定功能的独立结构单位。过去的教科书上写到，人体拥有 78 个器官，继 2017

年发现肠系膜、2018 年发现间质器官后，人体器官总数为 80 个，也就是 80 个封闭空间。人体如此，动物也一样。这就是封闭空间下拥有高 1193Ω 值 DNA 演化的必然结果。总结来源于原子核内部能量构成体系的化合物的 $1193O$ 值、1193Ω 值，作用如下：

化合物分子的 $1193O$ 值、1193Ω 值仍然源于元素原子核的 O 值和 Ω 值，并在此基础上形成 1193 能量循环构造；化合物分子的 $1193O$ 值主：成形（球形、生命之花形态）、生命、强壮、力量、阳性；分子的 1193Ω 值主：繁衍、延伸、链接、生长、分裂、器官、阴性。

自然界中有数百万种分子，现代化学实验对由大量分子构成的大分子化合物所拥有的特殊性能的分析还是欠缺手段。空间基本单元理论证明，通过对化合物分子的 $1193O$ 值、1193Ω 值进行分析，可以了解这些形形色色的分子所拥有的属性，并正确应用。人们也可以建立所有化合物分子的 $1193O$ 值、1193Ω 值库，相信这会省去大量的实验时间，如超导、激光、引力材料的开发和新药物的研发等。同样，这对于未来改变基因、提升生命质量也有重要意义，因为拥有更大的 $1193O$ 值、1193Ω 值的基因构造就会拥有更长的寿命、更强壮的体魄等。根据上述研究成果，我们得出如下的有能量价值的统一分子表达式（式中 n 为正整数）：

$$拥有强空间能量的分子体系总能量 \approx n \times 1193 \times \frac{质子能量}{400} \qquad (6.6)$$

1193 决定着所有化合物分子体系的空间能量属性

如果有分子形成生命之花结构，也会符合上述规则吗？苯是一种碳氢化合物，是最简单的芳烃，分子式是 C_6H_6，如图 6-5 所示，其恰恰是一个非常完美的全对称六角形的生命之花结构，表现出强壮、结实。从表 6-5 可知，苯 $1193O$ 值为 48.2197、1193Ω 值为 1.2435，高 $1193O$ 值意味着苯分子结构拥有很强的 1193 超级循环空间能量，因此苯作为非常广泛的工业原料也不奇怪了。

6 个碳原子、6 个氢原子
形成的双层生命之花结构

图 6-5 苯——完美的生命之花分子结构

6.5 生命密码1193：五碳糖、六碳糖、病毒RNA、细胞DNA的进化发展与对抗

表6-5显示，作为五碳糖类的核糖核酸分子能量是1/400质子能量的49.947647×1193倍，其分子的11930值为19.101，1193Ω值为95.506；六碳糖的分子能量是1/400质子能量（本书称夸克能量，用$E_{1595819}$表示）的59.9371×1193倍，其分子的11930值为15.917，Ω值为79.5886。上述数据说明，五碳糖的空间能量强烈谐振于夸克能量，并且以整数25×1193倍的形式接近夸克能量；而六碳糖则是以5×12×1193倍整数的形式接近夸克能量。同时，五碳糖、六碳糖均有极高的1193Ω值，这个特性使得五碳糖、六碳糖均易于形成长链结构。说到这里，很多读者也许还是一头雾水，不知其奥妙之处。现代科学研究发现，生命的遗传物质DNA（分子式$C_5H_{10}O_4$）是以脱氧核糖核酸分子形成的双链结构，内部有4种碱基；RNA则是以核糖核酸（分子式$C_5H_{10}O_5$）分子形成的单链结构，二者皆归属五碳糖类，正是由于五碳糖的高1193Ω值才形成了DNA、RNA的长链结构，如图5-17所示。表6-5显示，DNA的脱氧核糖核酸的11930值为2.65581，1193Ω值为13.2790；而RNA的核糖核酸的11930值为19.101，1193Ω值为95.506，同时构成RNA的核糖核酸分子能量是50×1193倍的夸克能量。RNA这样出奇的构成，显示出单链RNA的能量高度谐振于25×1193倍的夸克能量，并透露出了这样一个秘密：在RNA复制的过程中只是简单地寻找与25×1193倍夸克能量相匹配的分子空间能量体系开展复制，以便在能量上形成50×1193$E_{1595819}$。如果合成一些药物的分子式能量与25×1193倍的夸克能量接近就可以成功地干扰RNA进行复制，进而导致RNA复制失败，这个就是当今抗病毒药物的机理。依据表6-6所示数据，我们对于抗新型冠状病毒有效果的药物，如瑞德西韦、氯喹及其他相关抑制RNA病毒的药物做如下分析：

表6-6　拥有25×1193循环能量因子的抑制RNA病毒复制的药物分子解析表

抗RNA病毒药物名称	分子式	分子总能量（MeV）	$\dfrac{\text{分子总能量}}{1193 \times \dfrac{\text{氢原子能量}}{400}}$	$\dfrac{\text{分子总能量}}{5 \times 1193 \times \dfrac{\text{氢原子能量}}{400}}$	分子11930值	分子1193Ω值
瑞德西韦	$C_{27}H_{35}N_6O_8P$	560969.362	200.461	40.0922≈8×5	1.8553	1.1015
氯喹	$(C_{18}H_{26}ClN_3)_4$	297315.685	424.9801	84.99602≈17×5	50.275	251.376
三磷酸腺苷-ATP	$(C_{10}H_{16}N_5O_{13}P_3)_4$	472263.510	675.049	135.009≈27×5	1.0513	1.00985
阿昔洛韦	$C_8H_{11}N_5O_3$	209666.44	74.92378	14.9847≈3×5	13.121	65.6047
利巴韦林	$(C_8H_{12}N_4O_5)_4$	227359.78	324.986	64.997≈13×5	70.557	352.787

①瑞德西韦是一种广谱抗病毒药，其分子总能量是 $239149.996E_{1595819}$。总体上瑞德西韦分子总能量的 $1193O$ 值为 1.8553、1193Ω 值为 1.1015，均不高，其分子能量并不谐振于 $1193E_{1595819}$，对分子链的链接影响也不显著。但是其拥有一个特殊的属性，就是分子总能量极高地谐振于夸克能量 $E_{1595819}$，类似于有毒元素中的砷。

②4 个氯喹分子形成具有约 425×1193 倍的 $E_{1595819}$ 能量，并且其 $1193O$ 值为 50.275、1193Ω 值为 251.376，远超瑞德西韦分子的 $1193O$ 值和 1193Ω 值。按照这个原理，氯喹的抗病毒效果高于瑞德西韦。氯喹的分子非常容易和核蛋白结合，结合之后 RNA/DNA 的聚合酶（RNA 自我复制的识别酶）就不容易链接，这样就导致了病毒的 RNA 复制中断。

③三磷酸腺苷也称 ATP，是细胞的主要能量来源。4 个三磷酸腺苷分子形成了很高的 1193Ω 值（1.00985），其分子能量是 675.045×1193 倍的 $E_{1595819}$ 能量，也是 $135.009 \times 5 \times 1193$ 倍的 $E_{1595819}$ 能量。实际上，瑞德西韦抗病毒机制就是被细胞代谢为 ATP，它能够被 RNA 自我复制的酶（RdRp）识别，并因此加入 RNA 链，这样病毒的复制就进行不下去了。

同理，4 个利巴韦林分子也同样拥有 25×1193 倍的 $E_{1595819}$ 能量，而且其 $1193O$ 值和 1193Ω 值在几个抗病毒药物中是最高的，利巴韦林已经被列入治疗新冠肺炎的国家医保清单。

根据空间密码发现 RNA 的合成原理：利用质子内部夸克（$E_{1595819}$）的 25×1193 能量循环周期，形成稳定的 RNA 链结构，并因此形成最基本的生命形态，再使用 $n \times 25 \times 1193E_{1595819}$ 能量结构体系开展 RNA 的人工合成演变以及抗病毒原理合成药物。研究到这里，有读者会问：为什么 25×1193 的循环能量周期这么重要？实际上，质子或氢原子可以视为一个标准的封闭空间，我们在之前的章节中发现了封闭空间的 $6n + 5$ 结构，其中“5”是核心量子数，作为封闭空间的 3 个相互垂直的封闭圆周相互作用形成了拥有共同核心量子数“5”的 1193 超级循环，而在这个循环中心的量子数“5”也会形成 $5 \times 5 = 25$ 的循环，比如第 11 章中所发现的太阳作为一个典型的封闭空间的自旋就是 25 天，整个太阳系都是按照 1193 循环周期运转的，进而出现了 25×1193 空间循环能量周期。正是这种基础空间能量使得病毒的 RNA 作为有活动规律的、最基础的生命体开始形成。因此 RNA 的复制其实就是质子的 1193 能量周期开始进入基本生命结构的第一步。同时，拥有 25×1193 个氢原子能量的大分子也和 RNA 的核糖核酸链拥有类似的空间能量，这样这种大分子就很容易和 RNA 结合，从而导致 RNA 复制失败，这就是抑制病毒药物的作用机理。这抗病毒药物原理上对人体细胞也有副作用。数百万种化合物中，1193 的故事是讲不完的。我们就以下面的总结结束本节的探索之旅。

RNA→病毒→DNA→细胞→生命体，1193 成为生命密码就从 RNA 开始。

作为本章的结束，我们对病毒做新的定义，并对生命体做数字量化定义：

病毒：在此更名为“最基本的生命体”。任何高级生命体都是从最基本的生命形态进化而来的。

生命体：就是运用1193超级循环形成的封闭空间能量体系，并能够以1193循环周期循环复制出更多的封闭空间体系。

生命体的能量体系标准：由 $n \times 5 \times 1193 \times E_{1595819}$ 构成的空间能量循环、再循环体系。

其中，n 可以是更高阶的1193系统，当 n 为5时，对应着以五碳糖为基础的核糖核酸RNA和脱氧核糖核酸DNA的生命构成体系；当 n 为12时，对应着以六碳糖为基础的葡萄糖、果糖生命活动所需的能量体系；$E_{1595819}$ 为夸克能量，由质子内部的1595819个空间基本单元构成，它既是质子能量的1/400，也是由最基础的1193循环系统构成，见第5章1595819的构成发现，"5"为万物核心密码，"1193"为生命密码！

任何粒子、生命体的构成及活动必须依靠夸克能量 $E_{1595819}$，必须遵循空间密码规则。

6.6 由原子内部中性物质决定的磁畴与循环素数"5"构成的磁畴核心

在第3章第12节中，我们讨论了质子内部中性物质 π^0 介子的构成，根据质子是由2个带有 +2/3 电荷、能量为 $E_{1595819}$ 的上夸克和1个带有 −1/3 电荷、能量为 $2E_{1595819}$ 的下夸克构成的这个逻辑关系，带有 +1/3 电荷的能量应该为 $0.5E_{1595819}$，而带有 −1/3 电荷的能量应该为 $2E_{1595819}$，二者结合在一起，形成1个中性无电荷的能量单元，总能量值为 $2.5E_{1595819}$，中性不带电荷的 π^0 介子的能量恰恰是由这样的23个中性能量单元构成的。与这个推理结果相似的是，现代物理学实验也承认质子内部除带电荷的夸克外，其余部分物质就是被称为"胶子"的中性物质。质子、中子内部的胶子可以结合成胶球，而胶球又可以衰变成派介子。

在本章中，我们发现了由 $E_{1595819}$ 及 $5E_{1595819}$ 引发出来的用 O 值代表的原子核空间能量饱和度系数、用 Ω 值代表的原子核空间封闭度系数，根据这两个系数可以发现所有元素原子核、原子及任意分子的特殊属性。如果说 $E_{1595819}$ 代表原子核封闭空间内所细分成的400个独立能量单元，$5E_{1595819}$ 代表原子核作为封闭空间中所拥有的80个独立电磁波波动能量单元，那么 $2.5E_{1595819}$ 则代表着原子核内160个独立中性物质能量单元。这3种能量的运动模式应同时并存于质子及由质子构成的中子、原子核内部。同时，作为中性物质的分子及外部空间能量分布也应该同样是原子核内部的中性物质在原子外部空间分布的扩展。如果一个原子的内部中性物质单元是由一个完整不可分的素数单元构成的，那么这个原子的外部空间能量也应该是一个素数能量单元分布。我们知道，素数的空间能量是形成较大空间尺寸的稳定能量体系的基础，这样的素数的空间能量伴随着原子核内部中性物质的能量运动而运动，进而容易形成形态非常稳定的经典物理学中所谓的"磁畴"，而且是强磁畴。当原子中的电子围绕轨道运动时其自旋就产生一个微小的磁场，而当大量的原子外围自旋电子的磁场方向一致时，就产生了所谓的磁畴，这样的物质也就带有永磁特性。基于这种逻辑关系，我们将原子能量与 $2.5E_{1595819}$ 对比，其结果分解成素数，并按照分解出的素数从大到小排列，如表 6 – 7 所示。

从表 6 – 7 中可以发现，在所有稳定元素原子中，铒原子拥有 26357 素数个中性能量单元，是最大的素数单元，其后是钕、银、钌、锆、锶、铥、钬等，这其中除银是逆磁元素外（某些超导材料中掺银可以极大地提升超导体的临界电流值），其他元素原子均以极高的、大素数的中性能量单元参与构成宇宙元素中强磁体、特殊磁体等物质，如具有最大的素数中性能量体的铒分子甚至用于铒基单离子磁体器件，用于永磁电机定子的锶铁氧体，在常温下钕铁硼是最强磁、在 30K 极低温下钬铁磁超越钕铁硼成为磁性最强磁体。基本上参与构成强磁体的元素均集中在拥有最大素数中性能量单元的这几个元素中。这些极大素数中性能量单元为强磁畴提供了稳定的物质基础。实际上，原子所拥有的大素数中性能量单元也同样决定金属的导电性能。而银是最好的导电体，其次是铜、金，这基本符合原子中性能量单元最大素数排列顺序。

表 6 – 7　　　　　　　　　　　　原子中性能量单元最大素数排列表

稳定元素	核子数	中子数	质子数	相对原子质量	原子能量单元（MeV）	原子能量与 $2.5E_{1595819}$ 比值	原子中性能量因子	中性能量最大素数因子
Er 铒	166	98	68	165.9302931	154563.0994	26357.06082	26357	26357
Nd 钕	144	84	60	143.9100873	134051.3976	22859.27936	22859	22859
Nd 钕	142	82	60	141.9077233	132186.2073	22541.21549	22541	22541
Ag 银	109	62	47	108.904752	101444.1342	17298.88569	17299	17299
Ag 银	107	60	47	106.905097	99581.46737	16981.25213	16981	16981
Ru 钌	102	58	44	101.904349	94923.3001	16186.91243	16187	16187
Zr 锆	90	50	40	89.9047044	83745.70193	14281.83876	14281	14281
Sr 锶	88	50	38	87.90561226	81883.55939	13963.29462	13963	13963
Tm 铥	169	100	69	168.9342133	157361.2234	26834.21605	2×13417	13417
Ho 钬	165	98	67	164.9303221	153631.6223	26198.22125	2×13099	13099
Br 溴	81	46	35	80.9162906	75373.04748	12853.08157	12853	12853
Ti 钛	205	124	81	204.9744274	190932.4703	32558.99419	3×10853	10853
Au 金	197	118	79	196.9665687	183473.1971	31286.99247	3×10429	10429
Cu 铜	65	36	29	64.9277895	60479.853	10313.40128	10313	10313
I 碘	127	74	53	126.904473	118210.7682	20158.03655	2×10079	10079

即便如此，拥有极大的素数中性能量流依然不是建立强大而统一的磁畴的核心，实际上，拥有大片的中性能量区域只是形成稳定磁畴的必要条件之一，更重要的是，空间基本单元理论中发现的万物必有核，核心必须有循环素数"5"这一规则，磁畴作

为一种稳定的能量形态集团也必然要符合这个规则。在所有元素中，仅有铁、钴、镍、钆四种金属元素在室温以上是铁磁性的，仅有铽、镝、钬、铒和铥这五种元素在极低温下是铁磁性的。温度就意味着能量，常温与极低温最少相差200K，能在常温下还保持有磁性的，说明其合成的磁畴非常稳定，应该同时拥有大素数中性能量及能量因子"5"作为核心。我们将常温下拥有铁磁性的四种原子中性能量因子进行排列，如表6-8所示。

表6-8 常温下铁磁性元素分子中性能量素数分析

稳定元素	核子数	中子数	质子数	相对原子质量	原子能量单位（MeV）	原子能量与$2.5E_{1595819}$比值	原子中性能量因子	最大素数因子	原子O值
镍 Ni（丰度68%）	58	30	28	57.9353429	53966.43023	9202.691853	9203	9302	3.696
镍 Ni（丰度26%）	60	32	28	59.9307864	55825.17408	9519.656433	$2\times2\times2\times2\times5\times7\times17$	17	1.1643
铁 Fe	56	30	26	55.9349375	52103.0644	8884.939104	5×1777	1777	1.533
钆 Gd（丰度24.8%）	158	94	64	157.9241039	147105.3714	25085.32429	$5\times29\times173$	173	1.45
钆 Gd（丰度20.5%）	156	92	64	155.9221227	145240.5377	24767.32123	24767	24767	1.43
钴 Co	59	32	27	58.933195	54895.92358	9361.194848	$11\times23\times37$	37	76.609

从表6-8中可以看出，镍（Ni）、铁（Fe）、钆（Gd）分子中性能量因子均包含有"5"而且还拥有大素数的中性能量，符合形成磁畴态需要核心"5"的规则。只有钴（Co）中性能量因子中不含"5"，但是这并不重要，因为钴原子的O值高达76.609，即钴分子总能量极大地接近$E_{1595819}$（夸克能量），并因此同原子核内部夸克能量谐振进行同步运动，这种情况下电子自旋性能最好、最稳定，进而拥有磁性。钴是磁化一次就能保持磁性的少数金属之一，在热作用下，失去磁性的温度叫居里点，铁的居里点为769℃，镍为358℃，钆为20℃，钴可达1150℃。含有60%钴的磁性钢比一般磁性钢的矫顽磁力提高2.5倍。在振动下，一般磁性钢失去差不多1/3的磁性，而钴钢仅失去2%~3.5%的磁性。因而钴在磁性材料上的优势就很明显。这些都得益于钴分子超过76的O值。

总结到这里，我们初步发现了磁畴构成的秘密：

①原子核能量与质子的$E_{1595819}$（夸克能量）同步，进而拥有原子核的超强空间能量，这些元素的超强空间能量不仅体现在化合物分子的硬度、超导性上，还体现在强磁性上，如氧、氢、碳等，这类元素的标志是原子核O值在1.0左右。如氧的外围电

子有 6 个，可以提供的原子空间能量最强，因而绝大部分永磁体均包含氧元素。这里提到的碳元素对磁场的影响大家可能还不了解。实际上纯铁是软磁，可以被磁性吸引，但是脱离磁场后磁性就消失了，而加了碳元素的铁、钢等则会永久保留磁性。类似的永磁体三氧化二铁也是同样的原理。因此永磁体就是原子核 O 值约为 1.0 的以稳定的核空间能量驱动形成的磁畴体。

②原子能量与 $E_{1595819}$ 能量同步，进而获得分子上的空间能量谐振，其标志为原子的 O 值超级高。如金属中只有钴（原子 O 值约为 77）、镝（原子 O 值为 77），显示出二者原子均高度谐振于 $E_{1595819}$（夸克）能量，钴分子构成的单晶体呈现典型的六角型生命之花形状。原子空间能量很强，使得钴和镝元素单质的硬度均很高，钴磁体有着最高的耐温居里点，同样，钕铁硼永磁体也必须通过掺入镝元素来大大提升其耐温性。

③稳定的磁畴必须要有循环素数"5"作为核心。只有铁、镍、钆原子中拥有中性能量因子"5"，便于构造磁畴的核心。现代物理学的研究也发现了铁磁体内部是由 5 种相互作用能量构成的。钴分子的中性能量并没有提供构成核心的因子"5"，但是钴和钐配在一起，钐拥有中性能量因子"5"，进而形成著名的钐钴强磁体，其磁能积可高达碳钢的 150 倍；钴可以和镍或铁合作，由镍、铁提供核心"5"，形成钴铁镍强磁体。实际上所有铁磁性元素都分布在核外第 3 ~ 4 层的电子排布数为 15、25 ~ 30 的区域中。常温下铁磁性最强的是原子序数为 27 的钴，其第 3 层轨道电子数为 15，围绕钴的是 26 号铁元素和 28 号镍元素，二者均为铁磁性元素，钌的第 4 层电子数为 15，钌在 2018 年才被发现其是在特殊条件下也拥有常温下的铁磁性的元素。在第 4 层轨道电子数为 25 的 63 号元素铕和 64 号元素钆，均属于常温铁磁性元素，而跟随其后的 65 号、66 号、67 号铽、镝、钬元素以及拥有第 4 层轨道电子数 30 的 68 号铒元素，这些都是低温铁磁元素，并延伸到了 69 号铥。氮（N）原子序数是 7，其核外电子排列为 2：5，是第一个最外层电子为 5 的元素，科学家们发现稀土铁氮磁材拥有优异的高居里温度和高磁能积。

综上所述，原子核第 3、4 层电子数是 5 的倍数（15、25、30）的元素形成了铁磁元素家族。从这个客观规律的角度看，磁畴的建立必须拥有核心量子数"5"！如表 6 - 9 所示。

表 6 - 9　　　　　　　　　　围绕核心"5"形成的铁磁元素

原子序数	元素名称	核外电子排布
26（常温铁磁）	Fe 铁	2、8、14、2
27（常温铁磁）	Co 钴	2、8、15、2
28（常温铁磁）	Ni 镍	2、8、16、2
44（常温铁磁）	Ru 钌	2、8、18、15、1

原子序数	元素名称	核外电子排布
63 常温铁磁	Eu 铕	2、8、18、25、8、2
64 常温铁磁	Gd 钆	2、8、18、25、9、2
65 低温铁磁	Tb 铽	2、8、18、27、8、2
66 低温铁磁	Dy 镝	2、8、18、28、8、2
67 （低温铁磁）	Ho 钬	2、8、18、29、8、2
68 （低温铁磁）	Er 铒	2、8、18、30、8、2
69 （低温铁磁）	Tm 铥	2、8、18、31、8、2

④构造大区域磁畴需要大素数因子的中性能量。在所有元素中，只有铒、钕、钬、铥、锆、锶等分子可以提供最大级别的素数中性能量，属于扩大磁畴空间范围，能形成更大而稳定的磁畴，大素数是其核心。

有读者会问：为什么核心要有"5"这个因子才能建立起磁畴？因为空间基本单元理论发现，宇宙中任意的、可观察的、稳定的系统都是依靠循环素数 1193 建立起来的，没有例外。而 1193（$9 \times 132 + 5$）是按照 $6n + 5$ 规则构成的素数。所以任何有稳定形态的物质体系均需要有核心"5"。磁畴作为稳定的物质形态也必须建立在核心"5"的基础上。我们在本节中也以现代物理学的视角探索并验证了这个规则。

第7章　空间密码解开氢原子构成的秘密

7.1　"电子云"中隐藏的空间密码：1193、132、5

通过前几章的探索，我们发现空间基本单元理论有理由认为围绕原子核运动的电子其实是受质子能量驱动的，如电子围绕质子运动形成的全部轨迹的研究成果就是一个很好的证明。经典物理学告诉我们：电子围绕着质子运动并具有圆周轨道上的动能、势能、轨道半径、自旋等属性，并且将电子围绕质子的全部运动轨迹称为"电子云"。"电子云"字面意思无外乎是电子像云雾一般弥漫在质子外部。但是这种"云雾"整体上就没有一点构成规则吗？这种"电子云"与电子、质子等粒子的内部构造难道没有任何关系吗？对此，历史上似乎从来没有人愿意更深入地研究电子围绕质子运动的最终目标是什么，而更愿意相信这是电子的一种随机运动构成了"电子云"，物理学家就这样丢给世人们一个模糊的"电子云"概念来解释不能解释的自然现象，并直接跳入具有统计属性的"量子"概念。空间基本单元理论认为，所谓"电子云"就是要完成一个完整的以玻尔半径为球半径的球面轨迹，如果不能完全覆盖球面轨迹，哪怕是有一个缝隙，质子所带的正电荷也会在电子的轨道半径以外的空间显现出来，并因此表现出很强的电偶极子现象。实际上，粒子物理理论及实验测量的氢原子的电偶极矩为零，显示出质子外围轨道上运动的电子在任何一个方向上都与质子所带的相反电荷相抵消而为中性。同时，电子围绕质子运动的球面空间作为电子运动轨迹的一个完整集合，也一定会体现出质子内部的能量体系结构。我们就从这两个思路来进行探索。

电子可以认为是以其康普顿波长为圆周长形成能量自我耦合所构成的稳定空间能量体系，而电子运动以第一轨道半径（用a_0表示）——玻尔半径为半径运动所形成的球体的表面积S_{a_0}为：

$$S_{a_0} = 4\pi\, a_0^{\,2} = 4\pi\, \frac{1}{\alpha^2}\left(\frac{\lambda_e}{2\pi}\right)^2 \tag{7.1}$$

其中$a_0 = \dfrac{\lambda_e}{2\pi} \cdot \dfrac{1}{\alpha}$为玻尔半径，$\alpha$为精细结构常数，$\lambda_e$为电子康普顿波长。

另外，电子在轨道上每完成一个电子康普顿波长λ_e的距离，就完成同质子的一个完整的能量交换。同理，电子在垂直于运动方向的横向方向（宽度）上也同时会有一个波长长度的运动，如图7-1所示，电子每向前前进一个波长，所扫过的球体表面积为：

$$S_e = \lambda_e{}^2 \tag{7.2}$$

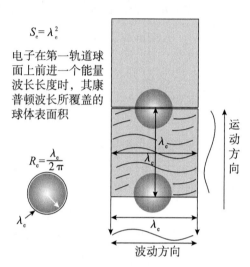

图7-1　在第一轨道上电子运动覆盖的面积

以电子的第一轨道半径为球半径的球体表面积同以电子康普顿波长所覆盖的球体表面积之比为：

$$\frac{S_{a_0}}{S_e} = \frac{4\pi a_0{}^2}{\lambda_e{}^2} = \frac{1}{\pi\alpha^2} = 5977.498395 = \frac{1}{2} \times 11954.99679$$

$$\approx \frac{1}{2} \times 15 \times 797 = \frac{1}{2} \times 15 \times (861-64) = \frac{1}{2} \times 15 \times (1193 - 3 \times 132) \tag{7.3}$$

我们发现在"电子云"所覆盖的球面构成中，特别接近一个整数的数据出现了。因此，2倍的电子第一轨道球面积同电子每运动一个波长所覆盖的轨道球体表面积之比为：

$$\frac{2S_{a_0}}{S_e} = \frac{2}{\pi\alpha^2} \approx 15 \times 797 = 15 \times (1193 - 3 \times 132) = 15 \times (861 - 64) \tag{7.4}$$

因此，若将 $S_e = \lambda_e{}^2$ 视为电子在第一轨道上所占据的空间面积，那么电子完成围绕质子运动的一个完整周期的轨迹（俗称"电子云"）也就是两个相互共轭的正、负电子球形"云"，对应着的就是一对"电子云"粒子，其能量我们不妨称为正、负"电子云"粒子，能量用 $E_{电子云\pm}$ 表示，公式如下：

$$E_{电子云\pm} = 15 \times \frac{1193 - 3 \times 132}{2} E_e = 15 \times \frac{861-64}{2} E_e = 15 \times \frac{729+4+64}{2} E_e \tag{7.5}$$

或 $$E_{电子云-} + E_{电子云+} = 15 \times (1193 - 3 \times 132) E_e = 15 \times (861 - 64) E_e \tag{7.6}$$

由公式（7.6）可见，"电子云"似乎是一个更大的电子粒子，并且依然在遵循着 1193 循环规则。更让人惊讶的是，我们发现电子云总量子数 11955 显示出如下空间秘密：

$$11955 = 15 \times 797 = 15 \times （1193 - 396）$$
$$= 15 \times [（3 \times 396 + 5） - 396] = 15 \times （6 \times 132 + 5） \tag{7.7}$$

即"电子云"依然是按照素数 $6n + 5$ 规则构成的，也是生命之花结构，与质子构造类似。

电子的相互作用因子是精细结构常数 1/137，而在"电子云"构造中也恰恰反映出其构造因子 137（137 = 132 + 5），这个关系式暴露出这样的结构，"电子云"是三维体，每个维度上的电相互作用因子是 1/137，合计 3 个（132 + 5）周期，而"电子云"与其围绕中心运动的质子也同样是三维电荷体，也拥有 3 个（132 + 5）周期，进而形成了 6 个（132 + 5）循环周期。这说明，电子不仅仅是电子波长以整数倍方式覆盖完整的第一轨道球面，而且还完成了同其核心质子的整数交换周期。

"电子云"的物理结构中包含一个带负电荷的电子及位于"电子云"中心的带正电荷的质子，前文已讲过在质子内部的 400 个 1595819 素数集合 $400E_{1595819}$ 中，4 个 1595819 素数集合形成了正电荷，质子的正电荷与电子的负电荷相互抵消后呈中性。这样一来，质子内部非电荷部分的 396 个 1595819 素数集合 $396E_{1595819}$ 形成的胶子与"电子云"中的电子在任意时刻都会相互作用，并与"电子云"的量子数 797 合并成 797 + 396 = 1193 超级循环。

因此，氢原子乃至所有原子对外部空间的相互作用，其实就是原子的"电子云"体系对外部空间的相互作用，这种相互作用拥有 1193 超级循环周期，如表 7 - 1 所示。

表 7 - 1　　　　　　　　　"电子云"中的 1193 超级循环

"电子云"体系：原子对外部空间运行周期			
	电子	质子（$400E_{1595819}$）	合成结果
电荷	$-e$	$+e$（$4E_{1595819}$）	零电荷
能量周期	$15 \times （1193 - 396）$	396（$E_{1595819}$）	15×1193
中性的 15×1193 超级循环			

"电子云"几乎囊括了所有的重要空间密码：2、3、5、64、132、137、396、729、861、1193。这代表着以拥有 1193 超级循环的"电子云"为外部形态的原子，通过"电子云"间的相互作用，势必演变出同样拥有 1193 超级循环的形形色色、状态稳定的宇宙万物：

宇宙中由原子构成的万物都处于 1193 超级循环之中

还记得前面发现的陶粒子和缪粒子等粒子的构造吗？我们可以对比"电子云"与

质子内部粒子缪子、陶粒子的能量构成规律，发现它们拥有共同的构成因子 15：

缪子：$E_{\mu^{\pm}} = 15 \times 3 \times E_{1595819}$

陶粒子对：$E_{\tau^- - 空间基本单元理论} + E_{\tau^+ - 空间基本单元理论} = 1515 E_{1595819} = 15 \times 101 E_{1595819}$

"电子云"粒子对：$E_{电子云^-} + E_{电子云^+} = 15 \times (1193 - 3 \times 132) E_e = 15 \times (861 - 64) E_e$

$$(7.8)$$

"电子云"是带负电荷的电子与质子形成的，并带有正—负粒子对属性，这似乎很难让大家理解，人们一直以为正电荷就是带有纯正电的、负电荷带有纯负电的。但是通过更深入的研究，我们不仅发现带有正电荷的质子内部的下夸克带有 1/3 的负电荷，而且在围绕质子运动的电子自旋上也发现了在一个周期的轨道上拥有两种能量极性相反的自旋（相对于质子自旋方向的上自旋、下自旋），这都说明了一切由质子内部能量构造（其实是由十维空间构造决定的）决定的电子的全部运动轨迹——"电子云"拥有两种极性也就不是什么奇怪的事情了。从原理上讲，"电子云"作为原子最外围的电子运动轨迹，其与质子所带的正电荷相互作用形成中性的原子粒子，这样的话，"电子云"势必会继承质子内部所有的空间密码，事实正是如此，我们在研究"电子云"时再次发现了 2、15、64、132、729、861、1193 等质子体内的量子数。

"电子云"总周期数是 11955 [$15 \times (1193 - 396) = 15 \times (6 \times 132 + 5)$]，"电子云"的 ($1193 - 396$) 周期与其核心的质子的 396 周期耦合形成了代表原子的"电子云"体系的 1193 超级循环周期。1193 是最重要的空间密码，396（132×3）是质子内部除核电荷外的 3 个相互垂直封闭圆中的能量总和，也是所谓质子内部胶子能量总和，即质子总能量中减去 2 个上夸克和 1 个下夸克之后的能量总和（现代科学将这一剩余能量称为"胶子"能量）。而量子数"15"是著名的"核"构成量子数。从这个角度上看，"电子云"演绎着原子中的电子依然是在质子核心能量体系 1193 循环下的运转模式之中，并由 1193 循环规则决定着运动规则。

"电子云"是空心的，我们知道，质子内部 3 个相互垂直的封闭圆空间内都包含有 132 个 1595819 个空间基本单元集合构成的 $E_{1595819}$ 能量。这样"电子云"缺少的 3×132 量子数可以由其围绕的核心——质子的内部 3 个相互垂直的正交封闭圆内量子数提供。这样一来，"电子云"与质子形成一个整体的原子后，就又会形成完整的 15×1193 能量体系。

同时，"电子云"作为原子的外部空间也是拥有"核"的构造，在前文中我们知道核构造必须要有因子"5"，因此"电子云"构成密码 $3 \times 5 \times (6 \times 132 + 5)$ 中必须存在空间密码"5"，而且还有两个层次的"5"因子。

从素数 1193 等于 $6 \times 198 + 5$ 或 $9 \times 132 + 5$ 的构成上看，$1193 - 396$ 等于 797（$6 \times 132 + 5$）依然是素数结构，构成规则不变，只是减少了 6×66 个量子数，而"电子云"的核心质子恰恰拥有"6×66"量子数。因此，以质子为核心运动的"电子云"也是一个稳定的粒子类能量体系。但是"电子云"的稳定体系是建立在质子这个核心基础之上的。电子脱离质子这个核心，其"电子云"的稳定体系就势必解体，电子就不能再以"电子云"的形态存在了。

在元素中，我们也发现了与"电子云"拥有同类构造的元素，就是拥有 45 个核子（21 个质子、24 个中子）的钪元素。只有钪元素的原子能量构成恰恰为 $14.96 \times 1193 \times E_{1595819}$，特别接近 $15 \times 1193 \times E_{1595819}$，钪元素还是一个非常稳定的非放射性元素。这说明又一个因子"45"出现了，同时出现了 15、1193。钪元素被称为"光明之子"，用于发光，钪钠灯中由于光发射效率约为卤钨灯的 4 倍、氙灯的 2.5 倍，因此被广泛推广，并对节省能源有很大意义。

我们知道，所有光的发射都是由电子在不同能级上的跃迁来完成的，而电子跃迁也是要完成一个"电子云"完整周期的，在这个过程中，1193 规则在主导着电子弛豫时间，第 8 章中有详细的解密过程。可以肯定地讲，是电子的"电子云"的辐射完成了光的发射，而不是独立的电子个体从这个能级跳跃到下一个能级释放出光子那么简单，从这个角度来讲则得出以下结论：

由"电子云"的辐射释放的光波也应该拥有 1193 循环体系，并因此而保持该光波的固有属性（频率、波长、偏振等）的超长期稳定性。

事实也是如此，各种物理办法都无法改变光的内部结构，这样看来，拥有同样构造的"电子云"和钪元素的核能量体系，因为拥有相同构成原理而配合在一起，并能激发出良好的发光效果就不足为奇了。钪的光谱为 361.3 ~ 424.7nm，属于近紫外、蓝色光。著名的氢原子半径——玻尔半径为 0.0529177 nm，空间基本单元理论发现统治着原子核内的高能电子波长周期为 729，十维空间系数为 10，三者之积为：

$$玻尔半径 \times 729 \times 10 = 385.770 \text{ nm} \tag{7.9}$$

200^2 质子康普顿波长（1.32141×10^{-6}nm）与 729×10 之积为：

$$200 \times 200 \times 729 \times 10 \times 1.32141 \times 10^{-6} \text{nm} = 385.323 \text{nm} \tag{7.10}$$

我们惊奇地发现，上述 2 个值恰恰落在钪光谱的中心区域。因子 200^2、10 均代表空间十维度特性的空间密码，可见，钪的中心光谱与玻尔半径、质子康普顿波长、729、"电子云"、十维空间谐振才能具有较高的发光效率。

特别补充一句：空间密码的类似原理可以应用于更多的空间特异效应上，与 1193 的谐振构造也会产生许多奇异的宇宙现象，或者说，宇宙各种奇异现象无不与 1193 相关。

空间基本单元理论发现所有粒子构成乃至运动模式都是统一的。经典教科书中把围绕原子核运动的电子轨迹称为"电子云"，而我们的研究发现"电子云"其实同电子、W/Z 粒子、缪子、陶粒子、顶夸克等质子内部各种粒子拥有完全一样的粒子性结构。所有粒子包括原子的量子数都统一构建于循环素数 1193 所统领的空间密码序列，假如不是这样，我们的宇宙将会混乱不堪。

7.2 质子康普顿波长、十维空间与玻尔半径之间的关系

我们知道氢原子是由一个质子和一个电子构成的最简单的原子，根据物理学家玻尔的理论假设，围绕氢原子核运动的电子的轨道半径为：

$$r_n = \frac{n^2 \varepsilon_0 h^2}{\pi\, m_e e^2} = a_0 n^2 \text{①} \qquad (7.11)$$

当 $n=1$ 时氢原子的电子轨道半径距原子核的距离最近，则有：

$$r_1 = a_0 \qquad (7.12)$$

其中 $a_0 = 5.291772109 \times 10^{-11}\mathrm{m}$，为 $n=1$ 时的电子轨道半径（2018 年 CODATA），由于这一物理关系是由丹麦物理学家玻尔最早提出的，故 a_0 也被称为玻尔半径。在经典物理学理论中，玻尔半径只与质子电荷有关，与质子能量没有任何相关性。对于空间单元 1595819 个素数集合能量 $E_{1595819}$ 的康普顿波长 $\lambda_{E_{1595819}}$，根据量子力学公式有：

$$\lambda_{E_{1595819}} = \frac{hc}{E_{1595819}} \qquad (7.13)$$

同理，质子的康普顿波长 λ_p 为：

$$\lambda_p = \frac{h}{m_p c} = 1.32140985539 \times 10^{-15}\mathrm{m} \qquad (7.14)$$

因为：

$$E_p = 400 \times E_{1595819} = (20)^2 \times E_{1595819} \qquad (7.15)$$

所以：

$$\lambda_p (20)^2 = \lambda_{E_{1595819}} \qquad (7.16)$$

从上述公式中我们惊奇地发现 100 倍的空间基本单元素数集合能量波长（夸克能量波长）同玻尔半径之间的误差仅为 1/1000 左右，如图 7-2 所示，用公式表示如下：

$$100 \times \lambda_{E_{1595819}} = (200)^2 \lambda_p = 5.28563942156 \times 10^{-11}\mathrm{m} = \frac{a_0}{1.00116025460} \qquad (7.17)$$

对于空间基本单元理论来讲，核子体系是要求其内、外粒子能量都运转在其空间能量轨道上的（见第 4 章），亦即运动在 $n^2 \lambda_p$ 轨道上。而且我们也发现氢原子外围的电子轨道半径距离质子空间能量轨道半径 $(200)^2 \lambda_p$ 之间只有 1/1000 左右的差距，差距如此微小，以至于没有办法让任何科学研究者相信二者没有相关性：

$$\frac{a_0}{100 \times \lambda_{E_{1595819}}} = \frac{a_0}{(200)^2 \lambda_p} = \frac{5.291772109 \times 10^{-11}\mathrm{m}}{5.28563942156 \times 10^{11}\mathrm{m}} = 1.00116025460 \qquad (7.18)$$

与此同时，经典物理学告诉我们，电子在其第一轨道上运动一周需要走过的波长数为：

---

① 王永昌. 近代物理学 [M]. 北京：高等教育出版社，2006：84.

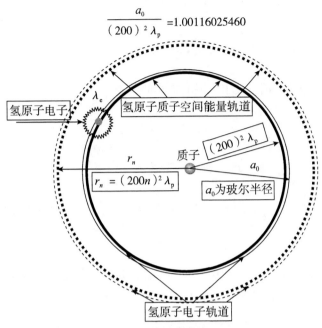

$$\frac{a_0}{(200)^2\lambda_p}=1.00116025460$$

图 7 - 2　氢原子电子轨道与质子空间能量轨道

$$\frac{2\pi\times a_0}{\lambda_e}=\frac{1}{\alpha}=137.035999084$$

这个周期不是一个完整的电子波长周期，因此电子围绕第一轨道运动一周，并不能回到原来的初始状态，因为电子的最小波动周期为 2π，所以最少围绕第一轨道运动 $\frac{2\pi}{\alpha}$（约 861.023）个波长周期，才会恢复到原始状态。即氢原子电子在玻尔半径的第一轨道上存在着 $\frac{2\pi}{\alpha}$ 运动周期，根据其属性可以称为轨道耦合周期，属于电子能量与轨道能量（质子的空间能量）的共振周期。对于物理爱好者来说，我们不难发现这个周期因子的级数性耦合会有如下公式，并有近似的结果（其中 α 为精细结构常数）：

$$1+\frac{\alpha}{2\pi}-\left(\frac{\alpha}{2\pi}\right)^2=1.00116006086 \tag{7.19}$$

上式延伸到整个级数系列，会有如下结果：

$$\frac{a_0}{(200)^2\lambda_p}\approx1+\left(\frac{\alpha}{2\pi}\right)-\left(\frac{\alpha}{2\pi}\right)^2+\left(\frac{\alpha}{2\pi}\right)^3-\cdots$$

$$=1+\sum_{n=1}^{n=\infty}\left(\frac{\alpha}{2\pi}\right)^n(-1)^{n-1}=1.0011600624251 \tag{7.20}$$

因为级数序列会有如下结果：

$$\left(\frac{\alpha}{2\pi}\right)-\left(\frac{\alpha}{2\pi}\right)^2+\left(\frac{\alpha}{2\pi}\right)^3-\left(\frac{\alpha}{2\pi}\right)^4+\cdots=\left(\frac{1}{1+\frac{2\pi}{\alpha}}\right) \tag{7.21}$$

所以我们获得如下近似等式关系:

$$\frac{a_0}{(200)^2\lambda_p} \approx 1 + \left(\frac{\alpha}{2\pi}\right) - \left(\frac{\alpha}{2\pi}\right)^2 + \left(\frac{\alpha}{2\pi}\right)^3 - \cdots = 1 + \sum_{n=1}^{n=\infty}\left(\frac{\alpha}{2\pi}\right)^n(-1)^{n-1} = 1 + \frac{1}{1+\frac{2\pi}{\alpha}}$$

将上式转成 $(200)^2\lambda_p$ 与玻尔半径 a_0 之间的关系式:

$$a_0 \approx (200)^2\lambda_p\left(1 + \frac{1}{1+\frac{2\pi}{\alpha}}\right) \qquad (7.22)$$

总结以上发现结果,我们可以获得如下数据:

$$(200)^2\lambda_p\left(1 + \frac{1}{1+\frac{2\pi}{\alpha}}\right) = 5.28563942156 \times 10^{-11} \times 1.0011600624251$$

$$= 5.291771093 \times 10^{-11}\text{m} \qquad (7.23)$$

我们知道 $a_0 = 5.291772109 \times 10^{-11}$m,两组数据高度相近,说明是电子在质子空间能量轨道 $(200)^2\lambda_p$ 上进行的周期性轨道运动及周期性自旋运动这两种运动形成了玻尔半径主体。

同时,二者之间的一个非常微小的差异提醒我们:在电子轨道上似乎还存在着某些未知的、神秘的电子运动导致数据存在误差。

泡利不相容原理告诉我们,氢原子电子第一轨道上只能同时存在自旋方向相反的 2 个电子。这个原理也同时说明,存在于质子空间能量轨道 $(200)^2\lambda_p$ 上的空间能量拥有支撑电子上自旋、下自旋的能量,联想"电子云"的运动能量,应该是这些能量的叠加,使得电子运动的轨迹从玻尔半径 a_0 等效成为质子空间能量轨道半径 $(200)^2\lambda_p$。如果是这样,那么意味着我们沿着这个思路探索下去,可能会有更大的惊喜等着我们。

另外,等式中的 λ_p 是质子康普顿波长,$(20)^2\lambda_p$ 代表着夸克和空间基本单元素数集合 $E_{1595819}$,a_0 是质子外部的电子运动轨道半径,100(10^2)启示着空间是十维空间,λ_e 则是电子康普顿波长,α 是著名的精细结构常数。

这么多经典的物理量如果真的在以某种现实存在的相互作用关系下获得统一,那么就意味着质子内部的能量构成延伸到质子的外部空间——原子级别的电子轨道上,也意味着质子的构成也与电(磁)等相互作用关系构成了统一的模式。

7.3 "电子云"的介入彻底将质子、夸克、十维空间与玻尔半径紧密连接在一起

要想合理地解释上一节的种种神秘发现,我们首先要弄清楚氢原子电子在核外运动的轨迹和状态,如图 7-2 所示,经典物理学已经发现氢原子外部电子具有如下几种

运动形式：

①氢原子的外围电子围绕原子核进行周期性运动，其合成总的运动半径就是玻尔半径a_0。

②自旋的电子在第一轨道上围绕轨道运动，回到原始出发状态时的运动周期为$\dfrac{2\pi}{\alpha}$，这个周期可以称为轨道自旋耦合周期。

③泡利不相容原理指出，一个原子轨道上最多可容纳两个电子，而这两个电子的自旋方向必须相反。这表示，在以$(200)^2\lambda_p$为半径的质子空间能量的圆周轨道上存在支撑电子上自旋、下自旋两种状态的质子空间能量，电子只能处于其中一个能量状态，即上自旋或下自旋状态，自旋的方向是以质子自旋方向为参照的。这两种状态的能量依然是由质子空间能量$E_p/(200)^2$提供的，并体现在质子空间能量轨道$(200)^2\lambda_p$上。

④空间基本单元理论还发现，自旋的电子会围绕原子核运动形成所谓的"电子云"，电子运动11955/2个周期后形成一个"电子云"球，通过一正、一负两个"电子云"球的变化周期来完成11955个整数周期的运动。如图7-3所示。

等效轨道半径：	a_0	$a_0\left(1+\dfrac{2\pi}{\alpha}\right)$	$a_0\left(1+\dfrac{2\pi}{\alpha}\right)\dfrac{1+\dfrac{1}{\alpha}}{\pi\alpha}$	$2a_0\left(1+\dfrac{2\pi}{\alpha}\right)^2\dfrac{1+\dfrac{1}{\alpha}}{2\pi\alpha}$
运动周期：	1	$\dfrac{2\pi}{\alpha}=861.0226$	$\dfrac{\pi}{\alpha^2}=11955/2$	$\dfrac{2\pi}{\alpha^2}=11955$

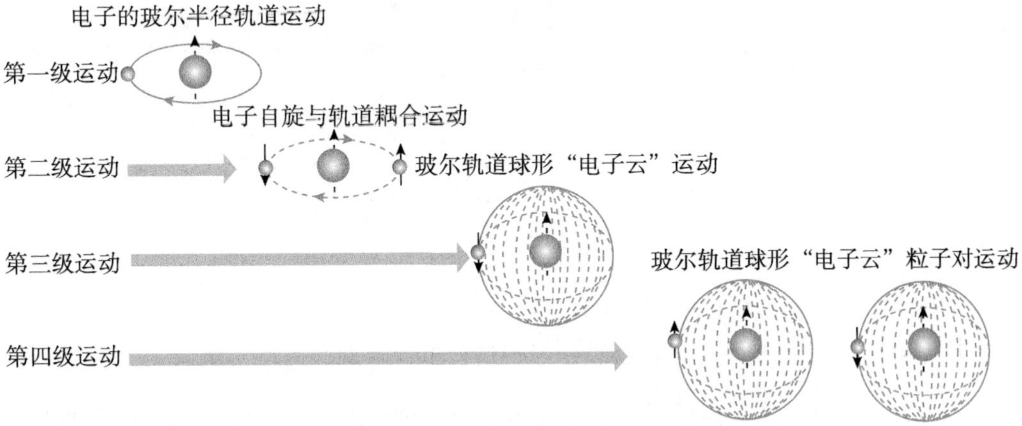

图 7 - 3　在质子空间能量轨道上的电子运动周期解析

⑤总结氢原子外围电子轨道运动形式：电子在玻尔半径轨道作周期性运动，并与轨道周期结合成自旋耦合周期。电子在围绕轨道运动过程中还拥有自旋形态，并围绕原子核运动11955次形成正、负两个"电子云"球后完成一次完整的围绕原子核的运动周期。这样，自旋电子在围绕氢原子核作轨道运动的同时还形成一个有统一结构的"电子云"的运动模式。

综合考虑电子在以 $(200)^2\lambda_p$ 为半径的电子轨道上作周期性运动，以及轨道自旋耦合周期的级数耦合序列，则有：

$$(200)^2\lambda_p\left[1+\left(\frac{\alpha}{2\pi}\right)-\left(\frac{\alpha}{2\pi}\right)^2+\left(\frac{\alpha}{2\pi}\right)^3-\left(\frac{\alpha}{2\pi}\right)^4+\cdots\right]$$

$$=(200)^2\lambda_p\left[1+\sum_{n=1}^{n=\infty}\left(\frac{\alpha}{2\pi}\right)^n(-1)^{n-1}\right]=(200)^2\lambda_p\left(1+\frac{1}{1+\frac{2\pi}{\alpha}}\right) \quad (7.24)$$

电子在玻尔轨道附近的质子空间能量轨道 $(200)^2\lambda_p$ 上运动的同时，也因为沿着轨道同步进行着更高级的"电子云"的无限循环运动方式，并因此产生能量的级数耦合，参照公式（7.24）结果，以 $\frac{1}{\pi\alpha^2}$ 为周期的"电子云"的轨道级数耦合序列应该为：

$$\pi\alpha^2-\pi\alpha^3+\pi\alpha^4-\cdots=\pi\alpha\sum_{n=1}^{n=\infty}\alpha^n(-1)^{n-1}=\pi\alpha\frac{1}{1+\frac{1}{\alpha}} \quad (7.25)$$

经典物理学的电子第一轨道半径——玻尔半径应该是由以 $(200)^2\lambda_p$ 为主半径的电子轨道运动，同时复合上电子轨道自旋耦合周期及"电子云"的能量级数等效的半径构成，按照这个思路，我们尝试性地获得如下包括电子轨道运动、电子轨道自旋耦合运动、电子轨道运动形成的"电子云"的完整的混合运动的级数序列，表述如下：

$$(200)^2\lambda_p+(200)^2\lambda_p\left[\frac{\alpha}{2\pi}-\left(\frac{\alpha}{2\pi}\right)^2+\left(\frac{\alpha}{2\pi}\right)^3-\left(\frac{\alpha}{2\pi}\right)^4+\cdots\right]+(200)^2$$

$$\lambda_p\left[\frac{\alpha}{2\pi}-\left(\frac{\alpha}{2\pi}\right)^2+\left(\frac{\alpha}{2\pi}\right)^3-\left(\frac{\alpha}{2\pi}\right)^4+\cdots\right]\times(\pi\alpha^2-\pi\alpha^3+\pi\alpha^4-\cdots) \quad (7.26)$$

上式简化为：

$$(200)^2\lambda_p+(200)^2\lambda_p\frac{1}{1+\frac{2\pi}{\alpha}}+(200)^2\lambda_p\frac{1}{1+\frac{2\pi}{\alpha}}\times\frac{\pi\alpha}{1+\frac{1}{\alpha}}=5.291772119038\times10^{-11}\text{m}$$

$$(7.27)$$

其中三项分别表示如下的物理含义：

① $(200)^2\lambda_p$ 项描述了电子围绕玻尔半径进行的简单的圆周运动轨道。

② $(200)^2\lambda_p\dfrac{1}{1+\frac{2\pi}{\alpha}}$ 项描述了电子在玻尔半径上进行的自旋与轨道耦合周期的等效运动轨道。

③ $(200)^2\lambda_p\dfrac{1}{1+\frac{2\pi}{\alpha}}\times\dfrac{\pi\alpha}{1+\frac{1}{\alpha}}$ 项描述了在①、②项运动基础上的电子运动形成的"电子云"（$E_{电子云-}$ 或 $E_{电子云+}$）运动轨道。

④目前还欠缺一个形成用于正负极性的"电子云"的一对粒子（$E_{电子云-}$ +

$E_{电子云+}$）的复合运动周期，并且这个周期是无限循环的，同时，我们也知道"电子云"粒子对产生 2 个带有不同极性的"电子云"粒子，其循环周期倒数为：

$$\frac{\pi\alpha}{1+\dfrac{1}{\alpha}} + \frac{\pi\alpha}{1+\dfrac{1}{\alpha}} = \frac{2\pi\alpha}{1+\dfrac{1}{\alpha}}$$

构成"电子云"中的电子在其轨道上运动时拥有 2 种上、下自旋能量态，电子自旋只能占其中一种自旋状态，或者是与质子自旋相同的电子上自旋，或者是与质子自旋相反的电子下自旋状态，通过外部能量激发会改变电子自旋状态。而这个"电子云"粒子对也应该同样形成翻转状态，并也会拥有轨道耦合周期因子 $\dfrac{1}{(1+2\pi/\alpha)}$。无限循环的"电子云"粒子对运动周期倒数公式表示如下：

$$\frac{1}{1+\dfrac{2\pi}{\alpha}}\left(\frac{\pi\alpha}{1+\dfrac{1}{\alpha}} \times \frac{1}{1+\dfrac{2\pi}{\alpha}} + \frac{\pi\alpha}{1+\dfrac{1}{\alpha}} \times \frac{1}{1+\dfrac{2\pi}{\alpha}} \right) = \left(\frac{1}{1+\dfrac{2\pi}{\alpha}} \right)^2 \frac{2\pi\alpha}{1+\dfrac{1}{\alpha}} \qquad (7.28)$$

电子在质子空间能量轨道 $(200)^2\lambda_p$ 上运动周期解析后的构造如图 7-3 所示，我们并因此按照运动周期线索，推导出了电子在 $(200)^2\lambda_p$ 处的所有运动模式。公式表示如下：

$$(200)^2\lambda_p + (200)^2\lambda_p \frac{1}{1+\dfrac{2\pi}{\alpha}} + (200)^2\lambda_p \left(\frac{1}{1+\dfrac{2\pi}{\alpha}} \times \frac{\pi\alpha}{1+\dfrac{1}{\alpha}} - \frac{1}{1+\dfrac{2\pi}{\alpha}} \times \frac{2\pi\alpha}{1+\dfrac{1}{\alpha}} \times \frac{1}{1+\dfrac{2\pi}{\alpha}} \right)$$

$$= 5.291772109125 \times 10^{-11}\,\text{m} \qquad (7.29)$$

2018 年 CODATA 发布的玻尔半径及质子康普顿波长为 1.32140985539（±40）× 10^{-15} m，$a_0 = 5.29177210903$（±80）× 10^{-11} m。很明显，如下等式必然成立：

$$a_0 = (200)^2\lambda_p \left\{ 1 + \frac{1}{1+\dfrac{2\pi}{\alpha}} \left[1 + \frac{\pi\alpha}{1+\dfrac{1}{\alpha}} \left(1 - \frac{2}{1+\dfrac{2\pi}{\alpha}} \right) \right] \right\} \qquad (7.30)$$

或改为如下的能量轨道半径形式：

$$\frac{1}{(200)^2\lambda_p} = \frac{1}{a_0} + \frac{1}{a_0} \times \frac{1}{1+\dfrac{2\pi}{\alpha}} + \frac{1}{a_0} \times \frac{1}{1+\dfrac{2\pi}{\alpha}} \times \frac{\pi\alpha}{1+\dfrac{1}{\alpha}} - \frac{1}{a_0} \times \left(\frac{1}{1+\dfrac{2\pi}{\alpha}} \right)^2 \times \frac{2\pi\alpha}{1+\dfrac{1}{\alpha}}$$

$$(7.31)$$

将公式（7.31）转换成电子在玻尔轨道半径上的电势能公式 $E_{玻尔} = \dfrac{e^2}{4\pi\varepsilon_0 a_0}$，会有如下等式出现：

$$\frac{1}{(200)^2\lambda_p} \times \frac{e^2}{4\pi\varepsilon_0} = \frac{e^2}{4\pi\varepsilon_0 a_0} + \frac{e^2}{4\pi\varepsilon_0 a_0} \times \frac{1}{1+\dfrac{2\pi}{\alpha}} + \frac{e^2}{4\pi\varepsilon_0 a_0} \times \frac{1}{1+\dfrac{2\pi}{\alpha}} \times \frac{\pi\alpha}{1+\dfrac{1}{\alpha}} - \frac{e^2}{4\pi\varepsilon_0 a_0} \times$$

$$\left(\frac{1}{1+\dfrac{2\pi}{\alpha}}\right)^2 \times \frac{2\pi\alpha}{1+\dfrac{1}{\alpha}} \tag{7.32}$$

公式（7.31）和公式（7.32）显示出，氢原子电子在第一轨道玻尔半径处的运动包括 4 个部分并合并为质子空间能量，或者说质子空间能量支持电子在轨道上的 4 种运动状态：

①代表电子在氢原子第一轨道玻尔半径 a_0 处的电势能为：

$$\frac{e^2}{4\pi\varepsilon_0 a_0}$$

②代表电子在氢原子第一轨道玻尔半径 a_0 处，电子沿着圆形轨道上的自旋与轨道耦合运动的等效势能为：

$$\frac{e^2}{4\pi\varepsilon_0 a_0} \times \frac{1}{1+\dfrac{2\pi}{\alpha}}$$

③代表电子在第一轨道玻尔半径 a_0 处，电子沿着圆形轨道上的运动形成的"电子云"的势能为：

$$\frac{e^2}{4\pi\varepsilon_0 a_0} \times \frac{1}{1+\dfrac{2\pi}{\alpha}} \times \frac{\pi\alpha}{1+\dfrac{1}{\alpha}}$$

④代表电子在第一轨道玻尔半径 a_0 处，电子沿着圆形轨道上的运动形成的"电子云"粒子对的势能为：

$$-\frac{e^2}{4\pi\varepsilon_0 a_0} \times \left(\frac{1}{1+\dfrac{2\pi}{\alpha}}\right)^2 \times \frac{2\pi\alpha}{1+\dfrac{1}{\alpha}}$$

注意："电子云"粒子对的势能是负号。

上述 4 种运动形成的势能之和为电子在 $(200)^2\lambda_p$ 半径处的等效势能，这个能量也称为质子 $(200)^2\lambda_p$ 处空间能量：

$$\frac{1}{(200)^2\lambda_p} \times \frac{e^2}{4\pi\varepsilon_0}$$

很明显，上述公式揭示出这样一个事实：原子核外的电子的运动轨道是完全受质子空间能量控制的（当我们看完空间基本单元的完整探索过程后，就会明白质子和夸克都是由空间的十维属性决定的，并因此控制着质子内部、外部的所有电子轨道的运动属性）。并且质子能量形成的力作用在核外电子上分解为四种，如图 7-3 所示，即玻尔半径处的电力、玻尔半径处电子轨道自旋耦合力、"电子云"力、"电子云"粒子对力。尽管无限循环形成的"电子云"粒子对的能量过低，一般计算中可以忽略，但是这一能量依然是一个重要的客观存在，其故事远远没有结束。人类的基因、星系的稳定运行乃至宇宙的温度都与其有关。

尽管空间基本单元理论同玻尔理论推导出的氢原子电子轨道半径最终将完全一致，但有所不同的是，空间基本单元理论从 2.725K 的空间基本能量态开始，并依据能量的空间谐振原理逐步推演出各种粒子之间能量更复杂的交换关系和更复杂的运动方式，对物理现象的描述遵循着统一的物理学法则，所以可以将质子与电子之间的相互作用以及电子磁矩异常等各种物理现象统一呈现出来。而经典物理学电学原理则仅仅是这些精细相互作用关系中的一个主要相互作用的结果，所以对诸如电子磁矩异常、电子轨道上的两种自旋状态、"电子云"等物理现象没有也不可能有明确的统一的描述。因此，由经典电学原理推导出来的玻尔半径、电子轨道能量是不可能统一这些更深入的核子体系构造及相互作用关系的，并导致越来越复杂的物理学分支出现，而只能依靠"新"理论来进一步阐述复杂的物理现象。从这一点上看，空间基本单元理论则以简单的解析模式揭示出了宇宙物理规则。

7.4　新的发现——原子中的电子按照核子的空间能量规律运转

为了更好地证明核子空间能量对电子运动轨道的决定性，我们在前文中知道了对应着质子康普顿波长λ_p的是质子，我们还在 $(20)^2\lambda_p$ 处发现了其对应着空间基本单元的素数集合体 $E_{1595819}$（也称夸克）。根据上一节的结果，我们又在 $(200)^2\lambda_p$ 处发现了围绕质子运动的电子。若令 n 为正整数，质子的各阶空间能量E_{pn}及其波长λ_{pn}分别为：

$$E_{pn}=\frac{E_p}{n^2},\ \lambda_{pn}=n^2\lambda_p \tag{7.33}$$

当 $n=1$ 时，质子空间能量E_{pn}所对应的粒子为质子，并有：

$$E_{p1}=\frac{E_p}{1^2},\ \lambda_{p1}=\lambda_p \tag{7.34}$$

当 $n=2$ 时，质子空间能量E_{pn}所对应的粒子为壳粒子，目前其变形粒子被称为顶夸克，并有：

$$E_{p2}=\frac{E_p}{2^2},\ \lambda_{p2}=2^2\lambda_p \tag{7.35}$$

并且有空间基本单元理论的质子半径r_{p2}（见第 3 章）为：

$$r_{p2}=\frac{\lambda_{p2}}{2\pi}$$

当 $n=3$ 时，质子空间能量E_{pn}对应粒子为缪核，并有：

$$E_{p3}=\frac{E_p}{3^2},\ \lambda_{p3}=3^2\lambda_p \tag{7.36}$$

当 $n=20$ 时，质子空间能量E_{pn}对应粒子为上夸克或空间基本单元素数集合，并有：

$$E_{p20}=\frac{E_p}{(20)^2}=E_{1595819},\ \lambda_{p20}=(20)^2\lambda_p=\lambda_{E_{1595819}} \tag{7.37}$$

当 $n=27$ 时，质子空间能量对应粒子为质子核内高能电子，并结合缪核构成缪子：

$$E_{p27} = \frac{E_p}{(27)^2} = e_p^+, \quad E_\mu = \frac{E_p}{3^2} + e_p^+, \quad \lambda_{p27} = \lambda_{ep} = (27)^2 \lambda_p \tag{7.38}$$

当 $n=27$ 时，中子空间能量对应粒子为中子核外高能电子，并结合质子构成中子：

$$E_{n27} = \frac{E_n}{(27)^2} = e_n^-, \quad E_n = E_p + e_n^-, \quad \lambda_{n27} = \lambda_{en} = (27)^2 \lambda_n$$

当 $n=200$ 时，质子空间能量对应粒子为围绕质子运动的第 1 级轨道上的电子：

$$\lambda_{p200} = (200)^2 \lambda_p \rightarrow a_0 = (200)^2 \lambda_p \left\{ 1 + \frac{1}{1 + \frac{2\pi}{\alpha}} \left[1 + \frac{\pi\alpha}{1 + \frac{1}{\alpha}} \left(1 - \frac{2}{1 + \frac{2\pi}{\alpha}} \right) \right] \right\} \tag{7.39}$$

如图 7-4 所示，只不过是因为电子的轨道自旋能量及"电子云"能量导致电子轨道稍微偏离了 $(200)^2 \lambda_p$ 轨道。根据经典物理学理论，在玻尔半径以后的电子轨道应该为 $a_0 n^2$，我们根据公式（7.39）可以获得对应的空间基本单元理论的质子空间能量轨道（也是经典物理学的电子 n 级轨道）为：

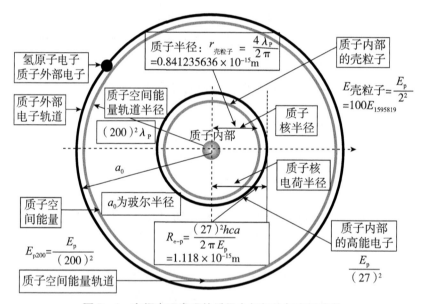

图 7-4 空间密码发现的质子内部与外部空间能量

$$\lambda_{p200n} = (200n)^2 \lambda_p \rightarrow a_0 n^2 = (200n)^2 \lambda_p \left\{ 1 + \frac{1}{1 + \frac{2\pi}{\alpha}} \left[1 + \frac{\pi\alpha}{1 + \frac{1}{\alpha}} \left(1 - \frac{2}{1 + \frac{2\pi}{\alpha}} \right) \right] \right\}$$

$$\tag{7.40}$$

n 为不为 0 的正整数，其对应的质子空间能量为：

$$E_{p200n} = \frac{E_p}{(200n)^2} \tag{7.41}$$

式中 $\dfrac{1}{1+\dfrac{2\pi}{\alpha}}\left[1+\dfrac{\pi\alpha}{1+\dfrac{1}{\alpha}}\left(1-\dfrac{2}{1+\dfrac{2\pi}{\alpha}}\right)\right]$ 因子代表着电子在其轨道上还拥有上自旋运

动状态、下自旋运动状态、"电子云""电子云"粒子对等复杂运动状态。

上述的空间能量分布关系基本上涵盖了宇宙的全部粒子（原子、分子等）的内部、外部相互关系。上述公式由空间基本单元理论推导得出。可以看出，电子的轨道运动不是独立的物理现象，同质子、中子内部的粒子构造一样，是在统一的核子空间能量谐振原理下构成的统一的能量体系。空间基本单元理论里的"质子空间能量轨道"概念同经典物理学所讲的能量轨道不同的是：质子空间能量轨道是质子提供的，并且质子空间能量轨道是包含电子第 n 级轨道在内的更多的电子运动轨道的总和，质子空间能量的强度也同样符合空间中构成粒子的能量空间谐振原理。由此而来，经典物理学推导出的氢原子的电子轨道半径公式实际上就是空间基本单元理论提出的能量空间谐振原理所对应的一系列核子空间能量轨道中的一个。由此，我们有理由提出以下假设：

假设 9：在空间背景温度 2.725K 条件下，氢原子的电子轨道半径仍然是质子康普顿波长及空间基本单元素数集合能量波长的直接产物，是质子康普顿波长 λ_p 在核外十维空间的整数倍的延伸。氢原子电子的轨道能量也直接取决于质子能量以及质子的空间能量，并符合空间基本单元理论的空间能量谐振原理。

由空间基本单元理论推导出的氢原子电子运动轨道半径 r_n 公式如下：

$$r_n = a_0 n^2 = (200n)^2 \lambda_p \left\{1+\dfrac{1}{1+\dfrac{2\pi}{\alpha}}\left[1+\dfrac{\pi\alpha}{1+\dfrac{1}{\alpha}}\left(1-\dfrac{2}{1+\dfrac{2\pi}{\alpha}}\right)\right]\right\} \tag{7.42}$$

合并以上等式，得出由空间基本单元理论的质子空间能量推演出的与经典物理学库仑定律理论一致的氢原子电子第 n 级轨道总能量（势能与动能之和）演变形式为：

$$E_{n-玻尔} = -\dfrac{e^2}{8\pi\varepsilon_0 r_n} = -\dfrac{e^2}{8\pi\varepsilon_0 n^2 a_0}$$

$$= -\dfrac{e^2}{8\pi\varepsilon_0} \cdot \dfrac{1}{(200n)^2 \lambda_p \left\{1+\dfrac{1}{1+\dfrac{2\pi}{\alpha}}\left[1+\dfrac{\pi\alpha}{1+\dfrac{1}{\alpha}}\left(1-\dfrac{2}{1+\dfrac{2\pi}{\alpha}}\right)\right]\right\}} \tag{7.43}$$

由空间基本单元理论推导出的和库仑定律得出的电子获得的质子第 n 级轨道上的总能量完全一致，同时，空间基本单元理论发现这些能量不仅仅用于推动电子围绕质子运动，还让电子产生微小的进动式的轨道自旋及进入更复杂的有规则的"电子云"的运动状态。按照空间基本单元理论，在氢原子的（质子能量）体系中，核内外能量是统一的，氢原子的电子依然是按照氢核的核能量进行运转的，从第一轨道上的运动的电子是永远也不会被质子上的电荷吸引而落入质子内核上这一物理现象也说明了这一点，而 2 个正、负电子相遇时就不会那么永恒般的浪漫了，2 个相遇的正、负电子会很快相撞并湮灭成为光子。

这一结果似乎说明，电子是由核子能量推动而围绕核子运动的，而电荷依然应该是质子自旋能量的产物，这也解释了为什么每个质子都一定要带有一个正电荷并且围绕质子还要有一个负电子这一普遍规律。即质子、电子的关系应该体现为父、子关系。对于空间基本单元理论来讲，能够从质子康普顿波长中很精确地推导出氢原子的电子轨道半径的确是非常惊人的。从空间基本单元理论所推导出的氢原子电子轨道半径公式看出，围绕质子外围电子的运动规律同质子内部的能量运动规律是紧密地联系在一起乃至完全一致。

7.5 蕴藏于电子自旋"电子云"中等效的 244K 温度的能量

由上节的空间基本单元理论得出的氢原子核子空间能量轨道半径公式为 $(200n)^2\lambda_\mathrm{p}$，经典物理学的氢原子电子轨道半径公式为：$r_n = a_0 n^2$，$n$ 为正整数，代表第 n 级电子轨道，根据经典物理学推导的氢原子电子第一轨道势能为：

$$-\frac{e^2}{4\pi\varepsilon_0 a_0} = -27.211386\mathrm{eV} \tag{7.44}$$

同理，距离质子中心 $(200)^2\lambda_\mathrm{p}$ 半径处的氢原子核对其外围电子提供的空间第一轨道势能为：

$$-\frac{e^2}{4\pi\varepsilon_0 200^2\lambda_\mathrm{p}} = -27.242958\mathrm{eV} \tag{7.45}$$

由此我们获得了电子在 $(200n)^2\lambda_\mathrm{p}$ 处的轨道能量和电子运动在玻尔半径上的轨道能量差：

$$-\frac{e^2}{4\pi\varepsilon_0 a_0} - \left(-\frac{e^2}{4\pi\varepsilon_0 200^2\lambda_\mathrm{p}} \right) = 0.031572\mathrm{eV} \tag{7.46}$$

显而易见，0.031572 电子伏这一微小的能量差就是推动第一轨道上的电子进行轨道上、下自旋及"电子云"运动形式所需的能量，我们将该运动形式用等效的电子的热运动能量来衡量，将上述的结果代入经典热分子运动定律，可以获得这一电子动能等效的温度 T：

$$T = \frac{2}{3} \times \frac{0.031572 \times 1.602176634 \times 10^{-19}}{1.380649 \times 10^{-23}}\mathrm{K} = 244.25\mathrm{K} \tag{7.47}$$

公式（7.47）表明，氢原子质子的空间能量对电子提供的总能量与氢原子中电子第一轨道能量之间的能量差等效于 244.25K（−28.9 摄氏度）的空间环境温度的能量对电子运动的影响。换言之，空间基本单元理论发现，质子的空间能量不仅仅提供了电子围绕质子运动的能量，还提供了电子约 0.031572 电子伏，或等效 244.25K 的电子热动能，这一动能能量被电子储存于其自旋的“电子云”里面的能量体系中，并体现在其轨道自旋和“电子云”及“电子云”粒子对的周期性运动上。这一能量看似微弱，但是在巨大的分子体系中却具有各种奇异的效应，如超导、超流、凝聚态等奇异物理效应。因此在考虑到这样一个等效的能量影响下，空间基本单元理论达到了同现代经典物理学理论的统一。这似乎是一个数学游戏，其实不然，每个质子都有着一个可以对电子提供统一的空间能量值，而这个能量值尽管十分微小，却可以推动电子及其电子群体永恒地围绕质子以及质子集团构成的分子集团运动，而破坏这种原子系统上的统一性运动仅仅需要略大于 244.25K 的温度，亦即超导现象的存在不能超过这个温度（除非对材料提供额外能量，如超高温、超高压），目前人类发现的稳定且实用的超导材料最高温度为 138K 左右，用于超导电缆、超导磁体等，如图 7－5 所示。2019 年，美国和德国科学家所做的实验证实，在 250K 的温度下，氢化镧在超过 100 万倍地球大气压下才会变成超导物质。而 250K，是迄今为止超导材料实验中已证实的最高临界温度。可见，没有质子提供强大的、永恒的空间能量，电子是不可能出现超导等特异物理现象的。

更高的温度需要更多的核子能量

超导温度（开尔文）	超导材料分子式	种类
244	单核子提供能量的极限	
138	$Hg_{12}Ti_3Ba_{30}Ca_{30}Cu_{45}O_{127}$	铜氧化物超导体
110	$Bi_2Sr_2Ca_2Cu_3O_{10}$（BSCCO）	
92	$YBa_2Cu_3O_7$（YBCO）	
77	液态氮的沸点	
43	SmFeAs（O,F）	铁基超导体
41	CeFeAs（O,F）	
26	LaFeAs（O,F）	
20	液态氢的沸点	
18	Nb_3Sn	金属低温超导体
10	NbTi	
4.2	Hg	

为抵抗温度对超导的影响，需要更多的核子能量支持超导特征，所以超导材料分子式随温度的提高呈倒金字塔形状

图 7－5　空间基本单元理论下的超导原理

伴随着“电子云”的密码解密，我们彻底将以玻尔半径为代表的经典物理学的成果纳入空间基本单元理论的系统性的、统一的探索成果体系中，并在空间密码的引导下，发现更多的当前物理学理论未知晓的原子结构中的秘密。原子的构成不再是质子－电子的正负电荷吸引那么简单，而是以质子能量、质子空间能量为主导的、以统一的空间密码为主导的。值得注意的是，质子内部 400 因子形成了 $6n+5$ 模式的 1193

循环，在运动在 $(200)^2\lambda_p$ 质子空间能量轨道上也存在"电子云"状的 1193 循环，并形成稳定的原子体系。凡是有 400 因子的地方就有 1193 循环，$(200)^2\lambda_p$ 中同样也包含 100 倍的 400 因子，所以形成 1193 稳定体系的循环是必然结果。而 1193 循环体系就代表一系列稳定的、复杂的而具有生命能量的运动体系，电荷之间的引力－斥力仅仅是这种复杂能量运动模式的最简单的、最直观的解释。

第8章 由质子空间能量$\dfrac{E_p}{(200)^2}$构成的电子轨道能量、电子轨道自旋能量、"电子云"能量

8.1 电力、电势能：质子的空间能量$\dfrac{E_p}{(200)^2}$与原子核外电子及其运动状态之间的相互作用的关系

1785 年，法国工程师和物理学家库仑（1736—1806 年）在前人的实验基础上，用扭秤实验测量两电荷之间的作用力与两电荷之间距离的关系。他通过实验得出，两个带有同种类型电荷的小球之间的排斥力与这个两球中心之间的距离平方成反比。同年，他在《电力定律》的论文中介绍了他的实验装置、测试经过和实验结果，随后越来越多的科学家完善了库仑定律。库仑定律可以说是一个实验定律。库仑定律即两电荷之间的相互作用力的大小与两个点电荷的电荷量的乘积成正比，与它们之间的距离的二次方成反比，作用力的方向在两个点电荷的连线上，用公式表示如下：

$$F_{库仑} = \frac{q_1 q_2}{4\pi\varepsilon_0 R^2} \tag{8.1}$$

其中，q_1、q_2为点电荷电量，单位是库仑，并均为电子电荷电量的整数倍。一个电子的电荷电量为 1. 602176634 × 10^{-19}库仑，ε_0 = 8. 8541878128 × 10^{-12}法拉/米，为真空中的介电常数。库仑强调，库仑定律适用于真空。从这一点看，库伦在发表库仑定律时已经认识到分子之间的热运动对电子势能及其相互作用力的影响了。

无论如何，摒弃质子谈电荷是不现实的。原则上讲，电子应用都是建立在电子－质子的相互作用基础上的。在近代物理学中，电学一直是独立于其他科学的独立学科。但是对于空间基本单元理论来讲，既然物质是统一构成的（如前几章所发现），空间基本单元既然构成了电子、质子、中子，那么这三者之间必然有直接的相关性。每一个质子都必须有一个电子围绕它运转（中子也是如此，我们在第 4 章详细介绍过中子构成），并且所有的物质都是呈电中性的，这一物质间的普适规律不得不让人们怀疑电子其实就是质子能量的产物。但是目前物理学的成就尤其是电学理论依然是独自一体，与核子能量不相关，并因此发展出很多独立性的理论。本章就是要依据空间基本单元理论来探讨这一问题的统一性。

在第 7 章中，我们总结过，空间基本单元理论和经典物理学玻尔理论对氢原子电子轨道半径的不同描述的共性与差异性，存在于十维空间的质子能量对质子外部空间的作用形成了质子的外部空间能量的轨道半径，并以此推动质子外围的电子形成在其轨道上自旋或下自旋运动状态及"电子云"的复杂运动，并形成最终复合的第 n 级电子轨道半径r_n，即：

$$r_n = a_0 n^2 = （200n）^2 \lambda_p \left\{ 1 + \cfrac{1}{1 + \cfrac{2\pi}{\alpha}} \left[1 + \cfrac{\pi\alpha}{1 + \cfrac{1}{\alpha}} \left(1 - \cfrac{2}{1 + \cfrac{2\pi}{\alpha}} \right) \right] \right\} \qquad (8.2)$$

同时，我们知道经典物理学中氢原子电子的等效的轨道半径为：

$$r_n = \frac{n^2 \varepsilon_0 h^2}{\pi m_e e^2} \qquad (8.3)$$

式中m_e为电子质量，e为电子电荷电量，ε_0为空间介电常数，h为普朗克常数，以下类同。进而，我们合并上述两个公式得到如下公式：

$$\frac{n^2 \varepsilon_0 h^2}{\pi m_e e^2} = a_0 n^2 = （200n）^2 \lambda_p \left\{ 1 + \cfrac{1}{1 + \cfrac{2\pi}{\alpha}} \left[1 + \cfrac{\pi\alpha}{1 + \cfrac{1}{\alpha}} \left(1 - \cfrac{2}{1 + \cfrac{2\pi}{\alpha}} \right) \right] \right\} \qquad (8.4)$$

或 $$\frac{e^2}{\varepsilon_0} = \frac{h^2}{\pi m_e a_0} = \frac{\cfrac{m_p}{（200）^2}}{\pi m_e} \times \cfrac{hc}{1 + \cfrac{1}{1 + \cfrac{2\pi}{\alpha}} \left[1 + \cfrac{\pi\alpha}{1 + \cfrac{1}{\alpha}} \left(1 - \cfrac{2}{1 + \cfrac{2\pi}{\alpha}} \right) \right]} = 2hc\alpha \qquad (8.5)$$

并且 $$\frac{\cfrac{m_p}{（200）^2}}{2\pi m_e} \times \cfrac{1}{1 + \cfrac{1}{1 + \cfrac{2\pi}{\alpha}} \left[1 + \cfrac{\pi\alpha}{1 + \cfrac{1}{\alpha}} \left(1 - \cfrac{2}{1 + \cfrac{2\pi}{\alpha}} \right) \right]} = \alpha$$

上述公式表明，传统的电学理论同样符合统一的核子空间能量原理，并且精细结构常数是质子与电子在十维空间的相互作用关系。在此成果基础上，我们将空间基本单元理论延伸到更深入的电子电荷与质子电荷之间相互作用力的应用中。经典电学理论中，相距 R 的两个电荷 e 之间的相互作用力依据库仑定律公式为：

$$F_{库仑} = \frac{e^2}{4\pi\varepsilon_0 R^2} \qquad (8.6)$$

将公式（8.5）代入公式（8.6），得出由空间基本单元理论推导出来的由核子关系描述的电相互作用力$F_{空间基本单元理论-电力}$与库仑定律的电相互作用力$F_{库仑}$等效的统一表达公式：

$$F_{空间基本单元理论-电力} = F_{库仑}$$

$$= \frac{e^2}{4\pi\varepsilon_0 R^2} = \frac{\dfrac{m_{\mathrm{p}}}{(200)^2}}{2\pi m_{\mathrm{e}}} \times \cfrac{1}{1 + \cfrac{1}{1 + \cfrac{2\pi}{\alpha}}\left(1 + \cfrac{\pi\alpha}{1 + \cfrac{1}{\alpha}}\left(1 - \cfrac{2}{1 + \cfrac{2\pi}{\alpha}}\right)\right)} \times \frac{hc}{2\pi R^2} \qquad (8.7)$$

很明显，空间基本单元理论发现的成果可以完全兼容到经典的库仑定律，并且我们发现：

①空间基本单元理论推导出的电力公式与库仑定律完全等效，并且库仑定律也可以不用电荷、介电常数来描述，而使用质子能量、电子能量及精细结构常数、光速、普朗克常数来表示。

②空间基本单元理论推导出的电力公式还揭示出，电子－质子之间的相互作用不限于库仑力的范畴，还包括电子围绕轨道运动时拥有的上自旋或下自旋运动、"电子云"等更高级的运动形式。

③电相互作用力是由质子空间能量主导的，在随后的章节中我们还发现，电相互作用力其实是封闭于十维空间的质子能量与外部的十维空间的电子的相互作用。

我们将公式（8.7）的空间基本单元理论的电势能公式代入库仑定律换成等效的质子能量$E_{\mathrm{p}} = m_{\mathrm{p}}c^2$与电子能量$E_{\mathrm{e}} = m_{\mathrm{e}}c^2$的关系（其中$m_{\mathrm{p}}$为质子质量，$m_{\mathrm{e}}$为电子质量），则有

$$E_{空间基本单元理论-电势能} = E_{库仑} = \frac{\dfrac{E_{\mathrm{p}}}{(200)^2}}{2\pi E_{\mathrm{e}}} \times \cfrac{1}{1 + \cfrac{1}{1 + \cfrac{2\pi}{\alpha}}\left(1 + \cfrac{\pi\alpha}{1 + \cfrac{1}{\alpha}}\left(1 - \cfrac{2}{1 + \cfrac{2\pi}{\alpha}}\right)\right)} \times \frac{hc}{2\pi R}$$

$$(8.8)$$

再将空间基本单元理论的电势能公式代入库仑定律换成等效的$E_{1595819}$能量描述关系：

$$E_{空间基本单元理论-电势能} = E_{库仑} = \frac{\dfrac{E_{1595819}}{(10)^2}}{2\pi E_{\mathrm{e}}} \times \cfrac{1}{1 + \cfrac{1}{1 + \cfrac{2\pi}{\alpha}}\left(1 + \cfrac{\pi\alpha}{1 + \cfrac{1}{\alpha}}\left(1 - \cfrac{2}{1 + \cfrac{2\pi}{\alpha}}\right)\right)} \times \frac{hc}{2\pi R} \quad (8.9)$$

在现代量子物理学理论中，对于夸克的描述是：参与所有力。从上述公式看，空间基本单元理论中的夸克$E_{1595819}$毋庸置疑地参与了电力，而且还是以等效的库仑定律的绝对等式形式出现。当2个电荷相距为电子半径r_0距离即$R = r_0$时，电子总势能为：

$$E_{\mathrm{e}} = \frac{\dfrac{E_{\mathrm{p}}}{(200)^2}}{2\pi E_{\mathrm{e}}} \times \cfrac{1}{1 + \cfrac{1}{1 + \cfrac{2\pi}{\alpha}}\left(1 + \cfrac{\pi\alpha}{1 + \cfrac{1}{\alpha}}\left(1 - \cfrac{2}{1 + \cfrac{2\pi}{\alpha}}\right)\right)} \times \frac{hc}{2\pi r_0} = 510998.950\mathrm{eV} \quad (8.10)$$

2018 年 CODATA 给出的电子质量为 510998.950eV，基于空间基本单元理论的电力公式也可以推导出同样的电子总能量，这与第 3 章由 2.725K 的空间背景辐射推导出的电子质量一致。由空间基本单元理论的电力公式得出的电子总能量同经典物理学推导的电子总能量完全一致，考虑多电荷不同极性 q_1、q_2 间的等效的经典电学的电势能为：

$$E_{空间基本单元理论-电势能} = E_{库仑} = \frac{q_1 q_2}{4\pi\varepsilon_0 R}$$

$$= (\pm n) \times (\pm m) \times \frac{\frac{m_p}{(200)^2}}{2\pi m_e} \times \frac{1}{1 + \frac{1}{1 + \frac{2\pi}{\alpha}}\left(1 + \frac{\pi\alpha}{1 + \frac{1}{\alpha}}\left(1 - \frac{2}{1 + \frac{2\pi}{\alpha}}\right)\right)} \times \frac{hc}{2\pi R} \quad (8.11)$$

上述公式虽然从结果上与经典物理学的库仑势能等效，但是却包含了电荷之间的多层次、更复杂的电相互作用关系及运动形态。其中 $q_1 = \pm n \times e$，$q_2 = \pm m \times e$，n、m 为正整数，正负号代表电荷 e 的极性。从公式看出，电子的势能依然是与质子能量密切相关的，同时也是夸克能量对十维空间的函数。当然，对于多电荷来讲，正电荷更多的是质子的核所带的正电荷，因此离开质子谈电势能并不符合实际。将公式（7.30）变成质子康普顿波长与电子康普顿波长的关系：

$$\frac{hc}{(200)^2 \lambda_p} = \frac{hc}{a_0}\left\{1 + \frac{1}{1 + \frac{2\pi}{\alpha}}\left(1 + \frac{\pi\alpha}{1 + \frac{1}{\alpha}}\left(1 - \frac{2}{1 + \frac{2\pi}{\alpha}}\right)\right)\right\} \quad (8.12)$$

由于质子能量 $E_p = \frac{hc}{\lambda_p}$，电子能量 $E_e = \frac{hc}{\lambda_e}$，电子康普顿波长 λ_e 与玻尔半径 a_0 关系：$\alpha a_0 = \frac{\lambda_e}{2\pi}$，$\alpha$ 为精细结构常数。这样一来，公式（8.12）变换成质子空间能量与电子轨道运动的空间能量关系：

$$\frac{\alpha}{2\pi} \times \frac{E_P}{(200)^2} = \alpha^2 E_e\left\{1 + \frac{1}{1 + \frac{2\pi}{\alpha}}\left(1 + \frac{\pi\alpha}{1 + \frac{1}{\alpha}}\left(1 - \frac{2}{1 + \frac{2\pi}{\alpha}}\right)\right)\right\} \quad (8.13)$$

$\alpha^2 E_e$ 其实就是经典物理学中所谓的电子在第一轨道上的总势能，由公式（8.13）的结果很明显地得出：质子的 $(200)^2$ 空间能量 $\frac{E_P}{(200)^2}$ 形成了电子的轨道运动、电子轨道自旋运动、"电子云"运动、"电子云"粒子对的运动这四种运动模式。

8.2 质子空间能量 $\frac{E_P}{(200)^2}$ 产生的力发现之一：电子轨道自旋运动产生的力——卡西米尔力

本节深入研究上节中公式（8.13）展现的由质子空间能量或夸克能量延伸到核外

空间形成的 3 种形式的力。

①首先将 $\dfrac{e^2}{\varepsilon_0} = 2hc\alpha$、$E_e = \dfrac{hc}{\lambda_e} = \dfrac{hc}{2\pi\alpha\,a_0}$ 代入公式（8.13）获得总质子核外延伸的力的势能：

$$\frac{\alpha}{2\pi} \times \frac{E_p}{(200)^2} = \frac{1}{4\pi a_0} \times \frac{e^2}{\varepsilon_0} + \frac{1}{4\pi a_0} \times \frac{1}{1 + \dfrac{2\pi}{\alpha}} \times \frac{e^2}{\varepsilon_0} + \frac{1}{4\pi a_0} \times \frac{1}{1 + \dfrac{2\pi}{\alpha}} \times \frac{\pi\alpha}{1 + \dfrac{1}{\alpha}} \left(1 - \frac{2}{1 + \dfrac{2\pi}{\alpha}}\right) \frac{e^2}{\varepsilon_0}$$

$$(8.14)$$

我们统称 $\dfrac{E_p}{(n)^2}$ 为质子的空间能量，$\dfrac{E_p}{(200)^2}$ 一样也被称为质子空间能量，这个能量平均分布在以 $(200)^2\lambda_p$ 为半径的圆周上，电子在沿着玻尔半径轨道运动时，电子波长与玻尔轨道半径的耦合周期为 $\dfrac{2\pi}{\alpha}$，如图 7 - 3 所示，质子空间能量 $\dfrac{E_p}{(200)^2}$ 除以这个周期，就是质子空间能量对玻尔半径处运动电子的作用能量：

$$\frac{\alpha}{2\pi} \times \frac{E_p}{(200)^2}$$

质子的空间能量 $\dfrac{E_p}{(200)^2}$ 中能够与电子相互作用的这部分空间能量值（也称有效空间能量），由质子空间角能量公式（10.34）获得，即：

质子空间能量 $\dfrac{E_p}{(200)^2}$ 在半径 $(200)^2\lambda_p$ 处的有效空间能量 $\times 2\pi \times (200)^2\lambda_p = hc\alpha$

质子空间能量 $\dfrac{E_p}{(200)^2}$ 在半径 $(200)^2\lambda_p$ 处的有效空间能量 $= \dfrac{\alpha}{2\pi} \times \dfrac{E_p}{(200)^2}$

这样，我们发现是质子空间能量 $\dfrac{E_p}{(200)^2}$ 中所对应的有效空间能量 $\dfrac{\alpha}{2\pi} \times \dfrac{E_p}{(200)^2}$ 生成了电力（库仑力）$\dfrac{1}{4\pi a_0} \times \dfrac{e^2}{\varepsilon_0}$ 及其他两项新发现的力，描述如下：

$$\frac{E_p}{(200)^2} \times \frac{\alpha}{2\pi} \to \frac{1}{4\pi a_0} \times \frac{e^2}{\varepsilon_0} \text{（库仑力）} + \text{两项未知的新力}$$

②质子空间能量的主要分支能量 $\dfrac{1}{4\pi a_0} \times \dfrac{e^2}{\varepsilon_0}$ 就是由库仑定律决定的氢原子电子在第一轨道玻尔半径处的引力电势能 $E_{玻尔}$，该能量是经典的库仑定律推导的结果：

$$E_{玻尔} = \frac{1}{4\pi a_0} \times \frac{e^2}{\varepsilon_0} = \frac{h\alpha c}{2\pi a_0} \tag{8.15}$$

③$\dfrac{1}{4\pi a_0} \times \dfrac{e^2}{\varepsilon_0} \times \dfrac{1}{1 + \dfrac{2\pi}{\alpha}}$ 代表着电子在第一轨道上沿着圆形轨道的自旋（上自旋或下自旋）与轨道耦合的周期性运动的等效势能，这个能量是首次发现的，需要深入研究：

$$E_{电子轨道自旋能量} = \frac{e^2}{4\pi\varepsilon_0} \times \frac{1}{a_0} \times \frac{1}{1+\frac{2\pi}{\alpha}} = \frac{h\alpha c}{2\pi} \times \frac{1}{a_0} \times \frac{1}{1+\frac{2\pi}{\alpha}} \tag{8.16}$$

④对应公式（8.14）的最后一项，代表着电子在第一轨道玻尔半径处运动的同时还进行着自旋运动所构成的"电子云"的运动，并形成微弱的等效势能，这个能量也是首次发现的，需要深入研究：

$$E_{电子云能量} = \frac{e^2}{4\pi\varepsilon_0} \times \frac{1}{a_0} \times \frac{1}{1+\frac{2\pi}{\alpha}} \times \frac{\pi\alpha}{1+\frac{1}{\alpha}}\left(1-\frac{2}{1+\frac{2\pi}{\alpha}}\right) \tag{8.17}$$

公式（8.16）、公式（8.17）都显示出电子在玻尔半径轨道上运动的同时也进行着与 $\frac{\alpha}{2\pi}$ 相关的自旋运动，我们简称为电子的轨道自旋运动，按照库仑定律的玻尔半径思路，电子在第一轨道上自旋能量的等效的势能半径为：

$$R_{电子轨道自旋能量等效半径} = a_0\left(1+\frac{2\pi}{\alpha}\right) = 45.69188 \times 10^{-9}\text{m} \tag{8.18}$$

空间基本单元理论发现，在距离质子核心 45nm 附近存在着另外一种新形式的力。那么这个是什么力呢？

早在 1948 年，荷兰物理学家亨德里克·卡西米尔（Hendrik. Casimir）就提出：在真空的两个平行金属板之间存在微小引力。最新的物理学实验发现，目前被称为卡西米尔的力存在于距离原子核 50~100nm 范围。我们可以从目前的物理实践数据验证空间基本单元理论的成果。大量的实验数据都显示，卡西米尔力在几十纳米的范围内起主导作用，并在 45 纳米左右到达顶峰。如图 8-1、8-2 所示。

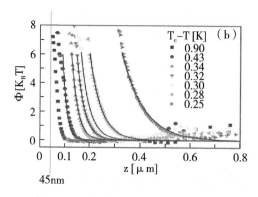

资料来源：http://www.europhysicsnews.org/articles/epn/pdf/2009/01/epn20091p18.pdf

图 8-1　卡西米尔作用力半径测量试验数据

我们可以很清晰地看出：图 8-1 左下角的卡西米尔力的作用极限距离约为 45 纳米。

根据目前物理科学给出的卡西米尔力的实验数据，我们可以确认：空间基本单元理论推导出的电子轨道自旋力就是人们所说的卡西米尔力、由空间基本单元理论推导出的电子轨道自旋力等效半径与当前众多的物理实验得出的卡西米尔力的最大值的作用半径试验结果是完全一致的。

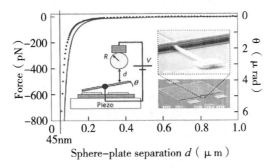

资料来源：2011 年《自然杂志》

图 8 - 2　卡西米尔作用力半径测量试验数据

8.3　质子空间能量 $\dfrac{E_{\mathrm{p}}}{(200)^{2}}$ 产生的力发现之二："电子云"等效轨道半径与光电效应的电子弛豫时间

在物理学中，著名的光电效应认为，从光照开始到光电子溢出的时间一般不大于 10^{-9} s（秒），这个时间被称为光电效应的弛豫时间。而我们知道，电子运动的轨道半径如玻尔半径约 10^{-10} 米，电子在玻尔半径轨道上的运动速度为 αc，约 10^{6} m/s，其中 c 为光速，α 为精细结构常数。按照经典物理学理论，电子脱离原子核的时间约 10^{-16} s，然而实践证明，这个时间与实际测量的光电效应的电子弛豫时间（从光照到原子上开始到电子受激发溢出原子的时间）相差一百万倍。

空间基本单元理论从发现的"电子云"的轨道半径中揭示出了这个光电效应的电子弛豫时间的秘密。优秀的发现绝不吝啬多描述一遍，我们先看下公式（8.17）中的"电子云"能量公式：

$$E_{\text{空间基本单元理论-电子云能量}} = \frac{e^{2}}{4\pi\varepsilon_{0}} \times \frac{1}{a_{0}} \times \frac{1}{1+\dfrac{2\pi}{\alpha}} \times \frac{\pi\alpha}{1+\dfrac{1}{\alpha}}\left(1-\frac{2}{1+\dfrac{2\pi}{\alpha}}\right) \tag{8.19}$$

很明显，公式（8.19）中"电子云"等效的能量轨道半径为：

$$R_{\text{电子云}} = a_{0}\left(1+\frac{2\pi}{\alpha}\right)\left(\frac{1+\dfrac{1}{\alpha}}{\pi\alpha}\right)\left(\frac{1+\dfrac{2\pi}{\alpha}}{\dfrac{2\pi}{\alpha}-1}\right) = 0.27529969\,\mathrm{mm} \tag{8.20}$$

"电子云"等效轨道半径可以理解为"电子云"能量运动周期形成的等效的电势能半径。

运动在"电子云"能量体系中的电子，受外部能量激发后在从第一轨道脱离原子过程中，必须经历与"电子云"能量解耦过程，这个过程等效于电子的运动需脱离"电子云"等效轨道半径的电势能。电子从第一轨道的"电子云"球面脱离进入自由空间，完成这次受光激发逃逸原子的过程。这样一来，运动在原子轨道上的电子脱离"电子云"所需要的时间约：

$$T_{空间基本单元理论-光电子弛豫时间} = \frac{2\pi R_{电子云}}{\alpha c} = \frac{2\pi \times 137.036 \times 0.2753 \times 10^{-3}}{2.9979 \times 10^8} \quad (8.21)$$
$$= 0.7907 \times 10^{-9}s < 1 \times 10^{-9}s$$

因为"电子云"能量的等效轨道半径长约 0.27 毫米，电子以第一轨道速度脱离"电子云"轨道半径的最长时间约 $0.7907 \times 10^{-9}s < 1 \times 10^{-9}s$，这个结果同大量的物理实验测量的光电效应的弛豫时间完全对应上了，可见玻尔半径轨道上的电子不是越过玻尔半径 $0.529 \times 10^{-10}m$ 逃逸原子的简单运动，而是经历全部的"电子云"构造并与"电子云"的能量脱耦完成逃逸原子的过程的。由此，光电效应的弛豫时间在 $10^{-9}s$ 数量级上的秘密被揭开，如图 8-3 所示。

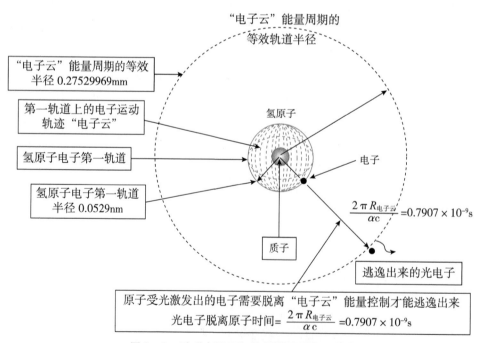

图 8-3　受"电子云"能量控制的光电子激发过程

很明显是从"电子云"中产生了电子，而不是一个孤立的电子在围绕其轨道运动，或理解成质子空间能量 $\dfrac{E_\mathrm{p}}{(200)^2}$ 产生了"电子云"能量带，电子运动在质子的"电子云"能量带中。我们在后续的章节中也发现，电子与"电子云"能量的脱耦过程，也同样引发了中子寿命的现象。

8.4 质子空间能量 $\dfrac{E_\mathrm{p}}{(200)^2}$ 产生的力发现之三：质子空间能量力 – 库仑力、电子轨道自旋力、"电子云"力

我们将本章发现的各种力、势能一一排列出来，就看到一个完整的由质子空间能量 $\dfrac{E_\mathrm{p}}{(200)^2}$ 构成的氢原子电子第一轨道中的复杂而统一的电势能、电相互作用力控制着电子的各种形式的运动形态，用文字表述如下：

库仑势能 + 电子自旋等效势能 + "电子云"等效势能 = 质子空间能量等效势能

在玻尔半径 a_0 处的势能，用公式形式表示上述复杂运动形态：

$$\frac{hc\alpha}{2\pi}\times\frac{1}{a_0}+\frac{hc\alpha}{2\pi}\times\frac{1}{a_0}\times\frac{1}{1+\frac{2\pi}{\alpha}}+\frac{hc\alpha}{2\pi}\times\frac{1}{a_0}\times\frac{1}{1+\frac{2\pi}{\alpha}}\times\frac{\pi\alpha}{1+\frac{1}{\alpha}}\left(1-\frac{2}{1+\frac{2\pi}{\alpha}}\right)=\frac{\alpha}{2\pi}\times\frac{E_\mathrm{p}}{(200)^2}$$

(8.22)

$$或\ \frac{1}{4\pi}\frac{e^2}{a_0}\times\frac{e^2}{\varepsilon_0}+\frac{1}{4\pi}\frac{1}{a_0}\times\frac{e^2}{\varepsilon_0}\times\frac{1}{1+\frac{2\pi}{\alpha}}+\frac{1}{4\pi}\frac{1}{a_0}\times\frac{e^2}{\varepsilon_0}\times\frac{1}{1+\frac{2\pi}{\alpha}}\times\frac{\pi\alpha}{1+\frac{1}{\alpha}}\left(1-\frac{2}{1+\frac{2\pi}{\alpha}}\right)=\frac{\alpha}{2\pi}\times\frac{E_\mathrm{p}}{(200)^2}$$

(8.23)

以质子为核心，其距离 R 替代玻尔半径 a_0，就将上述公式转成距离质子为 R 的等效的电势能公式表示如下：

$$\frac{hc\alpha}{2\pi R}+\frac{hc\alpha}{2\pi R}\times\frac{1}{1+\frac{2\pi}{\alpha}}+\frac{hc\alpha}{2\pi R}\times\frac{1}{1+\frac{2\pi}{\alpha}}\times\frac{\pi\alpha}{1+\frac{1}{\alpha}}\left(1-\frac{2}{1+\frac{2\pi}{\alpha}}\right)=\frac{hc}{2\pi R}\times\frac{\frac{E_\mathrm{p}}{(200)^2}}{2\pi E_\mathrm{e}}$$
(8.24)

进而将公式（8.24）表示成质子空间能量势能 $E_{空间基本单元理论-质子空间能量势能}$ 的表述形式：

$$E_{空间基本单元理论-质子空间能量势能}=\frac{hc}{2\pi R}\frac{\frac{E_\mathrm{p}}{(200)^2}}{2\pi E_\mathrm{e}}$$

(8.25)

E_p 为质子能量，E_e 为电子能量，同时质子空间能量 $\dfrac{E_\mathrm{p}}{(200)^2}$ 构成的复杂而统一的电相互作用力：

库仑力 + 电子轨道自旋力（卡西米尔力） + "电子云"力（光电子弛豫力）= 质子空间能量力

因为：

$$F_{空间基本单元理论-电力} = F_{库仑} = \frac{e^2}{4\pi\varepsilon_0 R^2} = \frac{\alpha hc}{2\pi R^2} \qquad (8.26)$$

$$F_{空间基本单元理论-电子轨道自旋力} = F_{卡西米尔力} = \frac{e^2}{4\pi\varepsilon_0 R^2} \times \frac{1}{1+\frac{2\pi}{\alpha}} = \frac{\alpha hc}{2\pi R^2} \times \frac{1}{1+\frac{2\pi}{\alpha}} \qquad (8.27)$$

$$F_{空间基本单元理论-电子云力} = \frac{e^2}{4\pi\varepsilon_0 R^2} \times \frac{1}{1+\frac{2\pi}{\alpha}} \times \frac{\pi\alpha}{1+\frac{1}{\alpha}}\left(1 - \frac{2}{1+\frac{2\pi}{\alpha}}\right)$$

$$= \frac{\alpha hc}{2\pi R^2} \times \frac{1}{1+\frac{2\pi}{\alpha}} \times \frac{\pi\alpha}{1+\frac{1}{\alpha}}\left(1 - \frac{2}{1+\frac{2\pi}{\alpha}}\right) \qquad (8.28)$$

所以获得如下结果：

库仑力 + 电子自旋力（卡西米尔力）+ "电子云"（光电子弛豫力）= 质子空间能量力

这样我们获得质子空间能量构成的质子空间能量产生的力及对应的势能能量，公式表述如下：

$$F_{空间基本单元理论-质子空间能量力} = \frac{hc}{2\pi R^2} \times \frac{\frac{E_p}{(200)^2}}{2\pi E_e} \qquad (8.29)$$

$$E_{空间基本单元理论-质子空间能量势能} = \frac{hc}{2\pi R} \times \frac{\frac{E_p}{(200)^2}}{2\pi E_e} \qquad (8.30)$$

如图 8-4 所示，就空间密码的探索成果来看，质子在十维空间中的空间能量 $\frac{E_p}{(200)^2}$ 直接控制着原子核外部的电子在其轨道上的各种运动和物理现象。

本章节还发现，质子空间能量以环形形态在玻尔半径附近存在着，因此我们开始对"能量环"的物理现象展开研究。详细可见第 10 章的角能量内容。

8.5 质子空间能量 $\frac{E_p}{(200)^2}$ 产生的力发现之四：源于光电子弛豫时间的自由中子的寿命推演

在现代物理学中，光电子弛豫时间与中子衰变时间即中子的寿命是没有任何相关性的，但是在空间基本单元理论中，原子受光激发释放出电子的时间是受所谓的来源于质子的空间能量的"电子云"力控制的，中子释放出一个电子形成质子也是相同的模式，只不过中子能量态下的电子是高能量电子，而原子能量态下的电子接近自由电子形态。所以，中子释放电子形成质子的过程与原子核外部电子受光激发释放出电子

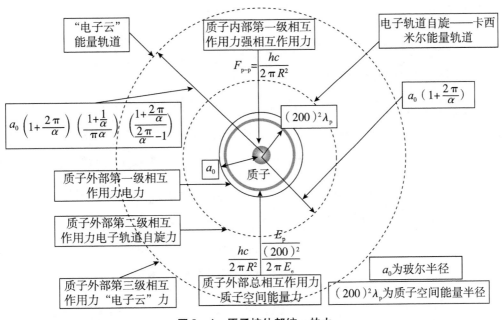

图 8 - 4　原子核外部统一的力

的过程有一些差异，这个差异就是中子需要将其高能量态的电子能量降低到自由电子的能量，也就是 0.510998950MeV，这个过程需要中子外部的高能电子与处于中子内核的质子之间的能量解耦。我们知道电子是由 638327600 个空间基本单元构成的，中子需要通过解耦其核心的质子中的能量来逐一构成这 638327600 个空间基本单元并形成以质子为核心的电子。另外，同光电子弛豫不同的是，氢原子电子轨道是在质子空间能量 $\frac{E_{\mathrm{p}}}{(200)^2}$ 轨道 $(200)^2\lambda_{\mathrm{p}}$ 外，而中子的电子是在质子空间能量 $\frac{E_{\mathrm{p}}}{(200)^2}$ 轨道内。因此中子生成的自由电子至少需要有大于质子空间能量的能量才能从质子中脱离。同时我们认为，按照类比的模式，解耦的时间也与解耦前后的能量之比相关，用能量和数量关系表示为：

①中子形成自由电子所需的空间基本单元数量为 638327600 个。

②以质子为核心的电子脱离质子需要的时间 = 光电子弛豫时间。

③电子最少携带 $\frac{E_{\mathrm{p}}}{(200)^2}$ 的能量，才能突破质子空间能量。

④$\dfrac{\text{中子能量}}{\text{电子能量}+\dfrac{E_{\mathrm{p}}}{(200)^2}}\propto$ 解耦时间。

如图 8 - 5 所示，上面的 4 项因子相乘，是一个中子的高能量电子与中子核心的质子解耦并形成一个自由电子和一个质子的过程，其时间长度 $T_{\text{中子寿命}}$ 为：

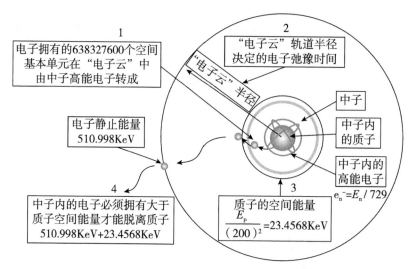

图 8-5　中子衰变过程中的中子寿命形成因素

$$T_{中子寿命} = 638327600 \times \cfrac{中子能量}{电子能量 + \cfrac{E_p}{(200)^2}} \times 一个电子的弛豫时间 \tag{8.31}$$

$$T_{中子寿命} = 638327600 \times \frac{939565.4\text{KeV}}{510.998\text{KeV} + 23.4568\text{KeV}} \times 0.7907 \times 10^{-9}\text{s} = 887.3\text{s}$$

$$\tag{8.32}$$

上式计算出的中子寿命时间和实验测量的中子寿命是一致的。在现代科学中，中子寿命的测量有两种方法：第一种方法是将中子放入一个瓶子，然后在一段时间后数一数还剩下多少个中子。通过这种实验，研究人员测得的中子平均寿命为 879 秒。第二种方法是把中子注入一个探测器中，用探测器计算中子衰变时产生的质子数，实验结果为 887 秒。使用两种方法计算出来的中子寿命相差 8 秒。空间基本单元理论给出的中子寿命的理论值与第二种测量方法测得的结果完全一致！而且实验思想与理论计算思想也完全一致，都是以探测和计算中子衰变形成质子数为基准的。

另外，从中子衰变过程中形成电子需要重新构成电子所需的 638327600 个空间基本单元来看，中子的高能量电子并没有 638327600 个空间基本单元，这一点同质子内部的高能量电子也没有同样数目的空间基本单元一致（因为质子一共才拥有 638327600 个空间基本单元，而质子内部除高能量电子外还有很多介子、缪子等）。因此我们认为中子衰变过程形成拥有 638327600 个自旋的空间基本单元是从质子的"电子云"空间中吸收的，通过中子的外部带负电荷的高能量电子与中子内部质子的正电荷的高能量电子之间进行相互作用（见第 4 章，中子构成篇）。从质子的"电子云"空间吸收并加工出 638327600 个自旋的空间基本单元来构成一个自由空间中的电子，并抛到"电子云"的等效势能轨道以外，所以整个过程才需要花约 15 分钟。

公式（8.32）也可以理解为 638327600 个空间基本单元从中子的高能量态（约

1.47 电子伏特)转变成自由电子能量态下的空间基本单元(约 0.8 毫电子伏特)并脱离中子核心质子的总弛豫时间。

在推导中子寿命的过程中,需要 638327600 个空间基本单元解耦,并且解耦是有顺序的,这一点也透露出这样一个秘密:

电子的构成似乎是犹如蚕茧般以串行编码的形式构成的!

电子的这种编码只在十维空间中存在,在三维空间中似乎不可能存在,这也是我们常见的电磁波、光波形态。这个现象与正、负电子相遇湮灭成一对一定波长的伽马光子的现象也对应上了。也就是说,电子的生成与湮灭都是十维空间的波长形式的,包括光激发出原子中的电子形成的电子弛豫时间。电子的这一特点与我们发现存在于中子/质子内部的高能量电子也是以 729 个中子/质子康普顿波长的形式存在是一致的。

8.6 空间基本单元理论下的精细结构常数推导

我们在质子结构中发现了产生于质子内部能量结构的量子数 861 和 137,该量子数应该是决定质子内部能量构成和运动的主要量子数,而且,很明显我们发现:

$$\frac{2\pi}{\alpha} = 861.022576, \quad \frac{1}{\alpha} = 137.035999084$$

在玻尔半径轨道上,电子运动一周完成的电子康普顿波长倍数为:

$$\frac{2\pi a_0}{\lambda_e} = \frac{1}{\alpha} = 137.035999084 \tag{8.33}$$

沿着玻尔半径轨道上,电子每运动一个波长完成的周期为:2π。

在玻尔半径轨道上,电子运动完成一个完整的并回到初始状态的周期是:$\frac{2\pi}{\alpha} = 861.022576$,这个周期也恰恰是质子空间能量对电子自旋运动的耦合因子。会有这样的巧事吗?我们在围绕质子运动的电子行为上也同样发现了所谓的精细结构常数 α,其中也是包含 861 和 137 两个重要量子数,而这两个量子数却是决定质子内部的能量组合,因此我们猜想:原子的精细结构常数应该是源于质子内部的量子数 861 和 137,只是质子对外部空间(电子)相互作用产生了微小变化,因而造成其包括电子、电子和质子之间的空间和质子内部能量的原子总能量体系的量子数在 861 和 137 的基础上有微小增加,而且巧合的是该系数被称为原子精细结构常数而不是电子或质子精细结构数。下面,我们从两个不同的渠道来证明和推导所谓的原子精细结构常数。

电子同质子之间的相互作用,有 5 个重要部分:

①由于质子内部能量构造,质子乃至于电子在三维空间的每一个维度方向均有 132 个量子数(见第 3 章),并且 137 = 132 + 5,其中 132 是质子面向三维空间的每个维度方向上的夸克数量,量子数 5 是能量级数需要的夸克数量(质子内部的能量都在能量级数序列之中),合计为 137 量子数。

②是 132/2 等于 66 的量子数，在质子内部的三个相互垂直的每一个截面的封闭空间中都有 132 个夸克。而 132 是由 2 种相反的运动模式构成，每种运动模式占据 66 个夸克。这也直接影响电子的内部能量体系。

③是十维空间的属性十的量子数，电子与质子均属十维空间，质子对电子的影响可以视为一个 1836 倍能量体系的十维空间对另外一个十维空间的影响。

④质子的总能量体系同电子的总能量体系之比为 1836.15267343。

⑤"电子云"覆盖质子球形表面的一个周期是 11955/2 个电子康普顿波长。

这样一来，我们获得了电子的能量体系对比于质子的能量体系的因素为：

$$\frac{66}{1836.15267343} + \frac{\frac{1}{10}}{1836.15267343} - \frac{\frac{2}{11955}}{1836.15267343} = 0.035999094 \qquad (8.34)$$

进而，我们根据质子结构、空间维度及"电子云"结构，在质子能量体系中增加了外围电子后的（在大尺度的 3 个维度方向上 X、Y、Z）总系统量子数——精细结构常数倒数为：

$$\frac{1}{\alpha} = 137 + \frac{66}{1836.15267343} + \frac{\frac{1}{10}}{1836.15267343} - \frac{\frac{2}{11955}}{1836.15267343} = 137.035999094$$

$$(8.35)$$

从第 5 章的质子生命之花模型中推演出的精细结构常数倒数为：

$$\frac{1}{\alpha} = 6 \times 22 + 5 + \frac{1}{3^3} - \frac{1}{3^6} + \frac{7}{3^9} - \frac{11}{3^{12}} - \frac{17}{3^{15}} + \frac{13}{3^{18}} = 137.035999082$$

2018 年 CODATA 给出的精细结构常数的倒数值是：137.035999084（21）。

空间基本单元理论使用简单的空间十维度、电子云方法也可以获得精细结构常数，并且和使用生命之花的质子素数循环构造推导出的精细结构常数倒数完全一致，即纯数学推导公式（5.20）的结果 137.035999082 与物理实验数据推导公式（8.35）的结果 137.035999094 完全都在实验测量值范围之内，两个结果从不同的途径，使用不同的数据，却可以相互验证彼此的正确性。从这一点就可以看出，空间基本单元的探索结果是无比精密和正确。

另外，根据第 8 章的发现，我们知道玻尔半径与质子康普顿波长有如下关系：

$$a_0 = (200)^2 \lambda_p \left\{ 1 + \frac{1}{1 + \frac{2\pi}{\alpha}} \left(1 + \frac{\pi\alpha}{1 + \frac{1}{\alpha}} \left(1 - \frac{2}{1 + \frac{2\pi}{\alpha}} \right) \right) \right\} \qquad (8.36)$$

同时根据经典物理学理论，玻尔半径 a_0 与电子康普顿波长 λ_e 有如下关系：

$$a_0 = \frac{\lambda_e}{2\pi} \times \frac{1}{\alpha} \qquad (8.37)$$

合并上述两个等式有：

$$\frac{\lambda_e}{2\pi}\frac{1}{\alpha} = (200)^2\lambda_p\left\{1+\frac{1}{1+\dfrac{2\pi}{\alpha}}\left(1+\frac{\pi\alpha}{1+\dfrac{1}{\alpha}}\left(1-\frac{2}{1+\dfrac{2\pi}{\alpha}}\right)\right)\right\} \qquad (8.38)$$

$$\frac{\lambda_e}{\lambda_p} = \frac{m_p}{m_e} = 2\pi\alpha\,(200)^2\left\{1+\frac{1}{1+\dfrac{2\pi}{\alpha}}\left(1+\frac{\pi\alpha}{1+\dfrac{1}{\alpha}}\left(1-\frac{2}{1+\dfrac{2\pi}{\alpha}}\right)\right)\right\} \qquad (8.39)$$

从公式（8.34）、公式（8.35）、公式（8.39）与精细结构常数相关的推导公式中均可以看出精细结构常数同质子对电子质量之比确实有相关性。

8.7　电子与质子之间的能量交换导致原子序数 84 以上的元素全有放射性

上几节发现的围绕质子运动的第一轨道上的电子与质子之间的能量关系探索还没有就此结束。在多个质子和中子与其外围电子构成的多核子原子体系中，这一关系是影响原子核稳定性的决定因素。既然构成原子的电子与质子之间存在能量交换，那么这个能量交换就存在一个限度，既伴随着原子的序数增加，原子的外围电子与质子数目也同步增长，原子核中的质子同电子交换能量的数目也在逐步增多。当构成原子的电子累积到一个固定数目或超过这一数目时，原子核内部的每一个质子对外部空间的总能量不足以支持该数目电子运动所需要的总空间能量时，原子核必然分裂。当然，空间基本单元理论还是需要用数学形式描述这一物理现象。我们将第一轨道上电子与质子之间的能量交换关系公式（8.10）重新描述如下：

$$E_e = \frac{\dfrac{E_p}{(200)^2}}{2\pi E_e}\times\frac{1}{1+\dfrac{1}{1+\dfrac{2\pi}{\alpha}}\left(1+\dfrac{\pi\alpha}{1+\dfrac{1}{\alpha}}\left(1-\dfrac{2}{1+\dfrac{2\pi}{\alpha}}\right)\right)}\cdot\frac{hc}{2\pi r_0} \qquad (8.40)$$

将电子波长与经典电子半径关系$\dfrac{\lambda_e}{2\pi}\alpha = r_0$和电子能量$E_e = \dfrac{hc}{\lambda_e}$代入上式，并简化成如下形式：

$$E_p2\pi\alpha = E_e\,(2\pi\alpha200)^2\left\{1+\frac{1}{1+\dfrac{2\pi}{\alpha}}\left[1+\frac{\pi\alpha}{1+\dfrac{1}{\alpha}}\left(1-\frac{2}{1+\dfrac{2\pi}{\alpha}}\right)\right]\right\} = 84.1887\,E_e \qquad (8.41)$$

我们知道，1/（$2\pi\alpha$）为氢原子电子第一轨道半径（也称玻尔半径）与电子波长之比$\dfrac{a_0}{\lambda_e} = \dfrac{1}{2\pi\alpha} = 21.81$，在电子的第一轨道到质子端的距离内按照电子波长顺序排列，每个电子波长长度上都等效于一个电子能量，那么整个玻尔半径上能够放下的电子数

目的总数就是 $1/（2\pi\alpha）$ 个，整个玻尔半径上可放置的电子总能量就是 $E_e \times 1/（2\pi\alpha）$，这仅是一个电子对质子能量的等效作用部分，那么整个质子总能量能同时支持多少个 $E_e \times 1/（2\pi\alpha）$，如下公式告诉我们结果：

$$\frac{E_p 2\pi\alpha}{E_e} = 84.1887 \tag{8.42}$$

因此，我们有理由将能量 $E_p 2\pi\alpha$ 视为质子可以支持的电子轨道运动上的总空间能量（约 43MeV），折合成外围电子数目为 84.1887 个。通俗地讲，就是质子在整个玻尔半径距离上能够背负多少个电子。这是一个完整和独立的质子能量可以支持的外围电子总数目，而我们知道，在多核子原子内部，质子与质子或质子与中子之间的最大比结合能量（也是质子要损失的能量）低于 9MeV，这样一来在多核原子核内部的质子可以支持外部电子数目为：

$$N_{max} = 2\pi\alpha \frac{E_p - 9\text{MeV}}{E_e} = 2\pi\alpha \frac{938.272088\text{MeV} - 9\text{MeV}}{0.511\text{MeV}} = 83.38 \tag{8.43}$$

上式说明，在多核子原子核内部的每一个质子，其能量最多能同时支持 83 个外围电子围绕其运动。与此同时，物理实验结果也显示出同样的结果。比如，原子外围有 83 个电子的原子序数为 83 的原子铋之前就被认为是相对原子质量最大的稳定元素，但是由于临近 84，所以铋还是存在不稳定因素的，直到 2003 年科学家们才发现原子铋的半衰期为 1.9×10^{19} 年，基本上和稳定元素无差别的。而铋元素以后的所有元素都有放射性元素，因此原子序数为 83 的铋元素就是一个临界稳定元素，从原子序数为 84 的钋元素开始所有的元素原子都是放射性的不稳定原子核。这就是 84 个电子的总空间能量大于独立质子的空间能量导致把质子拉出原子核而造成原子核破裂的结果。这是多核子原子作为一个完整的封闭空间，其核子一直在增加，直到拥有 84 个质子时，作为封闭空间的原子核内的 1193 能量循环因彻底不能进行而破裂的一个历史性的转折点。如果没有各种新生的放射性物质产生，那么原子序数 84 以后的原子在自然界中是不应该稳定存在的，原子序数为 84 的钋就具备这样的非常典型的特征。我们在 2013 年的《统一物理学》（第 1 版）中就有了这个发现，但一直未有应用这个发现的机会，在寻找多核子原子内的核子参与万有引力时的基准比结合能时才有了应用的机遇，整个令人惊讶的发现过程会在下章中讲解。

由质子空间能量激发的"电子云"能量带，不仅拥有同质子、电子的同类结构，而且还包含 1193 的超级循环。这决定了如下的宇宙规则：

从原子辐射出的光都是在质子空间能量的"电子云"中产生的，没有一个例外！

更为重要的发现是，在光电子弛豫时间和中子寿命推导中，我们更进一步了解到人们所说的自由空间中的"光子"，光波其实就是由"电子云"以串行方式解码出的"电子"结构，光波不是一种简单的波动，光波的内部结构也同样反馈出了电子和质子的内部结构序列，光子一旦进入封闭空间就又会重新组成电子。现代物理实验就发现，

一个高能 γ 光子，经过重核附近时与原子核场作用，能产生一对正负电子。所谓的重核附近其实就是一个很好的封闭空间，光子进入封闭空间后，串行的光子密码不再继续前进了，而是被重核的封闭空间挽留下来重新组合成固有形态的粒子结构——电子，进而波动能量转化成惯性能量，惯性质量（用 m 表示）从此诞生，能量与质子的关系 $E = mc^2$ 也从此形成。

　　在"电子云"中，拥有 638327600 个空间基本单元的电子与质子之间的耦合作用以串行解码的模式产生了光，按照这个逻辑关系，任何光也自然拥有串行的 638327600 个谐振因子，这个重要的物理新发现同样适用于细胞内部，人类细胞同样是一个封闭空间，拥有 5×638327600 个碱基对，而 DNA 也是以串行方式进行解码、再编码，并产生新的 DNA 链。同时，脱离了 1193 超级循环，不仅生命崩溃，原子核的稳定组织也会崩溃，也就不会有光。

第9章 强力、弱力、电磁力、卡西米尔力、电子云力、万有引力的统一性发现

9.1 磁力与电力的统一

早在距今约4600年前的中国古代，就有炎帝、黄帝与蚩尤在涿鹿之战中，利用磁铁指向地球南北极磁场的原理发明指南车来辨识方位，以指挥军队作战的传说。在明代，郑和下西洋就使用指南针进行导航。丹麦物理学家奥斯特在1820年4月进一步发现了电流具有磁的效应，即通电流的导线使其附近的磁针发生偏转，证明了电和磁现象是密切联系的，由此开始了实验与理论上对电磁统一性的研究。法国物理学家安培在奥斯特的基础上，很快就发现两根通电流的导线之间也存在相互作用力，并于1820年12月发表了两根通电流的导线之间相互作用力的定量公式——安培定律。磁力被认为是由于电荷运动所产生的基本力，当电荷或带电物体在运动状态下将产生磁力。根据安培定律，真空中两个封闭电流回路 C_1、C_2 之间的相互作用力用公式表示为：

$$F_{I_1\text{-}I_2} = \frac{\mu_0}{4\pi}\oint C_1 \oint C_2 \frac{I_1\mathrm{d}l_1 \times I_2\mathrm{d}l_2 \times \overline{a}R}{R^2} \tag{9.1}$$

如图 9-1 所示，对应于电流元 $I_1\mathrm{d}l_1$、$I_2\mathrm{d}l_2$ 之间的相互作用力 $\mathrm{d}F_{I_1\text{-}I_2}$ 为：

$$\mathrm{d}F_{I_1\text{-}I_2} = \frac{\mu_0}{4\pi} \cdot \frac{I_1\mathrm{d}l_1 \times I_2\mathrm{d}l_2 \times \overline{a}R}{R^2} \tag{9.2}$$

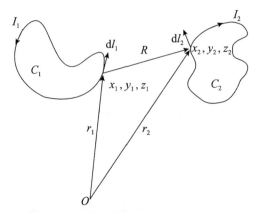

图 9-1　说明安培定律的 2 个闭合环路

式中电流 I_1、I_2 单位为安培，1 安培被定义为每秒流过 1 库仑的电荷流量，用公式

表示为：$I = \dfrac{q}{t}$，常数 $\mu_0 = 4\pi \times 10^{-7}$ 亨利/米，为真空中的磁导率。$\overline{a} R$ 为电流 I_1、I_2 在

各自回路 C_1、C_2 中通过的微线段 $\mathrm{d}l_1$ 与 $\mathrm{d}l_2$ 之间的距离矢量单位，$\overline{a}R = \dfrac{\vec{R}}{R}$。

很明显，安培定律是对两组由很多运动电子组成的电子流之间的相互作用力的描述。由于电流 I_1、I_2 是有方向性的，故符号"$I_1\mathrm{d}l_1 \times I_2\mathrm{d}l_2$"表示两个电流微线段之间的矢量积，电流相互垂直时矢量积为零。由于电流 I 的定义为：单位时间内流过导体的电荷量，而电荷量又是电子电荷 e 的整数倍，因此可以用 $q_1 = ne$、$q_2 = me$（其中 m，n 为整数）表示，并且有：

$$I_1 = \frac{q_1}{t_1} = \frac{ne}{t_1}, \qquad I_2 = \frac{q_2}{t_2} = \frac{me}{t_2} \tag{9.3}$$

同时电荷在单位时间内流过长度为 $\mathrm{d}l_1$、$\mathrm{d}l_2$，其运动速度分别为：

$$v_1 = \frac{\mathrm{d}l_1}{t_1}, \quad v_2 = \frac{\mathrm{d}l_2}{t_2} \tag{9.4}$$

将公式（9.3）、公式（9.4）代入公式（9.2）可以得到运动电子群之间的相互作用力如下：

$$\mathrm{d}\,F_{I_1 - I_2} = nm \cdot \frac{\mu_0 e^2}{4\pi} \cdot \frac{v_1 v_2 \times \overline{a}R}{R^2} \tag{9.5}$$

当电流元简化为单一运动电荷时有 $n = m = 1$，并且在不考虑力的矢量方向而仅仅考虑力的强度时，最简单的磁相互作用力如图 9-2 所示，两个独立运动电荷的相互作用力强度 $F_{安培}$ 用安培定律表示为：

$$F_{安培} = \frac{\mu_0 e^2}{4\pi} \cdot \frac{v_1 \times v_2}{R^2} \tag{9.6}$$

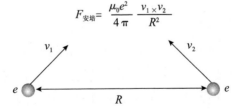

其中 $v_1 \times v_2$ 为两电子运动速度的矢量积
每个电子均带有电荷 e

图 9-2 两个运动电子间的具有二维特征的磁相互作用力

当两个平行运动的电子的运动速度均为光速时，运动电子之间的磁相互作用公式转变为如下形式：

$$F_{安培} = \frac{\mu_0 ee}{4\pi R^2} c^2 \quad\quad (9.7)$$

同样，两个电荷 e 之间相互作用力用库仑公式表示为：

$$F_{库仑} = \frac{ee}{4\pi \varepsilon_0 R^2} \quad\quad (9.8)$$

同时，我们知道真空中的介电常数 ε_0 与真空磁导率 μ_0 及光速 c 之间关系的公式如下：

$$c^2 = \frac{1}{\mu_0 \varepsilon_0} \quad\quad (9.9)$$

将公式（9.9）代入公式（9.7），就获得两个以光速运动电子的磁相互作用力公式：

$$F_{安培} = \frac{\mu_0 ee}{4\pi \varepsilon_0 R^2} c \times c = \frac{\mu_0 ee}{4\pi \varepsilon_0 R^2} \times \frac{1}{\mu_0 \varepsilon_0} = \frac{ee}{4\pi \varepsilon_0 R^2} = F_{库仑} \quad\quad (9.10)$$

可见，当两个电荷 e 的运动速度 v_1、v_2 的方向相互平行并且 $v_1 = c$、$v_2 = c$ 时，代表两个运动电荷之间的磁相互作用力的公式（9.6）与代表两个电荷之间的电相互作用的公式（9.8）完全相等，因此有：

安培定律在独立光速运动电子场景下完全等效于库仑定律。

即当 2 个电子的运动速度达到光速时，按照空间基本单元理论，两个电子之间的磁相互作用力与 2 个电子之间的电相互作用力等效，因此磁就是电，电就是磁。

本节中，我们用两个运动电子之间的（磁）相互作用力公式得到了两个电子的电相互作用力公式。对于经典的库仑定律和安培定律也有同样的数学关系。磁相互作用力公式和电相互作用力公式是同一个物理规律和公式对不同运动状态的描述。

9.2 从电磁力公式发现强力公式

继续我们力的统一性探索之旅。从第 9.1 章节中我们知道，两个电子平行运动，并且速度达到光速时，磁力公式等效于电力公式，则有如下的等效公式：

$$F_{库仑} = F_{安培} = \frac{ee}{4\pi \varepsilon_0 R^2} = \frac{h\alpha c}{2\pi R^2} = \frac{h V_{H_1}}{2\pi R^2} \quad\quad (9.11)$$

其中，V_{H_1} 等于 αc 为氢原子电子第一轨道速度，下标 H 代表氢原子，当这个电子轨道半径逐步靠近原子核（质子）附近时，这个轨道速度趋近于光速。由此，我们提出一个很简单的问题：当公式（9.11）中的氢原子第一轨道速度 V_{H_1} 换为光速时，对应的相互作用力是什么？我们用带问号的 $F_?$ 表述这个疑问，公式表述如下：

$$F_? = \frac{hc}{2\pi R^2} \quad\quad (9.12)$$

其中"$F_?$"表示某种未知的力。在第 7 章的假设 9 中，我们提出：氢原子的电子轨道半径仍然是质子康普顿波长 λ_p 及空间基本单元的素数集合能量波长的直接产物，

是质子康普顿波长 λ_p 在核外空间的延伸。氢原子电子的轨道能量也直接取决于质子能量。为方便分析我们在本章中用公式重新表述能量空间谐振原理：

质子空间能量波长 λ_{pn}：

$$\lambda_{pn} = n^2 \lambda_p \tag{9.13}$$

$$n = 1 \qquad \lambda_{p1} = \lambda_p \tag{9.14}$$

$$n = 20 \qquad \lambda_{p20} = (20)^2 \lambda_p = \lambda_{E_{1595819}} \tag{9.15}$$

$$n = 200 \qquad \lambda_{p200} = (200)^2 \lambda_p \approx a_0 \tag{9.16}$$

$n = 200$，$\lambda_{p200} = (200)^2 \lambda_p$ 时对应着的是电子与质子之间的电磁力、电子的第一轨道及速度 V_{H_1}；$n = 1$，$\lambda_{p1} = \lambda_p$ 时对应着的是质子内部的核强力、质子康普顿波长及光速。由此可见，当公式（9.11）中的氢原子第一轨道速度 V_{H_1} 换为光速时，对应的康普顿波长为 $\lambda_{p1} = \lambda_p$。这时候满足这一条件的不再是电磁力、电子轨道运动速度而是核力、质子和它内部的自旋角动量，见图9-3。

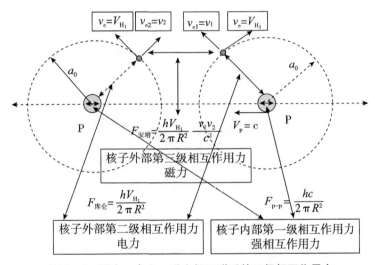

图9-3 强力—电力—磁力相互联系的三级相互作用力

很明显，如果与公式（9.11）中的 V_{H_1} 所对应的状态是氢原子（质子）电子的第一轨道以及电子的相互作用力的话，那么当电子的速度从 V_{H_1} 变换到光速 c 后，对应的状态则是从第一轨道半径上的运动转到质子的康普顿波长大小的半径处，同时对应的自然而然是质子内部的核力范围。那么对于有疑问的相互作用力公式（9.12）就自然而然地被理解为质子内部的相互作用力公式——强相互作用力公式，并因此有如下假设：

假设10：如果空间是由统一的一种物质——空间基本单元构成，那么力也是统一的：电磁力源于原子核内强力。依据电子相互作用力的统一形式，核子（质子、中子）内部的核力——强力表达方式如下：

$$F_{强力} = \frac{hc}{2\pi R^2} \tag{9.17}$$

由于本书发现各种力均产生于强力，我们也称强力为原始力。

9.3 空间基本单元理论从强力、电力、磁力总结出的统一力的公式

为了更深入分析空间基本单元理论下的统一形式的强力、电力、磁力的性质，从而找出共有的规律性，我们将上述研究的核、电、磁相互作用力公式变形为一种统一的形式：

$$F_{强力} = \frac{hc}{2\pi R^2} \times \frac{m_p c}{m_p c} \tag{9.18}$$

$$F_{电力} = \frac{hc}{2\pi R^2} \times \frac{m_e \alpha c}{m_e c} \tag{9.19}$$

$$F_{磁力} = \frac{hc}{2\pi R^2} \times \frac{m_e \alpha c}{m_e c} \times \frac{m_e v_1}{m_e c} \times \frac{m_e v_2}{m_e c} \tag{9.20}$$

如果我们称 $\frac{hc}{2\pi R^2}$ 为核原始力公式的话，那么任何物质间的相互作用力都应该是由原始力公式乘以参与相互作用力的动量与自身能量的动量之比，如果相互作用有多个维度，那么参与相互作用的维度的数目就作为二者之比的幂次，我们称此相互作用关系为统一力公式，表述如下：

$$F_{统一力} = \frac{hc}{2\pi R^2} \times \left(\frac{参与相互作用的动量}{自身能量动量}\right)^{参与交换的维数} \tag{9.21}$$

在强力公式中，由于核子间的强相互作用力是在核子内部进行，因此可以认为参与相互作用的动量为 $m_p c$，而核子的自身动量也是 $m_p c$，因此公式 (9.18) 成立，简化为统一力公式形式公式 (9.21)。

在电力公式中，参与相互作用的电子动量为 $m_e \alpha c$，电子自身能量动量为 $m_e c$，因此公式 (9.19) 简化为统一力公式形式公式 (9.21)。

在磁力公式中，在电力的基础上，参与相互作用的动量为独立动量矢量为 $m_e v_1$ 和 $m_e v_2$，各自自身能量动量均为 $m_e c$，总相互作用动量为 $m_e v_1 \times m_e v_2$，因此公式 (9.20) 简化为统一力公式形式公式 (9.21)。

值得注意的是，强力与电相互作用力是一维的，而磁相互作用力是在电相互作用力延伸下的二维的相互作用力。那么是否存在电相互作用力延伸下的三维的相互作用力呢？三维下的相互作用力是否与万有引力相关？我们将在下一节对此问题进行深入探讨。

9.4 万有引力——从统一力的公式中推演出来

引力的起源一直是十分神秘莫测的，迄今科学界也没有定论，本章在发现电磁力

是核力的延伸的基础上进行更深入的探索。我们依据公式（9.18）、公式（9.19）、公式（9.20）依次讨论了核子与核子内部、电子与电子、电子流与电子流（运动电子）之间的相互作用力，并因此形成了统一力的公式（9.21）。值得我们关注的是，电相互作用力是一维的，而磁相互作用力是在电相互作用力延伸下的二维的相互作用力，那么三维下的相互作用力又是怎样的情况呢？在所知的相互作用力中，仅有重力——万有引力没有讨论了。而万有引力是物质间（原子之间）的长程力，并且长程力是空间的长程距离体现，也就是我们讲的空间基本单元所构成的宇宙空间。其实在我们提出空间基本单元理论之初时，就隐约感觉空间基本单元必定是要同万有引力紧密相关的，并作为形成包括引力在内的各种力的媒介而存在。因为根据空间基本单元理论，空间基本单元是构成宇宙空间的最基本的物质，在"真空"的空间中除了空间基本单元以外是不存在任何其他基本物质的。假如我们认为万有引力是核子之间交换空间基本单元的结果的话，那么空间基本单元势必就扮演着很多世纪以来物理学家们苦苦寻找的"引力子"的角色。这样一来，既然空间基本单元理论认为空间基本单元是构成宇宙中的所有物质的基础，那么这些物质之间的相互作用力是不可能没有空间基本单元介入的，否则空间基本单元的理论必定会遇到颠覆性的挑战。我们由此提出以下新的假设：

假设 11：

① 依据第 1 章假设 5，由于质子或中子的核半径约为 $1 \times 10^{-15} \mathrm{m}$，因此在这一尺度下，质子、中子在外部空间中的任何一个方向上只能同时与一个空间基本单元相互作用。

② 空间基本单元在 2.725K 时的等效质量为 m_0、等效能量为 $m_0 c^2$、运动速度为光速 c，故动量 $m_0 c$ 是不变的。因此空间基本单元作为核子（质子或中子）与核子相互作用的媒介，在与核子（质子或中子）相互作用中交换的总动量恒为 $m_0 c$。同样，空间基本单元之间的能量传递也一样以光速进行并引发引力的光速传播。

③ 由于核子（质子或中子）与核子及空间基本单元能量与动量 $m_{\mathrm{p}} c$、$m_{\mathrm{n}} c$、$m_0 c$ 均是各向同性的，故根据动量（动量用 p 表述）公式有：

$$p^2 = p_x^2 + p_y^2 + p_z^2$$

$$p_x = p_y = p_z = p \sqrt{\frac{1}{3}} \qquad (9.22)$$

因此，对于质子及空间基本单元 x、y、z 各个方向的动量与总动量关系如下：

$$(m_{\mathrm{p}} c)^2 = (m_{\mathrm{p}x} c)^2 + (m_{\mathrm{p}y} c)^2 + (m_{\mathrm{p}z} c)^2$$

$$(m_0 c)^2 = (m_{0x} c)^2 + (m_{0y} c)^2 + (m_{0z} c)^2$$

$$\frac{1}{3} (m_{\mathrm{p}} c)^2 = (m_{\mathrm{p}x} c)^2 = (m_{\mathrm{p}y} c)^2 = (m_{\mathrm{p}z} c)^2 \qquad (9.23)$$

$$\frac{1}{3} (m_0 c)^2 = (m_{0x} c)^2 = (m_{0y} c)^2 = (m_{0z} c)^2 \qquad (9.24)$$

④核子（质子—质子、质子—中子、中子—中子）之间的长程相互作用同空间基本单元的动量交换是三维的，见图9-4。

⑤参照强力（9.18）、电力（9.19）、磁力公式（9.20）的统一力的形式，我们结合假设11中的①、②、③、④项和统一力公式（9.21）得到空间基本单元理论的万有引力公式：

$$F_{统一力} = \frac{hc}{2\pi R^2} \times \frac{m_e V_{H_1}}{m_e c} \times \frac{m_{0x} c}{m_{px} c} \times \frac{m_{0y} c}{m_{py} c} \times \frac{m_{0z} c}{m_{pz} c} \tag{9.25}$$

其中，$V_{H_1} = \alpha c$ 为氢原子电子第一轨道上的速度。由于核子和空间基本单元的动量都符合等式（9.22），将公式（9.22）、公式（9.23）、公式（9.24）代入公式（9.25）得到空间基本单元理论的统一力的万有引力基本公式：

$$F_{统一力} = \frac{hc}{2\pi R^2} \times \frac{m_e V_{H_1}}{m_e c} \times \frac{m_0 c}{m_p c} \times \frac{m_0 c}{m_p c} \times \frac{m_0 c}{m_p c} = \frac{hc\alpha}{2\pi R^2} \left(\frac{m_0}{m_p}\right)^3 \tag{9.26}$$

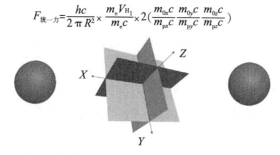

图9-4　空间基本单元主导的三维的物质间相互作用力——万有引力

同时，由于公式（9.26）来源于单独核子的电子与质子的相互作用力，而作为万有引力的主体是由物质的原子体系构成，而原子体系是由质子加电子以及中子混合构成，而中子也被证明为是由一个高能电子与质子构成。因此长程的2个核子体系（中子对中子、氢原子对氢原子）系统之间的相互作用力形式为双倍的单核子体系（质子＋电子或中子）作用力形式，对于传播引力的媒介——空间基本单元来讲是同时存在2个核子系统的能量叠加，因此公式（9.26）中需增加系数2，如图9-4所示。我们用$F_{氢原子}$表示的空间基本能量态下的用氢原子间相互作用力代表核子体系间长程的相互作用力，公式表达如下：

$$F_{氢原子} = 2 \frac{\alpha hc}{2\pi R^2} \left(\frac{m_0}{m_p + m_e}\right)^3 \tag{9.27}$$

对比统一力公式和万有引力公式可以看出，统一力是由一个粒子对另外一个粒子形成的相互作用力，或一个封闭空间对另外一个封闭空间形成的相互作用力。而万有引力是一对粒子（如质子＋电子形成的原子或质子＋高能量电子形成的中性中子对）之间的相互作用力，或2个封闭空间对另外2个封闭空间形成的相互作用力。

按照公式（9.27）氢原子之间的引力公式形式，远距离的原子中的中子之间的万有引力公式为：

$$F_{中子} = 2\frac{hc\alpha}{2\pi R^2}\left(\frac{m_0}{m_n}\right)^3 \tag{9.28}$$

我们知道牛顿的万有引力公式为：

$$F = G\frac{m_1 m_2}{R^2} \tag{9.29}$$

其中 $G = 6.67430$（± 15）$\times 10^{-11}\,\mathrm{m^3 kg^{-1} s^{-2}}$，为 2018 年 CODATA 给出的最新万有引力常数值，m_1、m_2 为参与相互作用力的双方物质的质量，那么如果要求空间基本单元理论的核子体系间的三维相互作用力公式等同于经典力的牛顿万有引力公式，就需要公式（9.28）与公式（9.29）完全等效，合并两个公式，获得空间基本单元理论的中子之间的万有引力常数公式为：

$$G_{中子} = \frac{hc\alpha}{\pi}\left(\frac{m_0}{m_n}\right)^3\frac{1}{m_n m_n} \tag{9.30}$$

$$G_{中子} = \frac{6.62607015\times10^{-34}\times2.99792458\times10^8}{\pi\times137.035999084}\left(\frac{1.25582605\times10^{-39}}{1.67492749\times10^{-27}}\right)^3$$

$$\frac{1}{(1.67492749\times10^{-27})^2} = 6.93268\times10^{-11}\,\mathrm{m^3 kg^{-1} s^{-2}} \tag{9.31}$$

牛顿的万有引力常数同空间基本单元理论推导出的中子之间等效的万有引力常数之间的误差如下：

绝对误差：$\Delta = G - G_{中子} = -0.258\times10^{-11}\,\mathrm{m^3 kg^{-1} s^{-2}}$，相对误差：$K = \dfrac{\Delta}{G} = -3.87\%$。

同理，2 个氢原子之间的万有引力常数为：

$$G_{氢原子} = \frac{hc\alpha}{\pi}\left(\frac{m_0}{m_p + m_e}\right)^3\frac{1}{(m_p + m_e)\times(m_p + m_e)} \tag{9.32}$$

结果令人惊讶，由空间基本单元理论统一力的公式推导出的中子之间的等效的万有引力常数同物理实验测量数据十分接近并略高于普通物质的万有引力常数。这一结果至少说明统一力的公式从强力延伸到万有引力也是正确的，同时空间基本单元也参与了万有引力的相互作用。

9.5 以封闭空间内"基准核子质量"为度量的多核子原子（普通物质）之间的万有引力常数推导

由物质的统一构成线索发现的电中性独立核子体系（氢原子或独立中子）间的相互作用力必然是针对独立核子体系的，如何将在独立核子体系之间应用的相互作用力公式应用在多核子原子（普通物质）之间的万有引力，将是本节的研究内容。

现代科学告诉我们任何元素都来自恒星中氢原子之间的聚变，纯中子之间的万有引力公式只适合在中子星上应用；但是，现代物理学使用质子和中子的原始值来计算原子的结合能也不完全正确，如氧元素拥有8个质子、8个中子，那么结合能就是8个质子加8个中子的总能量减去氧原子总能量再除以核子总数16，得到每个核子的结合能，也称比结合能。因为中子在自由空间中是不稳定的，寿命仅15分钟，属于暂态物质，故氧原子的初始结构应该是16个氢原子才更合理，中间过程是8个氢原子在高温、高压下转化成8个中子并与剩余的8个氢原子结合成氧原子。这样的好处就是，任何一种原子形成的初始基准条件都是从一个质子和一个电子合成的氢原子开始的，而恒星就是从氢原子聚集成的氢气云形成的，因此这个基准条件将体现出从初始的氢原子稳定的封闭空间状态通过聚变活动发展到形成多核子原子核的稳定状态，并一直推演到多核子原子的这种稳定性形成时刻体现出来的比结合能能量临界值。这个值就是形成了以氢原子为初始基准、演化成多核子原子中参与万有引力的等效基准核子的质量值，通俗地讲就是参与万有引力的双方原子内的所有核子均以一种称为"基准核子质量"的身份体现。即在空间基本单元理论下，万有引力不是以物质的总质量衡量，而是将构成物质的核子视为各自独立的封闭空间，并以物质之间包含有多少个独立的封闭空间来度量的，每个独立的封闭空间均拥有相同的基准核子质量，所有的多核子原子中的每一个核子均作为一个独立封闭空间体现出相同的基准核子质量，这个是在多核子原子中能量的1193循环形成的必要条件，也是形成稳定原子的必要条件。整个推演过程是基于空间基本单元理论的封闭空间中的质子能量体系构成的探索成果开展的。

参照氢原子引力公式（9.27），我们继续尝试使用统一力公式模型来构建多核子原子（如2个铅原子）之间的万有引力公式，由于统一力公式来源于类似电子、质子、中子、氢原子的完整而且独立的封闭空间粒子，而在氢原子经过聚变形成多核子原子的过程中，其初始的氢原子中的质子均有不同的结合能释放出来，这样形成的各种元素原子中的每个核子的质量都不一样，比结合能也不一样，根据物理教科书，原子核的平均比结合能约8MeV，我们认为各种元素的比结合能的主体必定是会参与核子间万有引力作用的，而且基于核子能量体系稳定运转的要求，所有元素原子参与万有引力作用的比结合能值应该一致，本书称为"基准比结合能"，各个元素的比结合能的差异性变化应该与该元素原子内的核子之间的结构势能差异相关联，因此使用中子之间的万有引力公式（9.28）中完整地采用各个元素的比结合能数据就会造成对于统一力下的多核子原子间的引力强度计算结果的偏差，这个时候就需要寻找出在多核子原子中拥有代表参与万有引力的基准比结合能的基准核子质量来代入统一力公式中，基准核子质量应该包括氢原子、原子核质量单位、参与引力作用的基准比结合能这3个因素。

我们可以将2个铅原子之间的相互作用力等效为若干个拥有相同的基准核子质量（用$m_{基准}$代表）的能量体的封闭空间（俗称"核子"）之间的相互作用力，即一个铅原子的质量（用m_{pb}表示）可以折合为多少个基准核子质量来完成这个转变，每个基准核子质量都代表参与核子间的相互作用力的一个核子封闭空间中的总能量。进而 2 个铅原子之间的相互作用力就转变为等效的若干个基准核子质量之间的相互作用力，用公式表示一个铅原子等效为 n 个基准核子质量（也是原子中等效的封闭空间个数）如下：

$$n = \frac{m_{pb}}{m_{基准}} \tag{9.33}$$

因此，由公式（9.33）引出的等效于两个铅原子之间的两组 n 个基准核子质量之间的相互作用力为：

$$F_{多核原子} = 2\frac{hc\alpha}{2\pi R^2}\left(\frac{m_0}{m_{基准}}\right)^3 \times n \times n \tag{9.34}$$

因此，2 个铅原子之间的相互作用力为：

$$F_{多核原子} = 2\frac{hc\alpha}{2\pi R^2}\left(\frac{m_0}{m_{基准}}\right)^3 \times n \times n$$
$$= \frac{hc\alpha}{\pi R^2}\left(\frac{m_0}{m_{基准}}\right)^3 \frac{m_{pb}}{m_{基准}} \times \frac{m_{pb}}{m_{基准}} = \frac{hc\alpha}{\pi}\left(\frac{m_0}{m_{基准}}\right)^3 \frac{1}{m_{基准}^2} \times \frac{m_{pb}m_{pb}}{R^2} \tag{9.35}$$

根据牛顿的万有引力公式，两个质量为m_{pb}的铅原子之间的相互作用力为：

$$F_{pb} = G\frac{m_{pb}m_{pb}}{R^2} \tag{9.36}$$

基于上述 2 个公式的等效性，利用空间基本单元理论推导出的多核子原子之间的等效的牛顿万有引力常数 G 为：

$$G = \frac{hc\alpha}{\pi}\left(\frac{m_0}{m_{基准}}\right)^3 \frac{1}{m_{基准}^2} \tag{9.37}$$

由此可见，使用基准核子质量替代中子、质子质量后统一力公式完全同万有引力公式保持一致。现在的核心问题就是如何找到参与普通物质间万有引力的基准核子质量$m_{基准}$。

在第 8 章中，空间基本单元理论无意中发现了这样一个重要现象：排在原子序数 83 以后的元素全部都是放射性元素。其转折点是原子序数为 83 的元素铋，铋的半衰期长达 1.9×10^{19} 年而被认为是稳定元素序列；而第 84 号元素钋则完全不同，钋是地球上最稀少的元素，钋 210 的半衰期为 138 天，而钋 211 的半衰期只有 0.516 秒。从原子序数 83 的铋的高达 1.9×10^{19} 年半衰期马上转到原子序数 84 的钋 211 的 0.5 秒半衰期，这说明原子结构中核子之间的引力被新增补的核子抵消掉了，进而使原子序数 83 的稳定的原子铋原子核形成的稳定的封闭空间被打开，原子核形成的封闭空间从稳定而缓慢破裂变成瞬间破裂了。这个时候钋的比结合能恰恰就是全部用于原子核参与引力作用的临界值。我们就以这个平衡点的临界值作为参与万有引力的基准核子质量寻找点，我们根据官方提供的化学数据（http：//chemistry－reference. com/q＿ elements. asp？language＝zh&Symbol＝Po），如表 9－1 所示，将钋 188 到钋 218 的 31 个钋同位素的比结合能取平均值，其平均比结合能为 7.8169MeV 。我们知道，结合能越高，原子内部的核子之间的结合力就越强，而在钋以后的所有元素中的比结合能都低于钋的平均比结合能，并都不能因核内引力形成稳定的原子核，因此我们就以这个临界值作为多核子原子的核子间参与引力作用的基准比结合能。似乎获得这个数据就可以开始推演万有引力常数了，但是我们又有了新的发现，10 倍的 $E_{1595819}$ 恰恰是钋平均结合能的 3 倍，公式表示如下：

$$\frac{10 \times 2.34568022\text{MeV}}{3} = 7.81893407\text{MeV}$$

表 9 - 1 钋元素同位素平均比结合能计算

钋同位素	相对原子质量	半衰期 11	结合能（MeV）	比结合能（MeV）
188Po	187.999422（21）	430（180）μs	1461.00	7.771276596
189Po	188.998481（24）	5（1）ms	1469.07	7.772857143
190Po	189.995101（14）	2.46（5）ms	1477.15	7.774473684
191Po	190.994574（12）	22（1）ms	1485.22	7.776020942
192Po	191.991335（13）	32.2（3）ms	1493.29	7.777552083
193Po	192.99103（4）	420（40）ms	1501.36	7.779067358
194Po	193.988186（13）	0.392（4）s	1518.75	7.828608247
195Po	194.98811（4）	4.64（9）s	1526.82	7.829846154
196Po	195.985535（14）	5.56（12）s	1534.89	7.831071429
197Po	196.98566（5）	53.6（10）s	1542.96	7.832284264
198Po	197.983389（19）	1.77（3）min	1551.03	7.833484848
199Po	198.983666（25）	5.48（16）min	1559.10	7.834673367
200Po	199.981799（15）	11.5（1）min	1567.17	7.83585
201Po	200.982260（6）	15.3（2）min	1575.25	7.837064677
202Po	201.980758（16）	44.7（5）min	1583.32	7.838217822
203Po	202.981420（28）	36.7（5）min	1591.39	7.839359606
204Po	203.980318（12）	3.53（2）h	1599.46	7.840490196
205Po	204.981203（21）	1.66（2）h	1607.53	7.841609756
206Po	205.980481（9）	8.8（1）d	1615.60	7.842718447
207Po	206.981593（7）	5.80（2）h	1623.67	7.843816425
208Po	207.9812457（19）	2.898（2）a	1631.74	7.844903846
209Po	208.9824304（20）	102（5）a	1639.82	7.846028708
210Po	209.9828737（13）	138.376（2）d	1647.89	7.847095238

钋同位素	相对原子质量	半衰期 11	结合能（MeV）	比结合能（MeV）
211Po	210.9866532（14）	0.516（3）s	1655.96	7.848151659
212Po	211.9888680（13）	299（2）ns	1664.03	7.849056604
213Po	212.992857（3）	3.65（4）μs	1662.79	7.806525822
214Po	213.9952014（16）	164.3μs	1670.86	7.807757009
215Po	214.9994200（27）	1.781（4）ms	1678.93	7.808976744
216Po	216.0019150（24）	0.145（2）s	1677.68	7.767037037
217Po	217.006335（7）	1.47（5）s	1685.76	7.768479263
218Po	218.0089730（26）	3.10（1）min	1693.83	7.769862385
平均比结合能 7.8169 MeV				

在任何封闭空间内的 1193 超级循环均有基础的数值 3 的循环周期，而作为一个封闭空间的钋元素原子核在 7.8169MeV 数值附近的比结合能进行 3 倍循环后形成总能量 $10\,E_{1595819}$ 是完全符合空间基本单元理论的，更为关键的是质子的封闭空间是由 3 个相互垂直的封闭圆空间构成的，这 3 个封闭圆平分 $10\,E_{1595819}$，每个封闭圆中均会拥有 1/3 的 $10\,E_{1595819}$ 能量，这样质子内部能量在任意一个维度上均支持有这个统一的结合能能量值。在第 4 章的探索中发现，在质子、中子内部的边缘恰恰存在着能量为 $100\,E_{1595819}$ 的能量环，如图 4 - 4、图 9 - 5 所示，我们称为"壳粒子"。而核子（质子或中子）之间的能量结合必然是核子的"壳粒子"之间的融合，这种融合的结果是以不破坏核子的各自的 1193 能量循环体系为目的，即融合后的核子内也必须保持 1193 超级循环状态，进而保证多核子原子核整体上也拥有 1193 能量循环体系，并维持原子的稳定形态不变，而 $10\,E_{1595819}$ 作为壳粒子能量的 1/10 整数部分参与比结合能恰恰可以达到这样的目的。从这一点上看，我们在放射性元素临界处采用的钋元素平均比结合能来衡量核子参与万有引力过程的基准核子质量的思路是完全正确的，在核子之间结合释放结合能后，核子内部能量以循环模式来替补这部分失去的能量的作用，以形成稳定的核子封闭空间。基于以上的实验数据及核子的封闭空间理论，我们将 7.81893407MeV 设为多核子原子（也就是普通物质）内的每个核子的基准比结合能：

$$基准比结合能 = \frac{10 \times E_{1595819}}{3} = 7.81893407\text{MeV} \qquad (9.38)$$

基于此，在核子及原子核内的 1193 循环下，在以相对原子质量单位及氢原子质量为基准的基础上，结合基准比结合能的差异，形成了每个核子封闭空间中参与万有引力的基准核子质量 $m_{基准}$，用公式表示如下：

$$m_{基准} = （质子质量 + 电子质量）\times \frac{相对原子质量单位}{相对原子质量单位 - 核子封闭空间的基准比结合能}$$

$$= 1.\,673532862 \times 10^{-27} \times \frac{931.\,49410242\mathrm{MeV}}{931.\,49401242\mathrm{MeV} - 7.\,81893407\mathrm{MeV}} = 1.\,68769936 \times 10^{-27}\mathrm{kg}$$

$$(9.39)$$

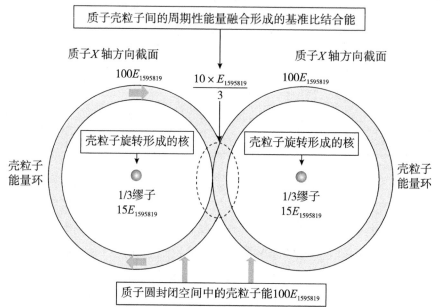

图 9 - 5　质子间壳粒子周期性融合形成的核子间基准比结合能

　　多核子原子中的核子作为独立的封闭空间来参与万有引力的基准核子质量比中子质量 $1.\,674927 \times 10^{-27}\mathrm{kg}$ 略高 7‰，在没有原子间的结合情况下，基准比结合能为 0，进而基准核质量退回到氢原子状态。实际上基准核子质量与质子或中子加上比结合能后的质量相差无几，只是更精确地说明了质子的 1193 超级能量循环在结合能中的体现罢了，而且这种体现值在所有元素原子的核子内都是一样的，并借此维持原子核的稳定存在。按此计算，每个原子中的封闭空间数目同核子数目是完全一致的，将公式 (9.39) 中的核子基准质量值代入公式 (9.37) 中，可以获得与中子间、氢原子间完全统一的多核子原子万有引力公式形式，多核子原子之间的万有引力常数 G 如下：

$$G = \frac{6.\,62607015 \times 10^{-34} \times 2.\,99792458 \times 10^{8}}{\pi \times 137.\,035999084} \left(\frac{1.\,255826 \times 10^{-39}}{1.\,68769936 \times 10^{-27}}\right)^{3} \frac{1}{(1.\,68769936 \times 10^{-27})^{2}}$$

$$= 6.\,674291 \times 10^{-11}\mathrm{m}^{3}\mathrm{kg}^{-1}\mathrm{s}^{-2}$$

$$(9.40)$$

　　国际科技数据委员会 2018 年给出的万有引力常数 G 的数值为 6.67430（±15）× $10^{-11}\mathrm{m}^{3}\mathrm{kg}^{-1}\mathrm{s}^{-2}$，主要是参考了 2018 年中国中科院院士罗俊团队的万有引力 G 常数的测量结果，两种结果分别为 $6.\,674184 \times 10^{-11}\mathrm{m}^{3}\mathrm{kg}^{-1}\mathrm{s}^{-2}$ 和 $6.\,674484 \times 10^{-11}\mathrm{m}^{3}\mathrm{kg}^{-1}\mathrm{s}^{-2}$。由于宇宙中大多数星球上的物质都是以多核子原子的分子形态存在的，所以多核子原子之间的万有引力常数可以代表通常使用的万有引力常数 G。同时，起于微观的、封闭空间理论的统一力的万有引力公式（9.35）与同起于宏观宇宙的牛顿的万有引力公式（9.36）完全等效。空间基本单元理论下的质量为 m_1、m_2 两个物体之间的统一的万有引力形式如下：

$$F_{多核原子} = G\frac{m_1 m_2}{R^2} = 2\frac{hc\alpha}{2\pi R^2}\left(\frac{m_0}{m_{基准}}\right)^3 \times n_1 \times n_2 \tag{9.41}$$

其中 $n_1 = \dfrac{m_1}{m_{基准}}$，$n_2 = \dfrac{m_2}{m_{基准}}$，$G = \dfrac{hc\alpha}{\pi}\left(\dfrac{m_0}{m_{基准}}\right)^3\dfrac{1}{m_{基准}^2} = 6.6742917 \times 10^{-11}\,\mathrm{m^3 kg^{-1} s^{-2}}$

当所有元素都以氢原子为基准点演变，统一的基准核子质量与引力常数就非常清晰可见了。按照上述推导公式，对应着引力系数 G 的下限 $6.67415\,\mathrm{m^3 kg^{-1} s^{-2}}$ 的空间背景辐射温度为 $2.72498\mathrm{K}$，与目前探测的空间背景辐射下限 $2.72491\mathrm{K}$ 误差仅为 $0.00007\mathrm{K}$，由此结果我们可以认为：

空间背景辐射的温度值是由万有引力引发的！

9.6 源于强力的弱力、电磁力、卡西米尔力、电子云力、万有引力等所有力场都因强力的构成属性而拥有1193超级循环属性

从第 1 章的空间基本单元理论到第 9 章的万有引力，我们根据宇宙空间微波背景辐射这一线索逐步深入地揭开了宇宙奥秘的一角。现在对以上章节的物理学的探索和发现进行一下总结。我们先看看粒子间的相互作用力，表 9-2 列出了根据空间基本单元理论所探索发现的宇宙间物质（粒子）之间各种相互作用力，所有形式的作用力都源于我们称为"原始力"的强力，从这个统一力的演变表中我们看出：

核子内部的强力逐步演绎出弱力、电力、磁力、卡西米尔力、电子云力以及万有引力。

根据表 9-2 的总结及分析，我们梳理出了所有的力都会拥有1193超级循环周期属性的证明。

①强力：运用空间基本单元理论探明的统一力的构成公式，告诉我们这样一个事实：所有的力都源于核子内部夸克支持的强力，空间基本单元理论推导的强力公式如下（R 为作用距离）：

$$F_{强力} = \frac{hc}{2\pi R^2} \tag{9.42}$$

强力源于核子（质子、中子）内部的由空间基本单元形成的生命之花结构中的直接结合，这种结合是周期性的，因此强力的周期为1，我们在第5章中知道，核子（质子、中子）内部能量是由1193超级循环周期驱动构成的，这就对应着1193个强力的周期，因此强力的最重要的属性就是可以形成1193超级循环：

$$1193 = 9 \times 132 + 5 = 9 \times 6 \times 22 + 5$$

这个循环是以经典的 $6n+5$ 素数个空间基本单元与生命之花的几何模型形成的封闭空间中的循环构造。

表 9-2

空间基本单元理论发现的宇宙中统一力的演变体系

力的形态	原始力	弱力因子	电力因子	磁力因子	电子轨道自旋因子	电子云力因子	万有引力因子	力的最终公式
强力	$\dfrac{hc}{2\pi R^2}$							$\dfrac{hc}{2\pi R^2}$
电力	$\dfrac{hc}{2\pi R^2}$		α					$\dfrac{\alpha hc}{2\pi R^2}$
磁力	$\dfrac{hc}{2\pi R^2}$		α	$\dfrac{v_1}{c}\times\dfrac{v_2}{c}$				$\dfrac{\alpha hc}{2\pi R^2}\times\dfrac{v_1}{c}\times\dfrac{v_2}{c}$
弱核力	$\dfrac{hc}{2\pi R^2}$	$\dfrac{1}{729}$	α					$\dfrac{\alpha hc}{2\pi R^2}\times\dfrac{1}{729}$
电子轨道自旋力	$\dfrac{hc}{2\pi R^2}$		α		$\dfrac{1}{1+\dfrac{2\pi}{\alpha}}$			$\dfrac{\alpha hc}{2\pi R^2}\times\dfrac{1}{1+\dfrac{2\pi}{\alpha}}$
电子云力	$\dfrac{hc}{2\pi R^2}$		α		$\dfrac{1}{1+\dfrac{2\pi}{\alpha}}$	$\dfrac{\pi\alpha}{1+\dfrac{1}{\alpha}}\left(1-\dfrac{2}{1+\dfrac{2\pi}{\alpha}}\right)$		$\dfrac{\alpha hc}{2\pi R^2}\times\dfrac{1}{1+\dfrac{2\pi}{\alpha}}\times\dfrac{\pi\alpha}{1+\dfrac{1}{\alpha}}\left(1-\dfrac{2}{1+\dfrac{2\pi}{\alpha}}\right)$
中子间万有引力	$\dfrac{hc}{2\pi R^2}$		α				$2\left(\dfrac{m_0}{m_n}\right)^3$	$\dfrac{\alpha hc}{2\pi R^2}\times2\left(\dfrac{m_0}{m_n}\right)^3$
多核子原子万有引力	$\dfrac{hc}{2\pi R^2}$		α				$2\left(\dfrac{m_0}{m_{基准}}\right)^3$	$n\times n\times\dfrac{\alpha hc}{2\pi R^2}\times2\left(\dfrac{m_0}{m_{基准}}\right)^3$

②电磁力：在强力（或核子中的）1193 循环周期中，存在着最基础的循环周期，就是 132 + 5 = 137 循环周期，对应的与质子同类构造的电子内部也同样拥有 1193 周期。很明显，电磁相互作用力形成于空间基本单元之间的 137 次的基础能量循环作用〔我们之前证明了精细结构常数倒数的 137 的小数位（0.035999084）由循环作用中的高阶循环形成〕，是基于空间基本单元所传递的强力的 137 次循环周期形成的力，因此电磁力是在强力公式上附加一个精细结构常数因子形成的：

$$F_{电磁力} = \alpha \frac{hc}{2\pi R^2} = \frac{1}{137.035999084} \times \frac{hc}{2\pi R^2} \tag{9.43}$$

这个由空间基本单元理论推导出的电磁力公式与经典的库仑定律在数学公式上完全一致。精细结构常数就是产生于 1193 超级循环中的最基础循环周期：137，并且 137 = 6 × 22 + 5 还是以经典的 6n + 5 素数与生命之花的几何模型形成的封闭空间中的循环构造，基于此，电磁力的高级形态依然会形成 1193 超级循环。并且这个超级循环会形成很多的奇异的物理空间现象，这也是未来无线电的电磁波理论与实践发展的一个方向。

③弱电力：如果 1193 中基础循环周期 132 + 5 = 137 对应着电磁力因子，那么质子（中子）内部的 1193 循环中的 9 × 9 × 9 次 132 + 5 = 137 循环过程就对应产生了所谓的高能量电子，高能量电子的 729 周期直接形成了 3 个相互垂直的封闭空间，并在核子内部形成了所谓的弱电力（简称弱力、弱核力），粒子物理理论证明了由 W 粒子传递弱力，本书发现了带电荷的 W 粒子拥有 729 周期：

$$高能电子能量 = \frac{E_p}{729} \tag{9.44}$$

我们在质子、中子的内部能量探索中也发现了这个高能量电子，其对外整体上显示一个正电荷电量，并对外形成与电子之间的电相互作用力。但是这个高能量电子在质子、中子内部还同时与质子能量进行着 729 周期的大循环作用，这个作用就是弱电相互作用。因此由高能量电子参与的弱力应该与 1/729 及电力成正比，公式表述如下：

$$F_{弱核力} = \frac{1}{729} \alpha \frac{hc}{2\pi R^2} = \frac{1}{729 \times 137.035999084} \times \frac{hc}{2\pi R^2} \tag{9.45}$$

从空间基本单元理论的弱力公式看，弱力是强力的 10^{-5}。在科学史上，弱力由于太弱、作用距离太小而被认为强度范围在强力强度的 $10^{-10} \sim 10^{-6}$。尽管空间基本单元不特殊研究弱力，但是在质子构成体系内，确实存在着 729 个 132 + 5 基础循环周期，因此上述公式是非常合理的。2019 年的最新科学研究也同样认为，弱力是强力的 10^{-5} 左右（见韦氏词典：https：//www.merriam-webster.com/dictionary/weak%20force）。

综上所述，基于 9 × 9 × 9 × 132 + 5 的循环周期，是以 81 个 1193（9 × 132 + 5）循环周期构成的，从这里看，如果说电磁力是 1193 超级循环中的基础循环，那么弱核力则是 1193 的高级循环模式，并且在强力基础上形成了三维的相互作用。这个高级循环模式产生了更多更复杂的相互作用和粒子，在空间几何上则形成了更复杂的几何图形，如缪子、W/Z 粒子、中子等，尤其是中子的形成直接导致了更多的复杂原子的形成，宇宙因此拥有了一百多种元素，而不单单是一个质子加电子构成的氢原子那么简单。正是这个原因，宇宙中的元素原子都是基于 1193 超级循环构成的，并在其各种物理化学乃至构成的生命属性中，依然以 1193 超级循环作为主导的基础能量架构。

④电子轨道自旋力，也称卡西米尔力：电子轨道自旋力、卡西米尔力是空间基本单元理论的独特发现，这两个力起源于电子围绕质子运动时产生的独立电磁运动周期。因此基于电磁力的 1193 循环周期，卡西米尔力、电子云力同样拥有 1193 循环周期。

$$F_{电子轨道自旋力} = F_{卡西米尔力} = \frac{\alpha h c}{2\pi R^2} \times \frac{1}{1 + \frac{2\pi}{\alpha}} \tag{9.46}$$

电子轨道自旋力源于电子围绕质子运动中每一个周期中会有上下翻转的状态，经典物理学中称为电子轨道的上旋—下旋，用电磁波的理论解释就是电波的正—负周期。所以空间基本单元理论也称这个力为"电子轨道自旋力"。因为卡西米尔力已经被证实，并且其作用力的范围也恰恰在公式表述的半径上。所以空间基本单元理论发现的电子轨道自旋力被卡西米尔力及相关实验证实。

⑤电子云力：空间基本单元理论发现的"电子云力"依然是基于电磁力、电子轨道自旋力（卡西米尔力）的电子 1193 循环周期。电子波长需要 11955 个循环形成电子沿运动轨道对质子进行 2 次球形覆盖。其中 11955 周期依然源于 1193 超级循环，数学公式表述如下：

$$11955 = 15 \times 797 = 15 \times [1193 - (400 - 4)]$$

式中的 400 代表着质子内部的 400 个 $E_{1595819}$ 能量单元，4 代表着质子内部 3 个夸克电荷所拥有的 4 个 $E_{1595819}$ 能量单元。

$$F_{电子云力} = \frac{\alpha h c}{2\pi R^2} \times \frac{1}{1 + \frac{2\pi}{\alpha}} \times \frac{\pi \alpha}{1 + \frac{1}{\alpha}} \left(1 - \frac{2}{1 + \frac{2\pi}{\alpha}}\right) \tag{9.47}$$

电子云力的构造中不仅包含了 1/137 的精细结构常数，也同时包含 1193 的超级循环。这样一来，电子云力作为原子的最外围的作用范围较大的力，可以将原子核的 1193 超级循环能量在各个原子之间传递，各种原子之间的物理、化学、生物结合也就自然围绕着更复杂的 1193 生命之花模式形成了，这不仅产生了生命基因的 1193 循环形态，还将 1193 超级循环能量传递到最终的生命体形态。很多的物质奇特现象如超导等都是 1193 超级循环的杰作。

1193 超级循环控制着质子、中子、电子、原子、原子外围电子、基因的构成与运动模式。

⑥万有引力：从空间基本单元理论推导出的万有引力公式（9.41）来看，万有引力来源于电磁力，也因为既拥有精细结构常数又拥有源于 1193 的 132 + 5 = 137 基础循

环周期，因此万有引力作为无极性引力也同样应该拥有 1193 的稳定的能量体系。不仅如此，在所有的多核子原子内的结合能依然依据 1193 超级循环规则建立并参与到物质间的万有引力作用中。

当读者怀疑这点时，可以同作者一道进入第 11 章进行探索，发现太阳系体系中各个星球的 1193 运动规律。

我们以核力为基准，核力的 1/137 构成了电磁力；在电磁力基础上的 729 循环周期能量构成了弱力。按照这个推测，万有引力也应该是 1/137 基础上的 1193 循环周期。我们用数据推演一下这个猜想，公式（9.41）表示各自拥 n_1、n_2 个核子的两个多核子原子之间的万有引力。当 n_1、n_2 均为 1 时，代表这两个原子中的每个核子之间的万有引力，公式表述如下：

$$F_{多核原子} = 2\frac{hc\alpha}{2\pi R^2}\left(\frac{m_0}{m_{基准}}\right)^3 = 2\alpha\left(\frac{m_0}{m_{基准}}\right)^3\frac{hc}{2\pi R^2} = 2\alpha\left(\frac{m_0}{m_{基准}}\right)^3 F_{强力}$$

由此，我们获得了空间基本单元理论的万有引力与强力的比：

$$\frac{F_{多核原子}}{F_{强力}} = 2\alpha\left(\frac{m_0}{m_{基准}}\right)^3 = \frac{2}{137.035999084}\left(\frac{1.255826\times10^{-39}}{1.68769936\times10^{-27}}\right)^3 = \frac{1}{20}\times\frac{0.9995725}{(1193)^{12}}$$

$$(9.48)$$

公式（9.48）说明，万有引力强度与核力之比恰巧是 $1193^{-12}\times\frac{1}{20}$，其中 20 是十维空间因子。由于 2.725K 宇宙微波背景辐射温度 2.72548±0.00057K，在这个精确的温度区间中，在 2.7253884K 附近时，对应的空间基本单元质量为 1.25600549×10^{-39}kg，这时的核力与万有引力强度之比恰恰为 $1193^{12}\times20$ 的整数倍，其相对精确度可达 10^{-11}。

引力场、电磁场等各种力场乃至生命场中都会形成稳定的 1193 超级循环体系。

这句话可以这样理解，引力场、电磁场可以产生稳定的力，稳定的电磁封闭空间、稳定的能量环、稳定的能量罩等，这一切都来源于生命之数，即 1193 的属性。

第 10 章　角能量、空间角能量——主宰宇宙的物理学法则

10.1　宇宙中的角能量 hc、空间角能量 $hc\alpha$、能量环、角能量半径与核半径

我们从第 8 章开始逐一探索了核力、弱力、电力、磁力、电子轨道自旋力（卡西米尔力）、电子云力、万有引力等各种相互作用力的统一性，并以空间基本单元为物质基础总结推导出了统一的相互作用力形式，并且得出同当代物理学的理论和实践高度一致的结果，所有这些都预示着：

由空间基本单元决定的统一的物质构成、统一的相互作用力，是宇宙中客观存在的物理现象。

但是统一的物质构成的推导乃至统一力的构成理论毕竟还是需要一个统一的物理理论和法则。在这种情况下，由空间基本单元理论发现和创立的角能量、空间角能量概念的出现和应用使得这一期望得以满足。换个角度讲，如果宇宙万物的构成、运动和相互作用存在统一的性质和结果，那么就势必存在主宰物质构成、运动和相互作用的统一的物理法则，因而能够寻找出这样的统一性的物理法则就是一个必然的结果。学习过物理学的人们都知道，宇宙间的物质是遵守能量守恒原理的，也就是参与相互作用的物质能量在整个相互作用过程中总能量之和均不发生变化。宇宙间能量守恒是一个普适法则。但是对于研究宇宙物质之间的相互作用关系和物质构造来讲，仅仅有能量守恒原理还是远远不足的。原因很简单，能量守恒原理并不能反映各种粒子的共性，也不能反映出物质粒子所处的空间的属性，即便是角动量守恒原理也同样存在这样的问题。

但是我们发现有这样一个物理量，它不仅仅是一个能够反映空间属性的恒定常数，而且对宇宙中包括各种波动（如光波、电磁波等）在内的所有粒子和物体都有统一的物理形式。这个恒定常数就是大家熟悉的 $h \times c$，其中 h 为著名的普朗克常数，c 为光速。我们先介绍一下角动量的概念。

角动量：对于运动速度为 v、质量为 m 的粒子，动量 mv 乘以转动半径 R 这一物理量，即 mvR 被经典物理学理论称为角动量。

角能量：按照动量乘以转动半径形成角动量的推演，那么能量 E 乘以转动半径 R

这样一个物理量理应被称为角能量。

空间基本单元理论告诉我们，所有的宇宙间物质（包括粒子、波）都是由空间基本物质单元构成的，这就必然导致所有粒子的能量属性都拥有一个共同的物理恒量。与此同时，现代量子物理学成就也告诉我们这样一个事实：任何粒子、任何光波、无线电波的能量 E 和康普顿波长 λ 都遵循以下物理学规则：

$$E \times \lambda = hc \qquad\qquad (10.1)$$

广义上而言，在一个封闭空间中，能量 E 的波长 λ 沿着封闭圆周运动，其等效的转动半径 R 就是 $\lambda/2\pi$，形成如下的角能量形式：

$$E \times 2\pi R = E \times 2\pi \times \frac{\lambda}{2\pi} = E \times \lambda = hc \qquad\qquad (10.2)$$

这是对任意一个粒子及其波长并对应的转动半径的统一的公式。因此我们得出如下定义：

一个单位的角能量定义为 hc，对应的转动的环形半径 R（$R = \lambda/2\pi$）称为角能量半径。

实际上，角能量公式（10.2）与量子力学的粒子能量公式（10.1）是完全等价的。就是说，现代量子物理学发现了基本粒子的量子恒等式关系，但是未提出与之对应的新的物理量"角能量"，而使用角能量概念的公式能够更精准、更深刻地反映出宇宙万物的原始物理运动属性。并且，基于这一新物理量还发现了其拥有当前物理学所未发现的众多的新物理属性：空间在角能量作用下会变得弯曲，空间是角能量下的空间，爱因斯坦所提出的引力引发的空间弯曲其本质是引力也属于角能量的体系；角能量在空间中的运动会形成环形能量形态；角能量会在空间激发出谐振能量；等等。我们逐一列出角能量的属性：

角能量属性 1：由空间的环形、球形封闭属性产生的角能量现象，从粒子到恒星均是角能量形成的封闭空间。

角能量最重要的物理属性就是：角能量源于宇宙空间的十维属性（由微小空间尺度卷曲的六维加上大尺度的四维构成）。构成宇宙空间及宇宙万物的空间基本单元具有封闭性，通俗地讲，空间基本单元可以是环形、球形，当空间基本单元所承载的光能量只能在其内部环形或球形的区域内运动时就会形成封闭空间中的能量，进而开放的、向无限远方辐射式的波动能量转化为封闭空间中的能量，进而形成固定形态物质的惯性质量，这种变化过程的角能量保持恒定，如公式（10.2）所示，这一特殊性就是角能量所特有的特殊性。如质子内部的能量就是在封闭的球形空间中运转，电子如此，恒星也是如此，转动的星球也会形成等效的封闭空间。

封闭空间就是光可以在固有的空间中进行无限的、无损耗的循环运动而不会脱离该空间。

角能量属性 2：空间角能量 $hc\alpha$。

一个单位的角能量 hc 在其封闭空间外的空间中会激发出新的一个单位的空间角能量 $hc\alpha$，其中 α 为精细结构常数。电子、质子、原子、转动的星球等都会产生空间角能量；电磁力、万有引力等也都是物质的空间角能量的体现。

角能量属性3：角能量导致宇宙中所有的能量形态均是涡流般的环形运动模式。

角能量公式同时指出，不同能量的粒子可以拥有相同的角能量。一个光子导致的空间弯曲、一个质子导致的空间弯曲封闭与一个电子导致的空间弯曲封闭的性质在角能量属性上是完全一致的，这三者的角能量都是 hc。空间如同弹簧，角能量越强，空间弯曲越严重，角能量半径越小，角能量的实质就是在空间产生的涡流能量。

空间基本单元的封闭性导致宇宙中所有能量运动形态都是环形的，如微小的电子轨道全部都是圆形或椭圆形，宏大的太阳系中所有的星球都是以椭圆形轨道围绕着太阳运转。地球的卫星、人造卫星也同样是椭圆形或圆形轨道等。其根本原因在于宇宙中所有的能量都是以角能量的形态存在的。

角能量属性4：角能量在十维空间中传播会产生空间角能量谐振并形成系列性的空间角能量——能量环。

质子、中子因为都拥有封闭空间的属性，故其角能量在空间传播过程中会在空间的十维度中产生谐振，并因此在空间中产生一系列的能量环。能量环既然是粒子或恒星等封闭空间在空间中产生的谐振，能量环的内部结构势必也会反映出粒子或恒星内部的能量构造。因此，能量环内部结构是粒子或恒星等封闭空间的内部能量运转在空间中的映射。

由质子、中子、原子构成的恒星，因为其本身也被视为一个封闭空间，且拥有封闭空间的属性（比如，科学家们发现太阳内部的光需要数百万年才可以脱离太阳表面辐射出来，符合封闭空间的定义），故其角能量在宇宙空间传播过程中会因为空间的十维度属性，在空间中谐振并产生能量环。能量环的轨道半径也称角能量半径，为恒星赤道半径的 $(n \times 20)^2$ 倍。如第11章中发现的太阳系的小行星带能量环、柯伊伯带能量环。

由原子构成的普通物质及星球（包括恒星）的自转，尽管自转速度没有达到光速，也并不算是一个标准的封闭空间，但是也会因其自旋运动产生角能量，其自旋角能量以其自旋能量乘以其等效封闭空间半径来计算，其等效的封闭空间半径（角能量半径）为星球赤道半径除以 2π，其能量环的轨道半径依然为星球赤道半径除以 2π 的 $(n \times 20)^2$ 倍。如第11章中发现的月球轨道就寄生在由地球自转产生的角能量的能量环上，而地球本身并不是一个封闭空间，地球自旋产生的等效封闭空间半径为地球赤道半径除以 2π。为方便表述，我们统称为角能量半径：

恒星作为巨型封闭空间，其半径也是其角能量半径；

恒星自旋、行星自旋及旋转物体的自旋角能量半径为其旋转赤道半径除 2π

粒子、星球、波等物体角能量产生的能量环轨道半径（也称空间角能量半径）通用公式：

能量环轨道半径 = 空间角能量半径 = （旋转）物体的角能量半径 $\times (n \times 20)^2$ （10.3）

公式（10.3）中的 n 为正整数，在质子及星系中的取值如下：

在原子领域，角能量半径采用质子康普顿波长：n 取值为 10、2×10、3×10、4×10、$\cdots$、$m \times 10$，对应物理现象：原子的电子各能级轨道半径。

在自转的星球领域（包含恒星自转、行星自转），因自转产生的角能量半径采用星球半径除以 2π：n 取值为 1、$2^0 \times 10$、$2^1 \times 10$、$2^2 \times 10$、$\cdots$、$2^6 \times 10$，对应天体现象：从恒星系的小行星带到奥尔特星球外边缘的各级能量环。

在恒星领域，恒星作为封闭空间，其角能量半径采用恒星半径：n 取值为 1、2^2、2^3、2^4、$\cdots$、2^8，对应天体现象：同上。

因物体的封闭空间形态不同而有变化，如在质子内部空间，n 为 1，形成质子内部的夸克；在原子体系，质子的空间能量会延伸到质子之外的 10 维空间中，n 取值为 10、20、30、$\cdots$、$m \times 10$ 时则形成原子的 n 级电子跃迁轨道，其中 m 为正整数，详细介绍见第 8 章；在星系中形成的环形能量环，如果使用恒星自旋半径（恒星半径除以 2π）作为恒星自旋产生的角能量半径，我们会发现 n 值为 1、10、20、40、$\cdots$、$2m \times 10$ 时则形成恒星的系列空间能量环，这个数学公式与原子的电子能级的数学公式是完全一样的，其原理就在于质子与恒星都是典型的封闭空间，详见表 11 - 6；而当使用恒星半径作为恒星的角能量半径，我们会发现 n 取值为 4、8、$\cdots$、2^m，m 最大为 8 时，会形成奥尔特星云球，2^8 似乎是一个封闭空间的界限，详见第 11 章的探索成果。

角能量属性 5：角能量的 400 谐振因子代表着所有角能量均以生命之花的 1193 超级能量循环形态构成。

公式（10.3）中，因子 $(20)^2 = 400$ 即为表述空间十维属性的能量因子，代表着十维空间中产生的角能量及角能量在十维空间的谐振，按照第 5 章节的发现，400 因子明确表明所有的角能量均以生命之花结构的 1193 超级能量循环形态构成。这一点在夸克构成、质子构成、太阳系构成及星球运转规则中都充分体现出来了。角能量在十维空间中产生能量环并以 1193 超级循环模式构成的现象是空间基本单元理论独有的重要新发现之一。

角能量属性 6：自旋形成的等效封闭空间的角能量半径往往对应着核结构，故也称核半径。

对于基本粒子，如质子、电子、中子等自旋产生的类似于空间的核结构的磁矩，也均是使用各自的康普顿波长除以 2π 形成的，即按照角能量半径等效成该粒子的半径。如公式（3.30）中按照质子壳粒子的康普顿波长除以 2π 获得的质子半径。因此，简单粒子的半径均可以按照其康普顿波长除以 2π 后形成的角能量半径构成各自的核半径，如图 10 - 1 所示。

对于大量原子构成的复杂物质团体，如在有自转行为的星球中，地球的核心半径

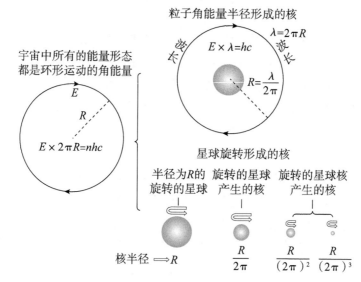

图 10-1 角能量半径形成的核半径

约为 1200 千米，地球半径约为 6378 千米，地球自转形成的等效的封闭空间半径为地球半径除以 2π，约 1015 千米。太阳的核心半径约为太阳的 20%，太阳自转形成的等效的封闭空间半径为太阳半径除以 2π，约为太阳半径的 16%。恰巧的是月球与地球同步运转，相对于地球来说，月球围绕地球公转而没有自旋行为，而月球被证明是空心的，是一个无核结构体。

实际上，物体的自旋运动本身会产生一个向心力，物体外边缘的物质压迫内部物质并向中心聚集，因而形成核心是必然的结果。对于能量为 E，旋转半径为 R 的，拥有 n 个角能量单位 hc 的角能量体系：$E \times 2\pi R = nhc$，因其形成的核心也在自转，并且除以 2π 后会形成更小的核心，而更小的核心也在自转状态中，依次类推，就会有如下的演变过程：

由半径 R 自旋形成核心半径为 $\dfrac{R}{2\pi}$ 后的角能量：$E \times 2\pi \dfrac{R}{2\pi} = \dfrac{nhc}{2\pi}$

由半径 $\dfrac{R}{2\pi}$ 自旋形成核心半径为 $\dfrac{R}{(2\pi)^2}$ 后的角能量：$E \times 2\pi \dfrac{R}{(2\pi)^2} = \dfrac{nhc}{(2\pi)^2}$

由半径 $\dfrac{R}{(2\pi)^{m-1}}$ 自旋形成核心半径为 $\dfrac{R}{(2\pi)^m}$ 后的角能量：$E \times 2\pi \dfrac{R}{(2\pi)^m} = \dfrac{nhc}{(2\pi)^m}$

式中 m 为正整数，由此，我们可以计算出由自旋半径 R 形成的一系列核心自旋的总角能量为：

$$E \times 2\pi \sum_{m=1}^{m=\infty} \frac{R}{(2\pi)^m} = \sum_{m=1}^{m=\infty} \frac{nhc}{(2\pi)^m}$$

由此获得等效的自旋星球的核心总角能量半径为：

$$R_{核心} = \frac{R}{2\pi} + \frac{R}{(2\pi)^2} + \frac{R}{(2\pi)^3} + \cdots + \frac{R}{(2\pi)^m} = 0.18928R \quad (10.4)$$

公式（10.4）说明，一个自旋半径为 R 的星球，其角能量引发的等效的内核半径为 0.18928R。下面举例说明：

①地球半径约为 6378 千米，内核半径在距离地面 5155 千米处，即内核半径为 1223 千米，由角能量内核半径公式给出的地球内核半径为 0.18928 × 6378 = 1207 千米，与实际测量的地球核半径非常接近。

②现代天文学理论推导出的太阳的内核半径约占太阳半径的 20%，按照角能量内核半径公式应该为 18.928%，也非常接近太阳的核半径值。

③土星是气态巨行星，赤道半径为 60268 千米，按照角能量内核半径公式推算土星内核应该为 11407 千米，现代天文学家估测土星有一个固态核心，其核半径约为 10000 千米。

如果角能量 hc 确实是主导宇宙物质运转的最根本物理学法则，那么宇宙中所有的物理学法则都会由如下因素所决定：

从封闭的空间内部角度来看：

空间基本单元（物质基础）+ 角能量 hc（运动法则）= 宇宙物理学法则

从封闭的空间外部角度来看：

空间基本单元（物质基础）+ 空间角能量 $hc\alpha$（运动法则）= 宇宙物理学法则

从空间的维度角度来看：

宇宙空间的十维度 + 宇宙空间的十维度属性 = 宇宙物理学法则

从循环素数的角度来看：

空间基本单元（物质基础）+ 1193 超级循环（稳定法则）= 稳定的宇宙文明进化法则

当空间基本单元被证明是构成宇宙物质的最基本物质单元，同时角能量也被证明适用于所有的宇宙物质的（包括各种粒子、各种波动）能量形态的变化以及相互作用时，那么上述公式的成立就无法避免了。即便如此，也仍然需要一个完整而系统的理论在理论与实践上贯彻整个物质体系的构成和相互作用关系。所以角能量 hc 就成为空间基本单元理论中统一力这一部分重要理论的出发点，也就是说，如果物质和力真正是统一的物理学法则，那么角能量 hc 就有可能或必须成为证明力的统一性的主角。其实，在公式（10.1）中角能量 hc 的定义就已经表明，宇宙间所有物质粒子、波动的角能量是绝对统一于一个具有空间物质属性的常数。下面的任务就是使用角能量在空间的分布，即空间角能量密度来证明力的统一性。所谓角能量密度，就是角能量在以粒子核心为中心的，半径为 R 的等距离球面积上的强度分布，如图 10-2 所示，1 个单位的角能量密度用 J 表示公式如下：

$$J = \frac{hc}{4\pi R^2} \tag{10.5}$$

实际上这一表达形式是描述粒子（包括波动）自身的内部能量运动关系的。新的研究发现，对应于粒子的自身能量的角能量与粒子对空间辐射（用于参与物质间相互

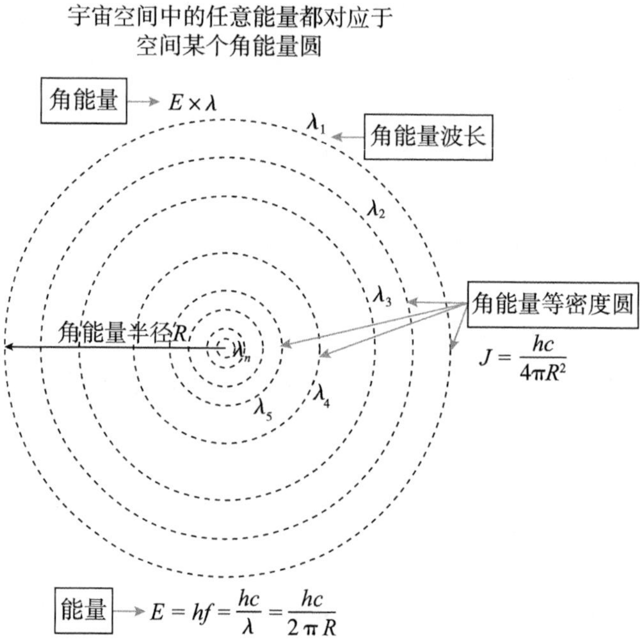

宇宙空间中的任意能量都对应于
空间某个角能量圆

图 10 - 2　角能量 hc 是空间中所有物质形态所具有的共同属性

作用）的角能量有所不同，即虽然所有粒子的能量关系仍然符合 $E\lambda = hc$，但是其运动过程中存在于其外部空间的实际角能量（或对空间物质产生相互作用的角能量）却与 hc 并不完全一致，如电子轨道运动的等效角能量就为 $hc\alpha$，由于这部分角能量是存在于空间并主导着物质间的通过空间的相互作用法则，故称为空间能量，即一个角能量 hc 会在其封闭空间之外的十维空间中产生空间角能量：

如果 1 个单位的空间角能量定义为 $hc\alpha$，那么：

1 个单位的空间角能量的密度用 J_α 表示，并定义为：

$$J_\alpha = \frac{一个空间角能量}{4\pi R^2} = \frac{hc\alpha}{4\pi R^2} \tag{10.6}$$

由于 $hc\alpha$ 则是各种粒子经过一个个的空间基本单元作为媒介在空间传播的角能量值，每个空间基本单元传递的角能量为 $hc\alpha$，故将 $hc\alpha$ 称为空间角能量。电子、质子的外部空间角能量与其各自的内部空间角能量之比值恰恰就是精细结构常数 α，同时粒子内部强力与外部电磁力的比也是这个比例，这个比也就是 638327600 的来源。很明显，空间角能量来源于粒子作为封闭空间的生命之花结构。

很明确，空间角能量密度、角能量密度是一个力的物理量。对于角能量密度覆盖的任意空间球面（这时候的空间不再是纯粹抽象的几何空间了，而是空间基本物质单元构成的真实空间，而空间角能量密度将改变空间能量形态，因而从这一点上来看，现实中的空间对应的是我们所谓的可以被弯曲的空间——黎曼空间），这时候粒子的中心到球面的距离为 R，角能量密度与该球面直径（$D = 2R$）的乘积为该处粒子可以接收的空间能量，表示如下：

$$E = JD = \frac{hc}{4\pi R^2}D = \frac{hc}{4\pi R^2}(2R) = \frac{hc}{2\pi R} \qquad (10.7)$$

并且，能量与圆周之积为角能量：

$$E \times 2\pi R = hc$$

很明显，2 个粒子的角能量密度相叠加同在第 9 章推导出的原始力 $F_{原始力}$ 有如下关系：

$$F_{原始力} = J + J = \frac{hc}{2\pi R^2} \qquad (10.8)$$

并且，力与面积之积为角能量：

$$F \times 2\pi R^2 = hc$$

即物质间通过空间的相互作用力被描述为各自角能量密度之和，其中 $\frac{hc}{2\pi R^2}$ 被我们称为原始力，当距离 R 在质子能量波长范围内时，角能量共享同一封闭空间，因而原始力体现为核子之间的力——强力，在更大的空间尺度下，核子之间逐步脱离直接接触，原始力由此将依次演变出弱力、电磁力、卡西米尔力、电子云力、万有引力等，详见第 8 章。当 $2\pi R = \lambda$，即圆周长为粒子的康普顿波长时，该空间所占据的角能量的总能量为粒子总能量：

$$E = JD = \frac{hc}{4\pi R^2}D = \frac{hc}{4\pi R^2}(2R) = \frac{hc}{2\pi R} = \frac{hc}{\lambda} \qquad (10.9)$$

由于角能量对应着空间基本单元属性，而空间基本单元对于能量的传递是永恒的光速，因此角能量的能量传递依然是光速。对于以光速波动的波长 λ 和频率 f 的关系，有 $\lambda f = c$，式中 $2\pi R$ 为围绕粒子角能量球面的任意圆圆周，对于波动来讲，围绕空间圆周运动的波，其圆周周长对应着波动的波长，因此对于对应任意圆周长都可以有相应波长 λ 与之对应，并有如下关系：

$$2\pi R = \lambda \qquad (10.10)$$

由于 R 在数学上对应着从无限小到无限大的圆半径，因此波长 λ 的范围对应着从无限小（数学理论上）到无限大的波动波长。这样一来，角能量密度所对应的空间圆周长就对应着所有宇宙空间中可能存在的能量的波长，因此角能量密度与角能量球直径的乘积就对应着宇宙间所有的波动能量。也就是宇宙间的任意能量波动都可以用一个角能量密度圆与其对应的直径乘积来表示。实际上人们发现的物理学规律也是如此，对于任意波动（包括粒子）其能量 E 与波长 λ（这是在空间中以空间基本单元的波动表现出来的波长）均有如下关系：

$$E = hf = \frac{hc}{\lambda} = \frac{hc}{4\pi R^2}(2R) \qquad (10.11)$$

由此可知，一个物体的角能量值一旦确定后，其在无穷大与无穷小的宇宙空间区域中分布的能量与其距离为半径的圆周乘积都等于其角能量值。这一特点成为电磁力、万有引力乃至所有力的基础。

10.2 角能量密度与粒子间的相互作用力（接收与发射）

我们先讨论封闭空间中的粒子角能量情况，我们知道，一个粒子（A 粒子，如质子内部的夸克类）其能量在空间的分布是以角能量密度来体现的。同样，对于其他粒子（B 粒子，如质子内部的夸克类）势必就沉浸在这一粒子的角能量密度空间中，由于所有粒子（独立粒子而非合成的原子、分子）的角能量都是相等的，并且所有粒子均由空间基本单元构成，因此粒子所占据的空间中分布的角能量自然而然就成为粒子自身的能量，如图 10－3 所示。根据这一性质，B 粒子可以接收 A 粒子辐射到空间中 B 粒子位置处的角能量。同用空间角能量密度计算粒子（波）能量方法一致，B 粒子接收 A 粒子的角能量强度表示如下：

$$E_{B-A} = \frac{hc}{4\pi R^2}(2R) = \frac{hc}{2\pi R} \tag{10.12}$$

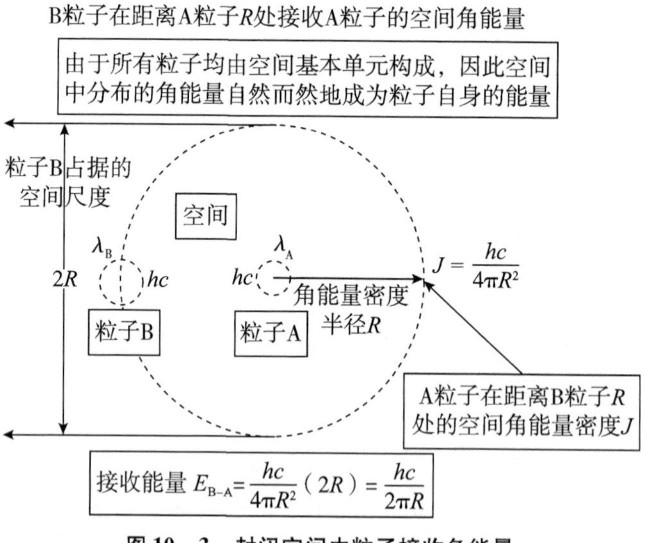

B粒子在距离A粒子R处接收A粒子的空间角能量

图 10－3　封闭空间中粒子接收角能量

特别的是，当 B 粒子处于 A 粒子中心时，B 粒子接收所有 A 粒子的能量。由于角能量的普适性，A、B 粒子都有相同的角能量和空间角能量，因而 A、B 两粒子在封闭空间内部的角能量（角能量密度）的叠加就成为 A、B 两粒子的相互作用力的来源。当 A、B 粒子为同一康普顿波长粒子时，B 粒子接收所有 A 粒子能量后成为 2 倍 A 粒子能量。这样一来，在角能量永恒的情况下，体现出能量守恒原理。A 粒子角能量密度 J_A 与 B 粒子的角能量密度 J_B 的叠加形成的相对应的相互作用力形式为：

$$F_{B-A} = J_A + J_B = 2J = \frac{hc}{2\pi R^2} \qquad (10.13)$$

公式（10.13）实际上反映出质子、粒子内部封闭空间内存在的强相互作用力，图 10-4 展示了这个过程。然而当 A、B 两个粒子不处于同一个封闭空间时（如电子和质子之间或电子和电子之间），粒子之间则需要通过空间角能量 $hc\alpha$ 进行相互作用，因而 A 粒子空间角能量密度 $J_{A-空间}$ 与 B 粒子空间角能量密度 $J_{B-空间}$ 通过大尺度的外部空间的相互作用力的表示如下：

$$F_{B-A-空间} = J_{A-空间} + J_{B-空间} = 2J_\alpha = \frac{\alpha hc}{2\pi R^2} \qquad (10.14)$$

很明显，由封闭空间内部角能量密度形成的强力在进入外部空间时转化为空间角能量，并因此形成了电磁力。

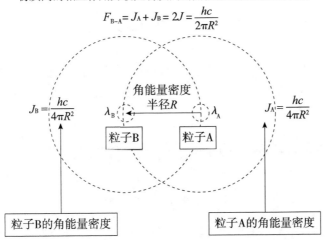

图 10-4　物质间角能量密度的叠加形成相互作用

10.3　角能量密度对粒子、波动能量以及核力的计算和推导

对于质子来讲，由于质子同样符合角能量关系（如公式10.2所示），因此有：

$$mc^2 2\pi R = hc, \quad mc^2 \lambda_p = hc \qquad (10.15)$$

式中 λ_p 为质子康普顿波长，故可以将 r_p 视为质子角能量半径，并有 $2\pi r_p = \lambda_p$，因此当质子内部能量波动每完成一个完整的圆周运动，运动尺度（直径）为 λ_p/π 时，角能量扫过的空间球体半径 $R = r_p$，因此根据角能量密度 J 计算出的质子总能量为：

$$E_p = J \times (2r_p) = \frac{hc}{4\pi R^2} \times \frac{\lambda_p}{\pi} = \frac{hc}{4\pi\left(\frac{\lambda_p}{2\pi}\right)^2} \times \frac{\lambda_p}{\pi} = \frac{hc}{\lambda_p} \qquad (10.16)$$

粒子—质子的能量波之所以在空间会形成一个完整的圆周并不停地往复运动，是因为其能量波的动能—势能的相互转换（在空间中的波动里是以电能—磁能的相互转换来实现的），因此动能—势能必然各占总能量的1/2。在每一个周期内，谐振子的平均动能能量与此平均势能能量相等[①]，这一点已经在当代物理学中作为量子物理学的基础理论成为共识。因此，质子总能量中动能势能、能量各为总能量的1/2，并有如下关系：

$$E_{\text{p-动能}} = E_{\text{p-势能}} = \frac{1}{2} J \frac{\lambda_{\text{p}}}{\pi} = \frac{hc}{4\pi \left(\frac{\lambda_{\text{p}}}{2\pi} \right)^2 2\pi} = \frac{1}{2} \frac{hc}{\lambda_{\text{p}}} = \frac{1}{2} E_{\text{p}}$$

同样，参见图10-4，质子内部—封闭空间中的相互作用力核力强度为：

$$F_{\text{核力}} = 2J = \frac{hc}{2\pi R^2} \tag{10.17}$$

由于核力的范围遍及核子内部，因此公式（10.17）中核力有效距离—力程为 $R \leqslant \lambda_{\text{P}}$。

10.4 空间角能量密度对电子能量与电力公式的推导

由于电相互作用力公式已经在两百年前由库仑给出，因此在根据空间基本单元理论的角能量密度研究电力公式前，先总结一下经典的两个电荷 e 之间的电相互作用力、电势能公式。

库仑电相互作用力公式：
$$F_{\text{库仑}} = \frac{e^2}{4\pi\varepsilon_0 R^2} = \frac{e^2}{\varepsilon_0} \frac{1}{4\pi R^2} \tag{10.18}$$

库仑电势能公式：
$$E_{\text{库仑}} = \frac{e^2}{4\pi\varepsilon_0 R} = \frac{e^2}{\varepsilon_0} \frac{1}{4\pi R} \tag{10.19}$$

库仑电势能公式推导出的电子总能量：$E_e = \dfrac{e^2}{4\pi\varepsilon_0 r_0} = m_e c^2 = \dfrac{hc}{\lambda_e}$ (10.20)

其中 e 为电子电荷（一个电子的电荷电量为 $1.602176634 \times 10^{-19}$ 库仑）；ε_0 为真空中的介电常数；r_0 为经典电子半径；λ_e 为电子康普顿波长。从上述公式中看出，经典的电力中依然含有球面因子 $1/4\pi R^2$，同时当 $R = r_0$ 时，电势能总能量 E_e 为电子总能量。而由角能量密度计算出的粒子总能量是以能量波长作为圆周的直径 λ_e/π 来计算的。

因为
$$r_0 = \alpha \lambda_e / 2\pi \tag{10.21}$$

$$E_e \lambda_e = E_e 2\pi \frac{\lambda_e}{2\pi} = hc \tag{10.22}$$

所以
$$E_e 2\pi r_0 = E_e \lambda_e \alpha = h\alpha c \tag{10.23}$$

由此可见，电子的角能量半径可以视为 $\lambda_e/2\pi$，电子的空间角能量半径可以视为 r_0

---

① 王永昌. 近代物理学 [M]. 北京：高等教育出版社，2006：31.

（即经典电子半径），根据这一物理现象，以经典电子半径的核心尺度 $R = r_0$ 计算得出的角能量为：

$$E_e 2\pi r_0 = h\alpha c \tag{10.24}$$

以经典电子半径为基准的电子空间角能量密度也就是一个空间角能量的空间密度，则有：

$$J_\alpha = \frac{h\alpha c}{4\pi R^2} \tag{10.25}$$

由空间角能量密度推导的电子在距离 R（$R \geqslant r_0$）处的总能量为：

$$E_{e-\text{角能量密度}} = J_\alpha(2R) = \frac{h\alpha c}{4\pi R^2}(2R) = \frac{h\alpha c}{2\pi R} \tag{10.26}$$

2 个电子间相互作用力强度为二者空间角能量密度之和（$R \geqslant r_0$）：

$$F_{e-\text{角能量密度}} = J_\alpha + J_\alpha = \frac{h\alpha c}{2\pi R^2} \tag{10.27}$$

因为

$$E_e = \frac{e^2}{4\pi \varepsilon_0 r_0} = m_e c^2 = \frac{hc}{\lambda_e} \tag{10.28}$$

以及

$$r_0 = \alpha \frac{\lambda_e}{2\pi} \tag{10.29}$$

所以有

$$\frac{e^2}{\varepsilon_0} = 2hc\alpha \tag{10.30}$$

经典物理学著名的电荷与介电常数之比 e^2/ε_0 是空间角能量，而且是两个电子所带有的空间角能量之和。库仑定律以电荷和介电常数的方式替代了 2 个空间角能量物理量，使得 2 个空间角能量的作用变成了 2 个电荷之间的作用，合并上述三个公式得出由空间角能量密度推导出来的两个电荷之间的相互作用力公式：

$$F_{e-\text{角能量密度}} = 2J_\alpha = 2\frac{h\alpha c}{4\pi R^2} = \frac{e^2}{4\pi \varepsilon_0 R^2} = F_{\text{库仑}} \tag{10.31}$$

上述结果表明，由空间角能量密度推导的电相互作用力同经典的库仑定律完全一致，并且库仑定律中本身就包含有空间角能量因子（以 e^2/ε_0 形式出现），将公式（10.30）代入公式（10.25）得出由空间角能量密度推导出来的电势能公式：

$$E_{e-\text{角能量密度}} = \frac{hc\alpha}{2\pi R} = \frac{e^2}{4\pi \varepsilon_0 R} = E_{\text{库仑}} \tag{10.32}$$

由公式（10.32）可见，由空间角能量密度推导的电势能公式同经典的库仑定律结果完全一致。图 10-5 形象地展示了整个过程。

同样，利用经典的电力公式也可以直接推导出标准的空间角能量密度公式。从角能量角度看，经典电子学的著名因子 e^2/ε_0 其本身就是 2 个空间角能量单位物理量，公式表示如下：

$$\frac{e^2}{\varepsilon_0} = 2hc\alpha \tag{10.33}$$

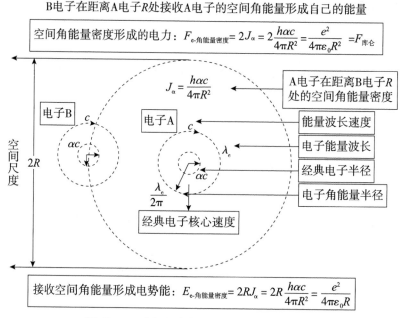

B电子在距离A电子R处接收A电子的空间角能量形成自己的能量

空间角能量密度形成的电力：$F_{e-\text{角能量密度}} = 2J_\alpha = 2\dfrac{h\alpha c}{4\pi R^2} = \dfrac{e^2}{4\pi\varepsilon_0 R^2} = F_{\text{库仑}}$

$J_\alpha = \dfrac{h\alpha c}{4\pi R^2}$

A电子在距离B电子R处的空间角能量密度

能量波长速度

电子能量波长

经典电子半径

电子角能量半径

经典电子核心速度

接收空间角能量形成电势能：$E_{e-\text{角能量密度}} = 2RJ_\alpha = 2R\dfrac{h\alpha c}{4\pi R^2} = \dfrac{e^2}{4\pi\varepsilon_0 R}$

图 10-5　空间角能量密度推导电力、电势能

这样看来，经典电子学中的电荷、介电常数、真空磁导率都可以归纳为空间角能量单位物理量 $hc\alpha$。这些物理量其实就是空间角能量的二次定义或"俗称"。

10.5　核子、原子、分子的角能量分析

10.5.1　核子体系的空间角能量分析

由于宇宙物质元素都是以原子/分子为基本单元构成的，所以万有引力从根本上来讲是原子及分子构成的物质之间的长程相互作用力。在物质原子中，最简单的原子仍然是以一个质子、一个电子构成的单原子核原子，如氢原子。对于单一质子来讲，其核内部的角能量为 hc；对于单一的中子来讲，中子的中心是一个质子、外部是一个高能量电子，故中子总角能量为 $2hc$，中子核心角能量为 hc。由于核子内部是核力的范畴，实验证明核力力程仅限于核子内部，因此角能量 hc 也仅限于核子内部。对于核子外部空间起相互作用的角能量如何计算，由于每一个核子都携带有电荷（质子带有一个电荷、中子带有一个高能量电子），很明显所谓的电荷（核电荷）也就是核子在外部空间的角能量的体现。从上节研究结果中，我们知道任何电能量体系中的能量 E 都满足以下空间角能量关系：

$$E2\pi R = hc\alpha \tag{10.34}$$

这一结果也同样是经典电学理论给出的结论。对于电子，当 $R = r_0$ 时，E 对应着电子总能量，当 $R = a_0$（a_0为玻尔半径）时，能量 E 对应着氢原子电子第一轨道总能量。

同样对于中子来讲，我们在第 4 章中已证明中子是由高能量电子和质子构成的，其中高能量电子能量为：

$$E_{en} = \frac{E_n}{(27)^2} \qquad (10.35)$$

式中 E_n 为中子总能量，对应的康普顿波长为 λ_n，E_{en} 为中子的高能量电子能量。如果中子的这一高能量电子也同样符合经典的电势能量公式，那么其总能量就应该为由无限远到中子电荷核心半径 R_{e-n} 之间的总势能，并满足如下的库仑定律电势能条件：

$$\frac{E_n}{(27)^2} = \frac{hc\alpha}{2\pi R_{e-n}} = \frac{e^2}{4\pi\varepsilon_0 R_{e-n}} \qquad (10.36)$$

由此可知，由空间基本单元理论推导的中子中的高能量电子—中子核电荷半径 R_{e-n} 为：

$$R_{e-n} = \frac{(27)^2 hc\alpha}{2\pi E_n} = \frac{(27)^2 \alpha}{2\pi}\lambda_n = 1.117255 \times 10^{-15} \text{ m} \qquad (10.37)$$

现代物理实验测量出的核子（质子、中子）核电荷半径为 1.1×10^{-15} m [1]，经典电学推导出的中子的高能量电子半径同物理学的实验测量值保持完全一致，这也证明了公式（10.37）的正确性。因此中子的高能量电子的空间总角能量为：

$$\frac{E_n}{(27)^2}2\pi R_{e-n} = \frac{E_n}{(27)^2}2\pi\frac{(27)^2 hc\alpha}{2\pi E_n} = hc\alpha \qquad (10.38)$$

同理，质子的（电荷）空间角能量为：

$$\frac{E_p}{(27)^2}2\pi R_{e-p} = \frac{E_p}{(27)^2}2\pi\frac{(27)^2 hc\alpha}{2\pi E_p} = hc\alpha \qquad (10.39)$$

由上述公式可见，任何电能量体系中的空间角能量都为 $hc\alpha$，这一点说明了空间角能量公式等效于电磁力公式。而中子尽管是中性的，但是因为由高能电子和质子构成，因而拥有空间角能量 $2hc\alpha$。这样，经典物理学理论（可以直接统一在空间基本单元理论中的角能量理论中）以及当代物理学实验都共同证明了核子体系中质子、构成中子的高能电子、质子的空间角能量均为 $hc\alpha$。当然，电子的空间角能量也为 $hc\alpha$，这也是不争的事实。空间角能量没有负值概念，这一点说明空间角能量公式应该支持类似中性原子间的空间能量相互作用活动。

10.5.2　空间中角能量叠加与极性消减

由于能量不能消失，代表负电荷的电子空间角能量为 $hc\alpha$，代表正电荷电子的空间角能量也为 $hc\alpha$。那么对于一个氢原子的质子＋电子的构成体系，由于正负电荷相抵消而显得对空间物质具有零电荷效应，但是这时候的总空间角能量也会同样相抵消为零吗？当然不会，如同正负电子相遇发生湮灭时，其产生光子的总能量为 2 倍电子总能

---

① 王永昌. 近代物理学 [M]. 北京：高等教育出版社，2006：266.

量而不是能量为零一样。在原子体系中的电子空间角能量同质子空间角能量、中子外部的高能量电子与中子的核心质子空间角能量及其空间角能量密度仍然会在空间产生叠加效果。用公式表示如下：

$$质子电荷的空间角能量 = hc\alpha \qquad (10.40)$$

$$电子空间角能量 = hc\alpha \qquad (10.41)$$

$$中子中的高能量电子的空间角能量 = hc\alpha \qquad (10.42)$$

由此，质子、电子、中子中的高能量电子的空间角能量密度均为一个空间角能量密度，用 J_α 表示：

$$J_\alpha = \frac{hc\alpha}{4\pi R^2} \qquad (10.43)$$

进一步来看，包含一个质子和一个电子的氢原子总角能量则应该为质子和电子的角能量之和：

$$氢原子空间角能量 = 2hc\alpha \qquad (10.44)$$

包含一个高能量电子和一个质子的中子的空间角能量也应该为高能电子与质子角能量之和：

$$中子空间角能量 = 2hc\alpha \qquad (10.45)$$

因此，单一核子体系（包括一个电子和一个质子的原子或内含一个电子和一个质子的中子）总空间角能量密度为：

$$J_{核子} = \frac{2hc\alpha}{4\pi R^2} = 2J_\alpha \qquad (10.46)$$

对于拥有 n 个核子体系（质子 + 电子或中子）的多原子总空间角能量为：

$$E_{J-原子} = n \times 2hc\alpha \qquad (10.47)$$

相应的原子总空间角能量密度为：

$$J_{原子} = n \times J_{核子} = n \times 2 J_\alpha = n \times \frac{2hc\alpha}{4\pi R^2} \qquad (10.48)$$

如图 10 - 6 所示，原子体系中的空间角能量在空间叠加后，由于正极性空间角能量与负极性空间角能量形成无极性空间角能量（也可以表述为在空间的一点上同时具有正极性角能量和负极性角能量，这似乎就是人们常讲的张量或空间曲率），这样一来具有极性性质的粒子——带电荷的粒子接收的极性角能量总和为零，但是对于物质所占有的空间（以空间体积来衡量）来讲依然还是受到总的空间角能量的影响。而这一影响就使有极性的空间角能量形成的电磁力转变为无极性的空间角能量形成的万有引力。反之亦然，在引力极强的中子星附近，强大的角能量也同样会在空间中引发正、负电子对伴随中子星运动，并形成强电磁波。

原子辐射的空间中角能量的叠加性与极性消减性

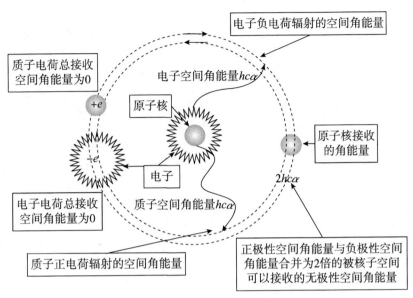

图 10－6　由电子和质子构成的原子的空间角能量为二者角能量之和

10.6　物质的空间角能量密度与物质间的万有引力推导

从外部空间来看，一个具有 n 个封闭空间的核子体系构成的原子体系，其总空间角能量 $E_{J-原子}$ 为：

$$E_{J-原子} = 2nhc\alpha \tag{10.49}$$

原子的总空间角能量密度为：

$$J_{原子} = \frac{2nhc\alpha}{4\pi R^2} \tag{10.50}$$

由于该空间角能量密度是由空间基本单元传递至远方的原子系统，电相互作用因原子内的质子与电子极性相反而相抵消，而原子核中的核子（质子、中子）的尺寸（约 10^{-15}m）远远小于 2.725K 能量态下的空间基本单元波动尺度 λ_{m_0}（约 10^{-3}m），因此相互作用中的原子内核其实是沉浸在承受着总角能量的空间基本单元的巨大波动空间中，因而对空间基本单元所承载的角能量在三维空间上的吸收效率应该表示为原子内核中各个核子所占有的空间体积与空间基本单元占有的有效空间体积之比，参照电子体积使用电子康普顿波长立方算法，空间基本单元在宇宙空间中占有的体积也按照空间基本单元的等效波长的立方来计算。这样一来，以中子为例，对于 2 个相距距离为 R 的独立核子体系（如中子），体现在这 2 个核子（采用中子质量 m_n 和波长 λ_n 作为统一的核子平均质量和波长）内核空间体积上的吸收来自对方核子体系（核子体系的质量用中子质量来代表）产生的总角能量密度为：

$$J_{中子} = \frac{2hc\alpha}{4\pi R^2}\left(\frac{\lambda_n}{\lambda_{m_0}}\right)^3 = \frac{hc\alpha}{2\pi R^2}\left(\frac{m_0}{m_n}\right)^3 \tag{10.51}$$

其中，$m_0 = \dfrac{hc}{c^2\lambda_{m_0}}$ 和 $m_n = \dfrac{hc}{c^2\lambda_n}$ 分别为 2.725K 温度下的空间基本单元能量等效质量和中子质量，λ_{m_0} 为 2.725K 温度下的空间基本单元等效波长，λ_n 为中子康普顿波长。

根据角能量密度的定义，我们知道引力是粒子相互之间作用力，就是粒子之间在空间产生的总角能量密度的总和。因此，2 个相同的独立核子（如 2 个中子）体系的相互作用力强度为：

$$F_{中子} = J_{中子} + J_{中子} = \frac{hc\alpha}{2\pi R^2} \times 2\left(\frac{m_0}{m_n}\right)^3 \tag{10.52}$$

由公式（10.53）可见，利用核子的空间体积对传播引力的空间基本单元的角能量的吸收来计算万有引力的方法同第 9 章公式（9.21）中使用动量和相互作用的空间维度的方法是保持一致的，图 10-7 为最简单的 2 个氢原子之间的角能量密度所形成的万有引力。

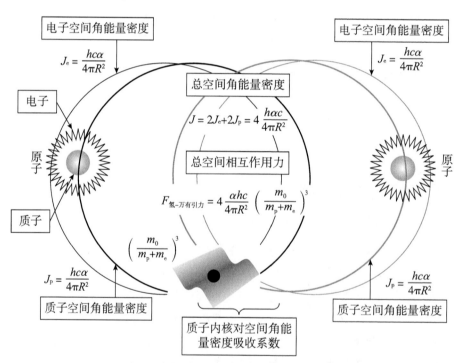

图 10-7 原子、分子的总空间角能量密度形成的万有引力

对于相距距离为 R，并分别具有 n、m 个核子体系（其中一个质子、一个电子构成一个具有 $2hc\alpha$ 空间角能量的核子体系，一个中子也构成一个具有 $2hc\alpha$ 空间角能量的核子体系。为方便阐述，每个核子体系可以统一用中子 m_n 质量表示）的 A、B 两物质原子之间相互作用力的证明和分析如下：

①A 物质的 n 个核子体系和 B 物质的 m 个核子体系的空间角能量各自为：

$$E_{JA} = 2nhc\alpha \qquad (10.53)$$

$$E_{JB} = 2mhc\alpha \qquad (10.54)$$

②A 物质的 n 个核子通过十维空间在 B 物质位置上产生作用的总空间角能量密度为：

$$J_{A\to B} = \frac{2nhc\alpha}{4\pi R^2} \qquad (10.55)$$

③A 物质作用通过温度为 2.725K 的空间基本单元（用 m_0 表示等效质量）在 B 物质上每一个核子（用 B_1 表示）的相互作用力即为其有效吸收的空间角能量密度，表示如下：

$$F_{A\to B_1} = J_{A\to B}\left(\frac{m_0}{m_n}\right)^3 = \frac{2nhc\alpha}{4\pi R^2}\left(\frac{m_0}{m_n}\right)^3 \qquad (10.56)$$

④A 物质作用在 B 物质上 m 个核子（用 B 表示）的相互作用力为：

$$F_{A\to B} = m \times J_{A\to B} \times \left(\frac{m_0}{m_n}\right)^3 = m\frac{2nhc\alpha}{4\pi R^2}\left(\frac{m_0}{m_n}\right)^3 \qquad (10.57)$$

⑤同理，也可以计算出 B 物质上 m 个核子作用在 A 物质的 n 个核子的相互作用力为：

$$F_{B\to A} = n \times J_{B-A}\left(\frac{m_0}{m_n}\right)^3 = n\frac{2mhc\alpha}{4\pi R^2}\left(\frac{m_0}{m_n}\right)^3 \qquad (10.58)$$

A 物质与 B 物质通过空间的总空间角能量密度即总相互作用力为：

$$F_{A-B} = m \times J_{A-B}\left(\frac{m_0}{m_n}\right)^3 + n \times J_{B-A}\left(\frac{m_o}{m_n}\right)^3 = F_{A\to B} + F_{B\to A} = \frac{4mnhc\alpha}{4\pi R^2}\left(\frac{m_0}{m_n}\right)^3 \quad (10.59)$$

上式得出的物质间的相互作用力相等，其根本原因在于构成每种物质元素的原子的每个核子都有共同的空间角能量。

⑥参照第 9 章节，考虑多核子原子在核子相互结合后对相互作用力的影响因素，对于多核子原子的元素物质的质量分别为 m_1、m_2，其对应的等效的核子体系数目分别为 $n_1 = m_1/m_{基准}$、$n_2 = m_2/m_{基准}$，$m_{基准}$ 为多核子原子内参与万有引力的等效基准核子质量，由此普通物质之间的万有引力形式为：

$$F_{多核原子} = n_1 \times n_2 \frac{hc\alpha}{2\pi R^2}2\left(\frac{m_0}{m_{基准}}\right)^3 = \frac{m_1}{m_{基准}} \times \frac{m_2}{m_{基准}} \times \frac{hc\alpha}{2\pi R^2}2\left(\frac{m_0}{m_{基准}}\right)^3 \qquad (10.60)$$

$$= \frac{hc\alpha}{\pi(m_{基准})^2} \times \left(\frac{m_0}{m_{基准}}\right)^3 \times \frac{m_1 m_2}{R^2}$$

因此，在不考虑环境温度对引力的影响情况下，由空间基本单元理论推导的等效万有引力常数为：

$$G = \frac{hc\alpha}{\pi(m_{基准})^2}\left(\frac{m_0}{m_{基准}}\right)^3 = 6.674291 \times 10^{-11} \mathrm{m^3 kg^{-1} s^{-2}} \qquad (10.61)$$

由此，空间基本单元理论从角能量、空间角能量密度统一证明了各种相互作用力公式。从万有引力的推导来看，没有空间基本单元的参与，就不会有万有引力，也没有办法从核力—电磁力推导出统一的万有引力公式。

至此，我们从揭示 2.725K 的宇宙微波背景辐射秘密并发现空间基本单元开始，逐一揭开宇宙万物构成与运动的奥秘，最终在研究宇宙间各种相互作用力之间的统一性过程中，总结并发现了角能量、角能量密度这一可以统一宇宙物质间形形色色的能量形态以及各种相互作用力的物理现象，并因此证明了角能量、角能量密度是主宰宇宙万物的物理学法则。

10.7　空间角能量导致的空间弯曲和空间封闭

自牛顿发现万有引力，人们可以根据万有引力定律计算太阳系乃至宇宙中各种星系中星体的运动轨道参数，如轨道半径、轨道周期等。

而在更微观的世界里，玻尔也提出了电子围绕原子核运动的轨道周期规律，如轨道半径，其中包括最著名的玻尔半径（氢原子电子第一轨道半径），并给出了电子在受到激发后的各种轨道半径公式。在以空间基本单元为物质主体，以角能量为物理学规律的空间基本单元理论中，我们将包括电磁力、万有引力等所有形式的力归于空间角能量主导的相互作用关系。这就启发我们：围绕着太阳系的各种行星（如地球、火星）以及围绕地球运动的卫星如月球等，它们的轨道同原子中电子围绕原子核的轨道似乎是一回事。在认真研究后，我们发现的确如此。

我们在上一节证明过，物质间的引力来源于构成该物质的核子之间的相互作用力，当然多数物质的原子都是由多核子构成的，并且核子之间的结合会使物质间的引力降低约 4%，在这里我们就不多论述了，为了方便理解，我们使用单核子原子构成的物质（氢）为例论述两星体之间的轨道同电子之间的轨道的同一性。其实对于角能量、角能量密度而言没有什么原子、分子以及地球、月球之分，在空间基本单元理论中，任何物质都是以空间角能量、空间角能量密度通过空间基本物质单元同其他物质之间发生相互作用的。所有构成物质的核子体系（质子＋电子或中子）的空间角能量都是 $2hc\alpha$，而物体的大小则是以等量的核子（基准核子）作为衡量。这样一来，一个单核子原子的空间角能量则为一个基本角能量单位 $2hc\alpha$，而一个物体或星体的空间角能量则为 $n \times 2hc\alpha$，其中 n 为该物体或星体折合核子体系（以基准核子为标准）的数目。以地球为例，假设地球质量为 $m_{地球}$，参与万有引力的基准核子质量依然是我们常用的 $m_{基准}$，那么地球质量的等效核子数目用 n 表示，则有如下公式：

$$n = \frac{m_{地球}}{m_{基准}} \tag{10.62}$$

因此，地球拥有的总空间角能量 E_J 为：

$$E_J = 2nhc\alpha = 2\frac{m_{地球}}{m_{基准}}hc\alpha \tag{10.63}$$

　　这同任意质量的物质以等效的核子体系数量的角能量表述是一致的。这样一来，宇宙中所有形式的能量形态均以空间角能量形式体现出来，空间实际上就成为所有物质角能量的混合场、"角斗场"。而所有这些角能量均承载在构成空间的基本物质单元——空间基本单元上面，其所承载的角能量的特点是：同等强度的能量在二维空间上体现为一个圆，三维空间上体现为一个球面，复杂情况下体现为不规则球面。这样的结果就是，由空间基本单元构成的等能量体系成为不同半径的圆，空间的等能量体系也成为相应的球面，因而从能量角度来看，空间是弯曲的——被弥漫于空间的角能量弯曲了。破坏这种弯曲的等能量空间，就意味着获取或失去相应的角能量。在这个等能量圆上的物质（粒子集团等）均获有同等强度的空间能量。

　　所以，空间的弯曲就具体体现在星系、星球的圆周运动（包括复合形式的椭圆运动，也与物质的形状有关）、电子的能级轨道运动，以及看似是直线运动实际上却是在做大半径周期运动的彗星。

　　因此在由角能量主导的宇宙中，圆周或类圆周形态的运动是永恒的，直线运动是相对的。整个宇宙内部的所有物质均以圆周（或复合圆周的类圆周形态如椭圆形态）运动形态出现就不足为奇了。同样，围绕星球运动的物体均有自己的圆形（类圆形）运动轨迹也不奇怪了。空间因物质的角能量在空间中的球面化分布而弯曲成为必然结果。宇宙万物其实都是角能量的杰作。

　　我们可以发现，生命现象的出现与质子（包括中子、原子）的角能量及角能量导致的空间弯曲效果是息息相关的。而且生命现象更是以封闭的空间形态（如球形）出现的，如球形的病毒、细胞等。

　　当一个能量体现的角能量足够大而导致光也沿着角能量形成的能量环运动时，我们认为该角能量形成了封闭空间。封闭空间定义如下：

　　封闭空间就是光可以在固有的空间中进行无限的循环运动而不会脱离该空间。

　　黑洞原则上也是封闭空间，应该属于平面型的封闭空间，在垂直于封闭平面方向上辐射伽马光子。

10.8　角能量应用案例——电子角能量半径对原子核体系的极限约束

　　一个合理设想的提出总是建立在若干事实基础上，并需要用证据来证明。比如我们提出的粒子的康普顿波长，它是容易被人们接受的，原因很简单，这已被经典物理学理论和实践证明。那么在此基础上再前进一小步，我们提出粒子（如电子、质子、中子）的康普顿波长为圆周的球空间区域就是该粒子的角能量空间，在角能量的公式中就以此为基准。这似乎也没有什么错误。因为我们在核子问题上也经常使用核子的康普顿波长来计算其属性，但是电子能量波长（电子康普顿波长）会如何呢？电子能量波长数值较核子能量波长数值要大得多，我们提出的由电子康普顿波长形成的电子角能量半径$\lambda_e/2\pi$，需要更多的现实中的应用证据。而大自然在几十亿年的发展中，回答了这个问题，这就是元素的原子核构成。

对于质子同中子结合后可以形成多核子的原子，似乎没有什么因素限制更多核子结合成具有更多核子的原子核，并且因此还有了无数多核子在极大的能量态下全部形成中子并构成了中子星的宇宙现象。这样看来核子间的结合数目似乎是无限制的，但是人类在宇宙中发现的物质元素表中就发现，在标准的元素周期表中列出的核子结合成为原子最大数目在质子数目为109（这个元素叫Mietnerium，是不稳定的人工合成元素）处戛然而止，2010年的实验成果是，人类借助核反应、加速器等所有先进技术合成的最大质子数目达到118个。而这些合成的元素无一是稳定的元素。是什么因素阻止了核子继续生长为具有更多稳定核子数目的原子核呢？空间基本单元理论的空间角能量理论回答了这个问题：

原子中处于第一轨道上的电子的轨道半径不能小于电子自身的角能量半径，否则电子的角能量能将破坏原子核中核子的结合。

也就是说，电子的角能量半径限制了原子核的生长尺寸。经典物理学告诉我们，原子序数为Z的（Z代表元素原子所有的质子数目，也代表原子所拥有外部电子数目）的电子第一轨道半径r_{1Z}为：

$$r_{1Z} = \frac{a_0}{Z} \tag{10.64}$$

式中a_0为玻尔半径，同时我们根据角能量定义公式（10.2）可以知道：

$$电子角能量半径 = \frac{\lambda_e}{2\pi} = \alpha\, a_0 = \frac{a_0}{137.0359990084} \tag{10.65}$$

式中λ_e为电子康普顿波长，根据角能量理论，电子角能量半径是电子能量环所处的位置，电子的角能量半径如果达到原子核心区域，那么电子的角能量也势必对原子核的构成产生阻碍和分解作用，这样一来就要求拥有Z个外部电子的原子体系中的电子第一轨道半径必须大于电子的角能量半径，因此必须满足如下条件：

$$r_{1Z} = \frac{a_0}{Z} > 电子角能量半径 = \frac{\lambda_e}{2\pi} \approx \frac{a_0}{137} \tag{10.66}$$

因此要求所有原子的总电荷数目Z必须满足如下条件：

$$Z < 137 \tag{10.67}$$

公式（10.67）说明，因电子角能量半径的约束，原子所拥有的质子数目最大值为137。这是空间基本单元理论中的角能量理论的限制，也是对电子角能量半径的最好证明。图10-8演示了这个重要过程。目前科学家只能在实验室中创造出拥有118个质子的118号元素，宇宙中不存在大于137个质子数目的原子就是角能量作用的一个非常好的客观证据。

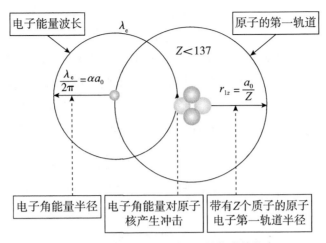

图 10 – 8　电子角能量对原子核构成的约束

逆向思考，人类要想合成数百或更多质子—中子构成的巨型原子，就要先克服电子角能量的阻碍。

10.9　角能量密度决定着传递各种力的媒介粒子的自旋数

现代物理学发现，传递电磁作用的"光子"自旋数为 1，传递万有引力作用的"引力子"自旋数为 2，同样在夸克之间传递强相互作用的"胶子"自旋也为 1，传递弱相互作用的"中间波色子"自旋为 1[①]。那么这所谓的自旋数是如何推导出来的？并如何应用？这些自旋数是如何体现在相互作用力上呢？比如传递万有引力作用的"引力子"自旋数为 2，那么我们是否可以在传统的牛顿万有引力公式中发现这个自旋因子 2 呢？遗憾的是，目前现代物理学还无法回答这一问题。而对于空间基本单元理论来讲，任何物质都是由存在于空间的基本物质单元构成的，任何相互作用力都是由存在于空间的空间基本单元来传递的。而传递各种相互作用力的空间基本单元的能量形态（自旋）却是由参与相互作用力的粒子角能量形态（自旋）决定的。

这样一来，对应于不同的相互作用对象，同一个空间基本单元由于所承载的角能量形态不同而具有不同的自旋，即空间基本单元在传递电相互作用时自旋为 1，而在传递引力时自旋为 2，这些自旋数来源于参与相互作用的基本粒子（如夸克、电子、质子等基本粒子的自旋为 1/2），并且由空间基本单元理论可以直接推导出各种相互作用力中的空间基本单元（这个时候被称为光子或引力子之类）自旋数。描述任意一个独立粒子的角能量密度如下：

---

①　王永昌. 近代物理学 [M]. 北京：高等教育出版社，2006：319.

$$J = \frac{hc}{4\pi R^2} \tag{10.68}$$

此基本公式就是 1 个角能量单位 hc 的空间密度，同时也对应着最基本的、自旋为 1/2 的粒子，如夸克、电子、质子等。因此这些粒子会同样将这种 1/2 的自旋能量态映射在空间中的空间基本单元之上。1/2 的自旋对应的分母系数部分为 1/4π，见公式 (10.68)。同样，A、B 两个粒子的角能量密度的叠加形成相对应的相互作用力为：

$$F_{B-A} = J_A + J_B = 2J = 2 \times \frac{hc}{4\pi R^2} \tag{10.69}$$

这时候，介于 2 个自旋为 1/2 的相互作用粒子之间的空间基本单元自然要承受来自双方的能量形态，即会承载 1/2 + 1/2 = 1 的总自旋能量态，相比公式 (10.68) 分母系数 1/4π 对应 1/2 自旋，则公式 (10.69) 中分母系数为 2×1/4π，因此对应于夸克之间强（弱）相互作用、电荷（电子—电子、电子—质子）之间电磁相互作用的空间基本单元能量态均自旋为 1。同样对应于引力公式，其分母系数为 4×1/4π，对应空间基本单元的能量形态（总自旋）为 1/2 + 1/2 + 1/2 + 1/2 = 2，并用角能量密度公式表示如下：

$$F_{中子} = 2J_{中子} = 4 \times \frac{hc\alpha}{4\pi R^2} \times \left(\frac{m_0}{m_n}\right)^3 \tag{10.70}$$

由此而来，由角能量密度推导出来的统一力的公式不仅仅在数学表达公式上同现代物理学达成一致，而且还在相互作用传递的媒介自旋量子数上达到统一，见表 10－1，并且给出相互作用力的自旋计算公式。表中 α 为精细结构常数，m_0 为 2.725K 温度下的空间基本单元等效质量，m_n 为中子质量，多核子原子间万有引力的公式中的 n 为两个相互作用物体之间的核子总乘积数。

科学地讲，因为每个自旋为 1/2 的基本粒子的角能量都是一个角能量单位 hc，因此形成粒子间的相互作用力所参与的角能量单位的数目乘以 1/2 自旋数就是各自相互作用力媒介的自旋数。

综上所述，任何所谓"力"的媒介都是空间基本单元在不同角能量形态下的表现形式。而空间基本单元作为构成粒子和承载粒子间的相互作用的功能是永恒和统一的。因而所有的相互作用力之间的媒介的自旋数也一定会直接体现在统一的相互作用力数学关系之中。

各种强、弱、电磁相互作用力都来自拥有自旋为 1/2 的 2 个粒子之间的相互作用，故角能量相加后叠加在空间基本单元的总自旋为 1。而引力是 4 个 1/2 自旋的粒子（中子由高能电子加质子构成，原子由质子加电子及中子构成）相互作用的结果，因而总的叠加自旋为 2。

表 10-1　　　　　　　　　　　　核力的演变与力的媒介自旋数变化

力的形态	原始力	弱力因子	电力因子	磁力因子	万有引力因子	力的最终公式	力的媒介自旋数
强力	$\dfrac{hc}{2\pi R^2}$					$\dfrac{hc}{2\pi R^2}$	1
电力	$\dfrac{hc}{2\pi R^2}$		α			$\dfrac{\alpha hc}{2\pi R^2}$	1
磁力	$\dfrac{hc}{2\pi R^2}$		α	$\dfrac{v_1}{c}\times\dfrac{v_2}{c}$		$\dfrac{\alpha hc}{2\pi R^2}\times\dfrac{v_1}{c}\times\dfrac{v_2}{c}$	1
弱核力	$\dfrac{hc}{2\pi R^2}$	$\dfrac{1}{729}$	α			$\dfrac{\alpha hc}{2\pi R^2}\times\dfrac{1}{729}$	1
中子万有引力	$\dfrac{hc}{2\pi R^2}$		α		$2\left(\dfrac{m_0}{m_n}\right)^3$	$\dfrac{\alpha hc}{2\pi R^2}\times 2\times\left(\dfrac{m_0}{m_n}\right)^3$	2
多核子原子万有引力	$\dfrac{hc}{2\pi R^2}$		α		$2\left(\dfrac{m_0}{m_{基准}}\right)^3$	$n\times n\dfrac{\alpha hc}{2\pi R^2}\times$ $2\times\left(\dfrac{m_0}{m_{基准}}\right)^3$	2

如此看来，用角能量密度公式可以统一地推导出各种力，也可以推导传递各种力的媒介自旋量子数，二者是统一的。

总结本章的研究成果：

①空间基本单元的封闭性，导致宇宙空间因空间基本单元的运动引发一切能量均为旋转运动的角能量形态，如电磁波、光波、引力能量等。

②角能量的环形循环运动形态在使十维空间弯曲及封闭的同时，也引发了十维空间中的空间能量谐振，因此在空间中形成特殊的能量环，并进一步构成各种稳定粒子、星球、星系、黑洞乃至整个宇宙。

③角能量半径会在物质系统中形成核的形态，如恒星、行星的核半径，粒子的半径等。

④角能量密度的叠加模式形成了各种力，同时也直接决定了传播各种力（媒介）的粒子的自旋量子数，如光子、波色子、引力子等，而这些力的媒介都是空间基本单元在不同角能量形态下的扮演者。

⑤不仅粒子、星球、星系依赖角能量而形成，生命现象也同样依赖角能量而形成。

⑥角能量依赖 1193 超级循环才能形成稳定的物质形态、稳定的生命形态，甚至空间角能量就是 1/137 的生命之花结构。

第 11 章　1193 循环从微观宇宙蔓延到整个宏观宇宙
——太阳系里的空间密码

11.1　太阳的能量环控制下的太阳系的结构

人类对太阳系的研究已经有一定的深度了。太阳是个中等恒星，光球半径为 696300 千米（用符号 R_{sun} 代表），水星、金星、地球、火星、木星、土星、天王星、海王星 8 大行星围绕太阳运动。另外，整个太阳系还分有非常明晰的 3 个带状区域和 1 个球状星云，它们分别是：

①小行星带：大约有 50 万个固态小行星在火星与木星之间的区域围绕太阳运动，大部分聚集在距离太阳 2.17～3.64 天文单位的空间区域内，故称为小行星带。

②柯伊伯带：距离太阳约 30 天文单位，包括很多彗星在内的大部分冰封物体在海王星的轨道边缘以外区域围绕着太阳运动，著名的哈雷彗星就是柯伊伯带内的彗星。在柯伊伯带内直径大于 100 千米的星体就有 10 万多个，柯伊伯带也被称为太阳系的边界。

③日球层顶：距离太阳约 120 天文单位，是太阳风也就是太阳发射的带电粒子到达距离太阳最远处并停留下来，不能继续向脱离太阳的方向前进的位置。

④奥尔特星：距离太阳 2000～150000 天文单位，区域内存在大量的彗星，估计有 1000 亿个。并在距离太阳 2000～5000 天文单位的地方形成环状星云，在距离太阳 20000～100000 天文单位处过渡成球状星云。

根据第 10 章的角能量属性 4：角能量在十维空间中传播会产生空间角能量谐振并形成系列性的能量环。参见公式（10.3），星球能量环轨道半径（即空间角能量半径）的通用公式：

能量环轨道半径 = 空间角能量半径 =（旋转）物体的角能量半径 × $(n \times 20)^2$　　（11.1）

对于恒星，主谐振因子 n 取值为：$n = 1$、2^2、2^3、2^4、…、2^8。

按照空间基本单元的封闭空间理论定义，太阳本身就是一个封闭空间，太阳的角能量半径可以视为太阳的光球半径；同时太阳作为一个球体也拥有自转运动，原则上可以理解成太阳的自转带动了太阳系中的各种行星一起围绕太阳运动，因而太阳的自转产生的等效封闭空间半径可以按照太阳的半径除以 2π 来计算。我们对太阳系的统一性探索就先从这 4 个能量环开始，并使用空间基本单元理论的封闭空间和角能量理论对太阳系的构造进行应用性解剖。

11.1.1　由太阳的 20^2 空间能量轨道半径构成的小行星带

天文学家发现，在太阳系的火星与木星之间存在大量的小行星，估计有 50 万颗，形成了一个宽阔的小行星带。小行星带主要分布在距离太阳 2.17～3.64 个天文单位区域内，在小行星带的最内缘（距离在 1.78～2.0 天文单位，平均半长轴 1.9 天文单位）是匈牙利族的小行星，并且至少包含 52 颗知名的小行星。匈牙利族的轨道都有高倾角，并被 4∶1 的柯克伍德空隙与主带分隔开来。

我们知道，人类把地球到太阳的距离定义为 1 天文单位，1 天文单位约为 1.4959787 亿千米。小行星带距离太阳约 2 天文单位，恰恰把太阳系内的地球、水星、金星、火星这四个固体岩石星体包含在内。从太空视角上看，小行星带对拥有生命的地球形成一个类似环形的保护层，见图 11－1。那么这个环又与太阳有什么关系呢？在当今的天文学理论中，还未有任何理论认为小行星带与太阳有相关性，我们再度拿起太阳空间能量的理论武器，研究一下这个小行星带。

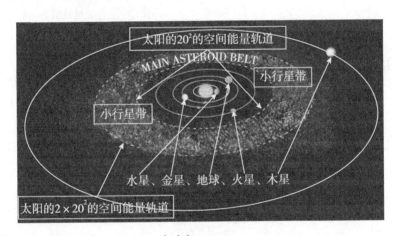

图片来源：http://space－facts.com/asteroid－belt

图 11－1　与太阳的 20^2 空间能量轨道半径对应的小行星带

根据空间基本单元的角能量理论，封闭空间会在大尺度空间中产生谐振，并产生能量环。太阳作为恒星是一个封闭空间，主要特点是：恒星中的光需要几百万年才能从恒星内辐射出来。因此，空间基本单元理论是把太阳（恒星）的半径作为太阳的封闭空间半径，也称角能量半径。如同夸克波长是质子波长的 400 倍一样，太阳作为封闭空间在太空中产生的第一个谐振空间能量环，就在太阳的 20^2 空间能量轨道半径处：

$$太阳的 20^2 空间能量轨道半径 = (20)^2 R_{sun} = 27852 万千米 = 1.86179 天文单位 \quad (11.2)$$

$$2 倍太阳的 20^2 空间能量轨道半径 = 2 \times (20)^2 R_{sun} = 3.724 天文单位 \quad (11.3)$$

3 倍太阳的 20^2 空间能量轨道半径 $=3\times(20)^2R_{sun}=5.585$ 天文单位 （11.4）

结合上述公式和图 11-2，我们可以清晰地看出：

①小行星的内边缘恰恰就在太阳的 20^2 空间能量轨道半径处。

②绝大部分小行星都聚集在太阳的 20^2 空间能量轨道半径——2 倍的太阳的 20^2 空间能量轨道半径区域内。

③3 倍的太阳的 20^2 空间能量轨道半径为 5.585 个天文单位，此处形成了清晰的小行星带外边缘；而木星的远日点恰恰是 5.458 天文单位。

小行星带主要部分恰恰位于太阳的 20^2 空间能量轨道半径和 2 倍太阳的 20^2 空间能量轨道半径之内的能量环之中。而整个小行星带乃至木星远日点都在 3 倍太阳的 20^2 空间能量轨道半径之内的能量环之中。图 11-2 坐标原点是太阳的中心位置，水平轴显示的是小行星带内的小行星与太阳的距离，单位是天文单位，以 AU 表示，垂直轴是小行星对黄道平面（地球轨道和太阳的平面）的倾角。图中箭头附件添加了度量尺，以便精确度量匈牙利族的小行星轨道的距离。

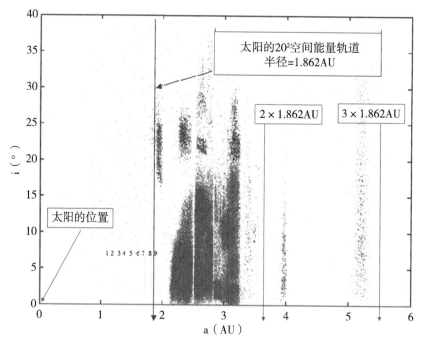

图 11-2　太阳空间能量轨道与小行星带边界

对比图 11-2，我们发现公式（11.2）的结果同实际测量出的小行星带最内侧的匈牙利族的小行星轨道完全一致。空间基本单元理论再次证明了太阳系的小行星带构成于太阳的 20^2 能量环。这个小行星的能量轨道等同于太阳的内夸克能量轨道。按照空间基本单元理论，夸克能量是质子能量的 $1/20^2$，夸克的能量轨道半径也是质子的 20^2 空间能量轨道，并归属于质子内部空间。同样，对应于太阳的 20^2 空间能量轨道的小行星带也应该归属于太阳内能量圈，或太阳的夸克能量圈内，而在小行星带以内的行星有水星、金星、地球、火星。

如果按照空间基本单元理论所提出的，是太阳的 20^2 空间能量环构成了小行星带，那么小行星带内的小行星就更像是被太阳的 20^2 空间能量环内的能量拦截下来的各个流浪小行星和小型天体，而不是现在天文学理论所说的是由某个大行星的粉碎形成的。

能量环是空间基本单元理论发现的角能量的特有属性，也是 1193 超级循环存在的证据。

11.1.2 由太阳的 $(2^2 \times 20)^2$ 空间能量轨道半径构成的太阳系的柯依伯带内边界

我们继续从太阳系的夸克能量圈向外探索，最新的天文学理论将太阳系的行星定为 8 大行星，距离太阳由近至远分别为：水星、金星、地球、火星、木星、土星、天王星、海王星，最远的行星是海王星。这八大行星的轨道平面基本上都保持在一个平面内，这个平面也称为黄道面。从海王星以后的冥王星的轨道平面与黄道平面夹角高达 17 度左右，之前被认为是太阳第九大行星的冥王星，因为不符合太阳系行星条件而被归类于柯伊伯带中的矮行星。先总结下当今对柯伊伯带的研究成果：

①对应柯伊伯带的研究成果，依然是以 NASA（美国国家航空航天局）的先驱者和旅行者星际探测器的测量结果为基准。柯伊伯带是太阳系在距离太阳约 30 天文单位的海王星轨道外延伸到距离太阳约 55 天文单位的一个空间区域，在这个区域有数十万颗冰制天体。很明显，太阳对海王星以后的物体运动逐步失去边界性控制。由此而来，我们非常有理由将海王星的位置作为太阳的空间能量对行星的最远距离的控制点，有很多天文学理论也都将海王星的轨道距离作为太阳系的初始边界。其实我们只要看下 NASA 的太阳系星图就不难得出这个结论了，如图 11 -3 所示。

②柯伊伯带的内部，主要区域在离太阳约 55 天文单位的地方结束。与柯伊伯带主要部分外缘重叠的是第二个称为散射盘的区域，该区域继续向外延伸至近 1000 AU，有些天体的轨道甚至更远（https：//solarsystem. nasa. gov/solar – system/kuiper – belt/overview/）。

换言之，太阳的空间能量轨道可以以海王星的轨道近日点来确认。海王星的轨道近日点为 4452940833km。如果按照空间基本单元理论，我们计算出太阳的空间能量轨道的大小和位置，并且这个太阳的空间能量轨道恰恰就在海王星的位置上，那么我们就在太阳系的宇宙空间内再次验证了空间基本单元理论的普适性。

我们将太阳半径用 R_{sun} 代表，目前太阳半径最新的测量数据是 $R_{sun} = 696300$ 千米。按照空间基本单元理论，太阳的 $(2^2 \times 20)^2$ 空间能量轨道半径也就是太阳的第二个空间能量环半径，其值为：

太阳的 $(2^2 \times 20)^2$ 空间能量轨道半径 = $(2^2 \times 20)^2 R_{sun} = 445632$ 万千米 = 29.7887AU (11.5)

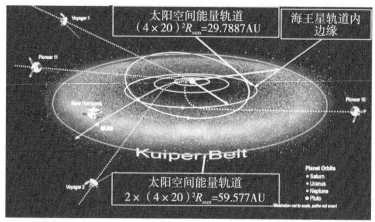

图 11 - 3　太阳的 200^2 空间能量轨道构成的柯伊伯带内边缘

　　这个距离同天文学家测量出来的海王星轨道的近日点 4452940833 千米是惊人的一致，二者相对误差仅为 338 万千米，相对误差精度为 7/10000。而海王星的半径高达 24766 千米，而从 NASA 提供的太阳系全景图看出，太阳系的柯伊伯带明显在海王星（NEPTUNE）轨道的内侧处形成一个清晰的边界。太阳的空间能量环具有无形的能量"防护罩"的功能。目前已经发现的柯伊伯带的小行星聚集区域从海王星内轨道向外延伸到距太阳 55 天文单位，而这个距离恰恰在 2 倍的太阳的 $(4 \times 20)^2$ 空间能量轨道半径内，这个情况和小行星带的区域划分完全一致。

　　2 倍的太阳的 $(4 \times 20)^2$ 空间能量轨道半径 $= 2 \times (4 \times 20)^2 R_{sun} = 59.577 AU$　　　（11.6）

　　由此而来，空间基本单元理论的空间能量原理再次在太阳系的行星运动轨迹中获得验证。但是这并不仅仅是一个数据上简单的验证。鉴于之前章节对于核子空间能量属性的发现，核子空间能量是现实存在着的空间能量体系，核子空间能量在氢原子核（质子）的空间能量轨道上可以维持其外部电子永远运动在第一轨道半径上而不会被吸引掉落到原子核上，即便原子核外部的电子受到强烈冲击。我们甚至发现所有的原子核都拥有统一的核子空间能量构成规则，没有例外。这也使我们发现了第 6 章中的原子核的空间能量饱和度系数（O 值）和原子核的空间封闭度系数（Ω 值）。

　　如果宇宙中的所有元素都拥有空间能量和空间能量环，那么对应于同是空间基本单元构成的太阳的空间能量，在太阳系中的体现也同样应该类似于运动在核子空间能量轨道上的电子。太阳的 $(2^2 \times 20)^2$ 空间能量将由各种大、小物质体构成的柯伊伯带星体排斥于以海王星轨道为边界的太阳的空间能量轨道以外，并排斥延伸到了 55 倍以外的太阳距地球的距离，这充分显示出太阳空间能量的强大。顺便，我们也可以用海王星的内轨道半径作为太阳的 $(2^2 \times 20)^2$ 空间能量轨道半径来反推太阳半径为 695772 千米。

从统一的宇宙物理法则的视角来看，太阳内部、外部能量的运动规则和原子核内部、外部能量的运动规则是完全一样的，只不过一个体现在宏观宇宙空间、一个体现在微观宇宙空间，但是无论是宏观星球还是微观粒子都是由空间基本单元构成的。

11.1.3　由太阳的 $(2^3 \times 20)^2$ 空间能量轨道半径构成的太阳系的日球层顶、弓形激波

从太阳系的柯伊伯带继续向外太空探索，我们就遇到太阳系的日球层（heliosphere），日球层厚度约 0.5 天文单位，最远处称为日球层顶（heliopause）。天文学家们发现太阳不断地向外辐射高能量粒子，速度为 $200 \sim 800\text{km/s}$。这些粒子主要由离子构成。这些粒子高速向宇宙外太空辐射被称为太阳风。然而这些太阳风不会像我们想象得那样，永远远离太阳并飞向更遥远的宇宙太空，来自太阳的太阳风在距离太阳的某一特殊的距离处便突然停滞下来了，当代的天文学家认为太阳风是因为遭遇星际介质而停滞下来了，这个边界目前被称为日球层顶，也被称为太阳风层顶。日球层顶距离太阳的距离约为 120 天文单位，由于日球层围绕着太阳形成一个球状宇宙空间，因此这个距离也称为日球层顶半径。

我们之前研究的太阳的前两个能量环依次形成了小行星带、柯伊伯带，那么在太阳系的第 3 个能量环上我们可以发现什么秘密呢？不妨先计算一下太阳的第 3 个空间能量轨道半径：

$$\text{太阳的}\ (2^3 \times 20)^2\ \text{空间能量轨道半径} = (2^3 \times 20)^2 R_{\text{sun}} = 119.155\ \text{天文单位} \quad (11.7)$$

太阳风恰恰在距离太阳 120 天文单位区域处停了下来，我们有理由认为，这是太阳的第 3 个能量环阻止了太阳风继续向外太空扩散，并停滞于太阳的第 3 级空间能量轨道半径 $(2^3 \times 20)^2 R_{\text{sun}}$ 处，并由此形成了日球层顶，如图 11-4 所示。按照发现的小行星和柯伊伯带能量环的宽度，我们可以预测出在日球层顶处遇阻的太阳风会逐步蔓延到 $2 \times (2^3 \times 20)^2 R_{\text{sun}}$ 处并逐渐消亡，距离大约在 238 天文单位附近。公式表述如下：

$$\text{太阳的}\ 2 \times (2^3 \times 20)^2\ \text{空间能量轨道半径} = 2 \times (2^3 \times 20)^2 R_{\text{sun}} = 238.31\ \text{天文单位} \quad (11.8)$$

可见，公式（11.8）的结果与当今天文学理论结果相匹配。天文学理论认为，星际介质相对于太阳的运动速度是超声速，太阳风将在终端激波处降为亚音速并脱离太阳进入太空，弓形激波的位置距离太阳大约 230 天文单位。天文学理论得出的这个结论与上述公式的结果完全一致。为了体现太阳的空间能量及其轨道对太阳系外更多宇宙物理现象的影响，太阳的第 n 级空间能量轨道半径公式表示如下：

$$\text{太阳的第}\ n\ \text{级空间能量轨道半径} = m \times (2^n \times 20)^2 R_{\text{sun}} = m \times 2^{2n} \times 1.86179\ \text{天文单位}$$

$$(11.9)$$

式中 n 为太阳空间能量环量主量子数，$n = 0, 1, 2, 3, 4, \cdots$。当 n 等于 0 时，太阳的第一个能量环形成了小行星带内边缘；当 n 等于 2 时，太阳的第 2 个能量环形成了柯伊伯带内边缘；当 n 等于 3 时，太阳的第 3 个能量环形成了太阳系的日球层顶内边

缘。式中 m 为太阳空间能量环子量子数，当 m 等于 2 时，往往形成能量环的外边缘。根据上述规律，我们相信从日球层顶延伸到奥尔特星云的广泛区域中，太阳的第 n 级空间能量还将展现更多的宇宙现象。

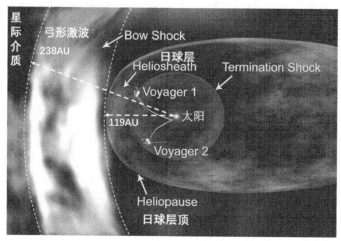

图片来源：NASA 网站

图 11-4 旅行者 1 号测量的日球层顶、弓形激波与太阳第 3 级空间能量轨道重叠

11.1.4 由太阳的 $(2^4 \times 20)^2$ 空间能量轨道半径构成的柯伊伯带散射盘带

沿着太阳的日球层顶，我们继续向外太空探索前进，就遇到了柯伊伯带的第二个称为散射盘的区域，该区域主要聚集在距离太阳 50～500AU 处，并向外太空延伸至近 1000 AU（https：//solarsystem. nasa. gov/solar－system/kuiper－belt/overview/）。按照公式（11.9）总结的太阳（恒星）的空间能量轨道定律，我们可以发现：

$$太阳的第 4 级空间能量轨道半径 = (2^4 \times 20)^2 R_{sun} = 2^8 \times 1.86179 = 476.62 \ 天文单位 \quad (11.10)$$

$$2 \ 倍的太阳的第 4 级空间能量轨道半径 = 2 \times (2^4 \times 20)^2 R_{sun} = 953.32 \ 天文单位 \quad (11.11)$$

上述数据与天文学家数十年探索太阳系的研究成果所发现的柯伊伯带散射盘的内边缘（距离太阳约 500 天文单位）、外边缘（距离太阳约 1000 天文单位）完全吻合。道理很简单，太阳的能量环就自然地分布在不同的太空区域中，在这些区域内的彗星的运动势必是要受到太阳能量环影响的，并因而形成了类似小行星带、柯伊伯带、柯伊伯带散射盘等各种区域。

11.1.5 由太阳的 $(2^5 \times 20)^2$、$(2^6 \times 20)^2$ 空间能量轨道半径构成的奥尔特星云内、外环带

1950 年，荷兰天文学家奥尔特发现大量彗星的轨道远日点都集中在距离太阳 3 万～10万天文单位距离处，并推算距离太阳大约 15 万天文单位的太阳系边界地带有一个巨大的由彗星组成的壳包裹着太阳系，这个壳被称为奥尔特星云。

这样，在柯伊伯带的散射盘以外就是更广大的所谓的"奥尔特星云"。因为柯伊伯带主要是环形结构，所以奥尔特星云的构造就应该有一个从环形结构发展到球形结构的一个渐变过程，恰巧的是，奥尔特星云就明显分成两个部分：奥尔特星云环（距离太阳 2000 ~ 5000AU）及奥尔特星云球（距离太阳 20000 ~ 100000AU）。毫无疑问，按照公式（11.9）总结的太阳（恒星）的空间能量轨道定律，奥尔特星云环半径应该为：

太阳的第 5 级空间能量轨道半径 = $(2^5 \times 20)^2 R_{sun} = 2^{10} \times 1.86179 = 1906.47$ 天文单位

$$(11.12)$$

太阳的第 6 级空间能量轨道半径 = $(2^6 \times 20)^2 R_{sun} = 2^{12} \times 1.86179 = 7625.9$ 天文单位

$$(11.13)$$

NASA 的探索告诉我们，奥尔特星云环的内边缘和外边缘分别距离太阳 2000 ~ 5000 天文单位（https：//solarsystem. nasa. gov/solar – system/oort – cloud/overview/），很明显，太阳的 5 级、6 级空间能量轨道半径构成了环状的奥尔特星云环。

11.1.6　由太阳的 $(2^7 \times 20)^2$、$(2^8 \times 20)^2$ 空间能量轨道半径构成的奥尔特星云内、外球带

枯燥无味的数据中往往都隐藏着巨大的宇宙奥秘，如果了解这些宇宙奥秘，那么很多问题就迎刃而解了。我们继续挖掘太阳的能量环秘密，上一小节说过，荷兰天文学家奥尔特发现大量彗星的轨道远日点都集中在距离太阳 3 万 ~ 10 万天文单位距离处，并推算距离太阳大约 15 万天文单位的太阳系边界地带有一个巨大的由彗星组成的壳包裹着太阳系。我们恰恰发现了太阳的第 7 级空间能量轨道落在 3 万天文单位处：

太阳的第 7 级空间能量轨道半径 = $(2^7 \times 20)^2 R_{sun} = 2^{14} \times 1.86179 = 30503.56$ 天文单位

$$(11.14)$$

太阳的第 8 级空间能量轨道半径 = $(2^8 \times 20)^2 R_{sun} = 2^{16} \times 1.86179 = 122014.3$ 天文单位

$$(11.15)$$

显而易见，太阳的第 7 级空间能量轨道半径为 3 万天文单位，与奥尔特的计算结果一致。按照空间基本单元理论，这个奥尔特星云边缘在 12 万天文单位左右。奥尔特星云的外边缘标志着太阳系结构上的边缘，也是太阳引力影响范围的边缘。

太阳系的构造是不是非常像空间基本单元理论提出来的"电子云"？

①太阳和质子一样都是封闭空间。

②太阳也拥有质子内部的夸克能量，二者都分别用于 20 × 20 的太阳能量环及夸克环。

③太阳和质子都拥有 729 周期，这个周期是三个相互垂直封闭圆形成一个球形封闭空间所必需的大周期。

④围绕质子的电子轨道是平面圆形态，围绕太阳运动的星球和柯伊伯带也是平面圆结构。

⑤围绕质子运动的电子最终形成球形"电子云"并形成原子的最外边缘，而球形的奥尔特星云围绕着太阳的最外边缘，并形成太阳的引力影响边缘。

我们将太阳的空间能量环列与当今的天文学探索出的太阳系结构进行对比，如表11-1所示：

表 11-1 能量环下的太阳系架构

太阳能量环级数	太阳能量环公式	太阳能量环半径（AU）	对应太阳系构造	天文学理论与实际测量数据（AU）
1	$(20)^2 R_{sun}$	1.86179	小行星带内轨道	最近的匈牙利群小行星轨道 1.933
	$2 \times (20)^2 R_{sun}$	3.724	小行星带主带外轨道	3.65
	$3 \times (20)^2 R_{sun}$	5.585	小行星带外轨道	最远的特洛伊群小行星轨道 5.4
2	$(2^2 \times 20)^2 R_{sun}$	29.7887	柯伊伯带内轨	30
	$2 \times (2^2 \times 20)^2 R_{sun}$	59.577	柯伊伯带外轨	55
3	$(2^3 \times 20)^2 R_{sun}$	119.155	日球层顶	120
	$2 \times (2^3 \times 20)^2 R_{sun}$	238.31	弓形激波	230
4	$(2^4 \times 20)^2 R_{sun}$	476.62	柯伊伯带散射盘的内边缘	500
	$2 \times (2^4 \times 20)^2 R_{sun}$	953.32	柯伊伯带散射盘的外边缘	1000
5	$(2^5 \times 20)^2 R_{sun}$	1906.47	奥尔特星云环内边缘	2000
6	$(2^6 \times 20)^2 R_{sun}$	7625.9	奥尔特星云环外边缘	5000
7	$(2^7 \times 20)^2 R_{sun}$	30503.56	奥尔特星云球内边缘	20000~30000
8	$(2^8 \times 20)^2 R_{sun}$	122014.3	奥尔特星云球外边缘	100000~150000

说明：表中太阳半径R_{sun}为696300千米，1天文单位=149597870千米。

总结本节发现的太阳系的构成，如图11-5所示，很明显可以看出，太阳系的整体构成依然是依据封闭空间形成的特有的生命之花结构，这种结构就是以 $20 \times 20 = 400$

的封闭空间为基础的最基本结构。前面我们运用空间基本单元理论发现了作为封闭空间的质子也包含有 400 个 1595819 个素数空间基本单元集合（也称夸克）。400 因子的最高级循环结果就是 1193 超级循环。

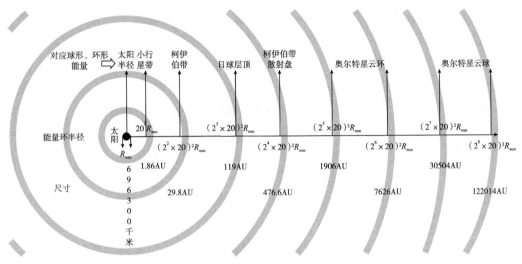

图 11 - 5　能量环构造的太阳系架构

11.2　陪伴太阳跳着生命之花舞蹈的水星

探索完太阳系的整体架构，我们就开始从距离太阳最近的星球来探索其中的奥秘。在太阳系八大行星里，水星是离太阳最近的行星。水星半径 2439 千米，每 87.9691 个地球日绕行太阳一周，而每公转 2.01 周同时也自转 3 周。水星的公转周期加自转周期恰恰是 729 周期的 1/5。水星近日点为 46001200 千米，远日点为 69816900 千米。先计算一下水星近日点与太阳半径的关系：

$$\frac{水星近日点}{太阳半径} = \frac{46001200}{696300} = 66.0652 \tag{11.16}$$

很明显，水星近日点恰好是 66 个太阳半径，并且是公转 2 周同步自转 3 周。在第 5 章中我们发现的最重要的封闭空间中（如质子、夸克）的最基本能量循环结构就是 66，$1193 = 18 \times 66 + 5$。我们继续研究水星的远日点与太阳自转形成的等效封闭空间半径（球体自旋的等效封闭空间半径等于该球体半径除以 2π）之比：

$$\frac{水星远日点}{太阳自转等效封闭空间半径} = \frac{69816900}{\dfrac{696300}{2\pi}} = 630.0051 \tag{11.17}$$

其中，$630 = 2 \times 3 \times 3 \times 5 \times 7 = 3 \times 5 \times 6 \times 7$，太阳大约 25 天自转一周，由于太阳半径除以 2π 是太阳自旋产生的等效的封闭空间半径，因而水星的远日点似乎与太阳的自转相关。水星的远日点与水星半径及 1193 之比：

$$\frac{水星远日点}{水星半径 \times 1193} = \frac{69816900}{2439 \times 1193} = 23.9943 \qquad (11.18)$$

上述天文学数据说明，水星的远日点与星球半径之比是 1193 的倍数。所谓远日点就是行星的所有最大的动能用于试图脱离太阳的吸引力，在行星耗尽了所有动能后，恰恰是太阳的 1193 的循环周期起到了关键作用，并开始将行星拉回太阳中心方向。因此所有行星的远日点都应该与 1193 相关，我们后面章节将对此种普遍性客观存在进行深入的研究和探索。水星的远日点还是太阳自转的等效封闭空间半径的 630 倍。这说明太阳的自转角能量也对行星运动有所影响。

最为重要的发现是，水星近日点就在距离太阳的 66 倍太阳半径处。我们在第 5 章中知道，66 是生命之花的基础结构，并最终生成 1193 超级循环，而水星的远日点与水星半径之比恰恰是 24 倍的 1193，同样也是遵循着 1193 超级循环的运动。

本节先研究下太阳的生命之花结构。太阳是一个典型的封闭空间，根据空间基本单元理论的解释：任何稳定的封闭空间内部都必须有 1193 超级循环存在，但是我们现在没有能力（未来一定会有）进入太阳内部观测其 1193 超级循环形态，因此只有在太阳外部也就是太阳的空间能量中寻找这一特性。图 5 - 10 显示了质子内部的生命之花形成的球形和平面上的 1193 循环结构，我们据此形成图 11 - 6，来解释水星运动周期及轨道特殊性和必然的生命之花 1193 循环规则之间的联系。

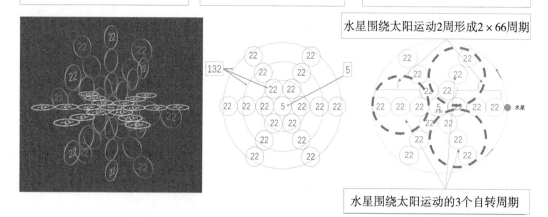

太阳（封闭空间）内部的 1193 生命之花结构决定的水星的运动规则

太阳作为一个稳定的球形封闭空间，内部必然存在 1193 超级循环结构，3 个相互垂直的封闭圆构成 1193，太阳的核心数为 5，即 1193=3×（3×132）+5

太阳的每一个切面圆中都有构成 1193 的子循环——137，太阳的核心数为 5，即 137=132+5=2×66+5

水星在太阳的切面圆中按照太阳的 1193 的子循环运动，水星距离太阳核心为 66 个太阳半径，即 137=132+5=2×66+5

水星围绕太阳运动 2 周形成 2×66 周期

水星围绕太阳运动的 3 个自转周期

图 11 - 6　按照太阳内部 1193 超级循环构造运动的水星

对水星的 3 个特点展开分析：

①近日点距离太阳 66 个太阳半径：很明显，水星的近日点是受太阳的切面圆上的能量运动模式（137 = 2 × 66 + 5）影响而产生的，水星因为特别靠近太阳而必然受太阳的能量运动规则所影响。

②远日点除以水星半径形成 24 倍的 1193 循环周期：当水星用尽所有动能后，太阳的 1193 超级循环周期就开始起决定性作用了。如果这是一个普遍规则，那么太阳系乃至恒星中的所有稳定运行的行星都必须符合这个规则。本章后续的发现也证实了这个猜测。

③水星每围绕太阳运动 2 周，同步自转 3 周：水星围绕太阳运动 2 周，恰恰形成了 66 × 2 + 5 = 137 的运动周期，而 137 周期中也恰恰是 2 个 66 周期，137 运动周期是 1193 在 3 个相互垂直的切面圆中的基础循环周期。而在每个切面圆中，恰恰又可以形成 3 个完整的周期。这样的生命之花能量循环结构造就了太阳系中水星的运动周期。

11.3　太阳 729 周期下的地球－月球公转轨道周期

我们继续在太阳系的夸克能量圈内探索，当然我们最想知道的肯定是人类的摇篮——地球的秘密了。我们知道地球每天自转一周，并围绕太阳公转 1 度左右，地球围绕太阳运转 360 度记为一恒星年，一恒星年合计地球在太空中自转约 365.25636 周，并形成围绕太阳一周的运动。地球回归年为 365.2422 天，回归年是太阳两次回到春分点的周期。空间基本单元理论发现的质子内部的高能量电子的周期是 729，因为太阳也是封闭空间，所以也应该有 729 的运动周期存在，用公式表示如下：

$$\frac{\text{地球围绕太阳运转一周的自转周期}}{\text{高能电子围绕质子运转一周的自旋周期} \times 0.5} = \frac{365.25636}{364.5} = 1.002 \quad (11.19)$$

这个数据显示出地球是以 729 为周期运转的，而且有 "2" 的周期存在，应该是阴、阳极性的，每两年地球围绕太阳自转约 730 个周期，恰好华夏文明使用阴阳属性的干支纪年，也是 2 年一个阴阳周期。人类历史上的诸多文明中，都记载着地球围绕太阳运动需要 365 天左右，但是只有华夏文明使用干支纪年的阴—阳—阴—阳循环模式记载了地球围绕太阳历经阴—阳无限循环周期，每个阴—阳循环周期为 2 年，总计约 730 周期。

另外一个更为重要的信息是，地球的卫星月球的运动周期为 27.32166 天，很明显 27 的平方就是 729。因此地球－月球运动体系都与太阳这个封闭空间所必须拥有的 729 周期密切相关。换言之，地球和月球的运动周期都是由太阳的 729 周期决定的。

如此考虑下来，以恒星为参考背景基准，地球的自转天、公转年和月球公转月的周期都应该是在太阳的 729 能量周期推动下形成的。对此，我们可以详细分析一下太阳的运动对一年的地球、月球运动周期的影响，并且将太阳、地球、月球的运动周期重新组合成 729 周期。

①以恒星为参考背景的太阳自转的恒星周期为 25.38 天。

②地球一年的时间（恒星年）为 365.25636 天，也就是地球围绕太阳运动一周需要自转 365.25636 周；回归年为 365.2422 天。

③月球围绕地球的公转周期为 27.32166 天。

④太阳公转方向、地球自转公转方向、月球公转方向都是一致的。

⑤开普勒第三定律：围绕以太阳为焦点的椭圆轨道运行的所有行星，其各自椭圆轨道半长轴的立方与周期的平方之比是一个常量。可见星球运动周期是以平方量相对比的。

⑥我们的探索思路是这样：地球的公转周期 365.25636 天其实是太阳作为封闭空间产生的 729 周期（每个周期定为一天）的一半 364.5 天演变出来的，二者误差产生于月球的公转周期与太阳的自转周期对地球公转周期的影响。由于月球的公转周期 27.32166 天与太阳的自转周期 25.38 天特别相近，影响地球公转周期的因素必定是太阳的自转周期和太阳自转周期与月球公转周期的差，由此我们获得新的日－月耦合周期如下：

太阳自转周期 +（太阳自转周期－月球公转周期）= 2 × 25.38 - 27.32166 = 23.43834 天

月球公转周期、太阳自转周期、日－月耦合周期三者成等差数列，依次相距 1.94166 天：

$$27.32166 - 2 \times 1.94166 = 25.38 - 1.94166 = 23.43834$$

27.32166/1.94166 = 14.07129、25.38/1.94166 = 13.07129、23.43834/1.94166 = 12.071297

根据椭圆焦点公式：焦距平方等于长轴平方减短轴平方。以地球公转周期为长轴，以日－月耦合周期为短轴，其日－月－地球系统周期的焦点周期及 2 倍的系统焦点周期分别为：

$$\sqrt{365.25636^2 - 23.43834^2} = 364.50357 \text{ 天} \qquad (11.20)$$

$$2 \times \sqrt{365.25636^2 - 23.43834^2} = 729.0071 \text{ 天} \qquad (11.21)$$

综合以上 6 点，我们以恒星为参照系，以地球自转周期"天"为单位，地球公转周期平方减太阳—月亮耦合周期平方后再开方，其结果即为 729/2，由此，月球围绕地球运转、地球围绕太阳公转 2 周形成的椭圆焦点系统周期为 729，729 源于太阳这个封闭空间中的固有能量谐振周期。在这个周期推动下形成了太阳自转周期、地球公转周期、月球公转周期，如图 11 - 7 所示。

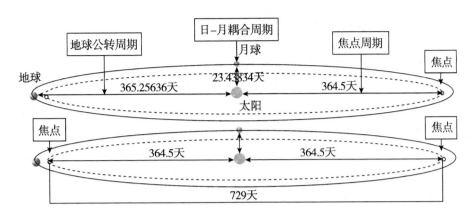

图 11 - 7　地球的 729 公转周期

从上面的研究数据可知，地球围绕太阳运动的周期同质子内部的高能电子围绕质子核心的运动周期完全一致。地球的运动周期完全是太阳的高能电子运动周期。

另外一个证据也证明了地球拥有高能量电子周期的效果。在小行星带内的四颗行星中，只有地球才有显著的磁场，而水星、金星、火星这三颗行星无论距离太阳远近，其磁场和地球磁场相比都微不足道。在第 3 章中，我们也发现了质子的空间能量 $E_p/20^2$ 构成了夸克能量，夸克的等效的空间能量轨道就是 $20^2\lambda_p$，而夸克还同时拥有电荷，拥有 729 个质子康普顿波长的高能量电子构成的电荷。同样的构造也出现在太阳系。小行星带构成于太阳的 20^2 空间能量轨道，而在小行星带内，也恰恰存在着同步于高能量电子的 729 周期的地球，并且恰恰因此拥有了比较强烈的磁场。太阳系生命又恰巧起源于拥有 729 自转周期的地球上。

就地球的 729 周期运动的发现，补充一个读者感兴趣的话题。因为所有恒星和质子类似，都是一个封闭的空间的能量体系，稳定的能量体系必然依靠 1193 超级循环系统，其必然存在内部的 729 运动周期，这个周期对应着质子—中子的高能量电子，同步于恒星这个周期的行星运动周期会导致行星获得恒星的电磁能量并有助于产生生命活动。我们继续研究地球的远日点与地球半径及 1193 之比：

$$\frac{地球远日点}{地球半径 \times 1193} = \frac{152097701}{6378 \times 1193} = 19.989 \qquad (11.22)$$

上式显示出，地球远日点依然是 1193 循环周期的倍数。

我们继续研究地球的远日点与太阳自转形成的等效封闭空间半径（球体自旋的等效封闭空间半径等于该球体半径除以 2π）之比：

$$\frac{地球远日点}{太阳自转等效封闭空间半径} = \frac{152097701}{\dfrac{696300}{2\pi}} = 1372.48 \qquad (11.23)$$

按照地球围绕太阳运转 2 周完成一个完整的 729 周期规律计算，有如下结果：

$$2 \times \frac{地球远日点}{太阳自转等效封闭空间半径} = \frac{152097701}{\frac{696300}{2\pi}} = 2744.96 \tag{11.24}$$

我们惊讶地发现，上式的结果中又奇迹般地出现了著名的周期137：

$$2744.96/137 = 20.036 \tag{11.25}$$

从上面的结果可以看出，地球的远日点也受太阳的自转影响。更为重要的是，空间密码137是直接指向在质子内部产生电荷效应的循环周期，精细结构常数就是1/137。而729周期其实就是729乘以137个周期，这个周期在质子内部指向弱核力，因而在类似于质子的恒星体系中，地球运转在729周期中，就必然会有137周期，而地球2倍的远日点恰恰是20倍的137周期。

总结一下我们发现的地球的空间密码，在太阳的729能量周期驱动下，地球—月球系统围绕太阳公转2周，形成了729周期，同时也形成了20倍的137周期。在空间密码中我们发现，电子运转在137周期中，而产生弱核力的高能量电子运转在729周期中。

11.4 月球：太阳的"夸克"星及其夸克轨迹

在太阳系内有太多的与空间基本单元理论相符合的宇宙现象，我们不妨再用空间基本单元理论研究一下太阳—地球—月球的神秘关系。先看一下三者的质量和半径：

太阳质量：$m_{sun} = 1.9891 \times 10^{30} kg$ 太阳半径：$R_{sun} = 696300 km$

月亮质量：$m_{moon} = 7.3477 \times 10^{22} kg$ 月亮半径：$R_{moon} = 1738 km$

地球质量：$m_{earth} = 5.972 \times 10^{24} kg$ 地球半径：$R_{earth} = 6378 km$

太阳半径与月亮半径之比为：

$$R_{sun} : R_{moon} = 696300 : 1738 = 400.63 \tag{11.26}$$

空间基本单元理论下的质子与夸克能量之比、夸克康普顿波长与质子康普顿波长之比均为400，即：

$$\frac{E_p}{E_{1595819}} = \frac{质子能量}{夸克能量} = \frac{E_p}{\frac{E_p}{20^2}} = 20^2 = 400 \tag{11.27}$$

很明显，在太阳系的宇宙空间尺度上，月亮对于太阳来说就好比夸克对于质子，或者说月亮属于太阳的夸克。在这个体积上，月亮所占据的空间谐振于太阳的能量。这种谐振使得月亮获得最大的太阳能量。如果按照空间基本单元理论建筑月球，那么目前的月亮半径是吸收太阳能量的最佳半径。研究发现，地球质量与月球质量之比约为81，即：

$$m_{earth} : m_{moon} = 597.2 : 7.3477 = 81.3 \tag{11.28}$$

我们知道，空间基本单元理论发现的质子内部存在的高能量电子波长就是总数为729（81×9）个质子康普顿波长，并且这个能量波长主要是以 81 个质子康普顿波长为一基本组合形成各种夸克、分数电荷和粒子的。而在月亮的质量上我们又惊奇地发现了 81 这个量子数。81 也是质子内部能量级数的基本单位，在这里月亮围绕地球运动形成持续不断的 81 级数序列。

对比质子内部拥有 20^2 空间能量的夸克，月球拥有太阳的 20^2 空间能量类似太阳的夸克，而带有月亮的地球同时也拥有 729 个运动周期，类似太阳的高能量电子。质子内部的夸克携带着 729 个电子波长运动并因为拥有 81 量子数形成分数电荷，同样，拥有太阳质量的夸克能量的月球也伴随着地球一起围绕太阳做 729 个周期的运动并同时拥有 81 量子数。如果不是刻意设计，就很难出现这样的一致性的宇宙现象。在其他恒星中，也会有 729 周期的"地球兄弟"以及 81 周期的"月亮姐妹"。因为恒星的能量就在那里，由太空灰尘聚集起来的行星必然要按照恒星的空间能量结构运动。

另外，根据空间基本单元理论，发现星球自旋也可以产生空间能量，其空间能量可以等效于该星球半径除以 2π 的封闭空间体系（见角能量部分）。这样一来，源于行星（地球）自转能量产生的等效的地球自转的 20^2 空间能量轨道半径为：

$$地球自转的\ 20^2\ 空间能量轨道半径 = 20^2 \times \frac{R_{earth}}{2\pi} = 406036\ 千米 \qquad (11.29)$$

月球围绕地球运动的轨道是：近地点距离为 363104 千米、远地点距离为 405696 千米。

月球的远日点小于地球自转的 20^2 空间能量轨道半径仅约 340 千米

可见，月球恰恰是停留在地球自转形成的等效封闭空间的 20^2 空间能量轨道半径上，并有了突破的趋势。也可以这样认为，月球是被地球自转的 20^2 空间能量环拦截下来的，一旦突破地球能量环的束缚，月球将加速离开地球。最新的研究发现，月球在以 5000 万年以来最快的速度离开地球。当使用空间密码来观察一些神秘的宇宙现象时，就能明白其中道理。

11.5　729 周期规律下的金星的逆向自旋运动

空间基本单元理论的探索结果告诉我们，在质子核心封闭的十维空间内存在着拥有 729 个质子康普顿波长 λ_p 的高能量电子波动。这个 729 波长又被分为 81 λ_p、4×81 λ_p、4×81 λ_p 三个部分，并分别形成了构成质子的 3 个基本粒子（1 个下夸克、2 个上夸克），其中下夸克拥有 $-1/3e$ 电荷，而 2 个上夸克却各自拥有 $+2/3e$ 电荷。

如果以能量的左旋、右旋来鉴别正、负电荷，并假设正电荷拥有左旋运动能量模式，负电荷拥有右旋运动能量模式，带有 $-1/3e$ 电荷的下夸克就拥有右旋能量运动模式，而带有相反电荷的上夸克就拥有和下夸克相反的左旋能量运动模式。

这一特别的物理现象在太阳系（应该也是恒星系的普遍规律）中再次出现。在太阳系中（除金星外）包括太阳在内都是自转（类比自旋）运动方向同公转运动方向相同的运动模式，唯独金星的自转运动方向和太阳系内的其他星球的自转运动方向相反。更为奇特的是，金星的自转周期是243.0185天（地球日），我们发现：

$$\frac{729}{3} = 243 \rightarrow \frac{729}{243.0185} = 2.99977 \approx 3$$

可见，金星的逆向自转运动周期实际上就是1/3的729周期。我们结合第3章公式（3.14）与金星的周期和运动状态对比就会发现，金星的周期和自转方向恰恰对应着质子内部的下夸克：

质子内部的高能电子的729周期波长分配规则：

$$(27)^2 \lambda_p = 9 \times 81 \lambda_p = 81 \lambda_p + (2 \times 81 \lambda_p + 2 \times 81 \lambda_p) + (2 \times 81 \lambda_p + 2 \times 81 \lambda_p)$$

对应的电荷： $e = (-\frac{1}{3}e) + (+\frac{2}{3}e) + (+\frac{2}{3}e)$

对应夸克： 下旋下夸克 上旋上夸克 上旋上夸克

太阳系的小行星带——夸克能量带内的729周期分配：

729周期分配：$729 \times \frac{1}{3}$（=243） $729 \times \frac{2}{3}$（=365 +88 +33）

对应星球： 金星 地球 水星 太阳

极性/方向： 自东向西转 自西向东转 自西向东转 自西向东转

由于在赤道处，太阳自转一周需要25.4天，而在纬度40度处需要27.2天，到了两极地区，自转一周则需要35天左右，因此上式中太阳自转周期包括33天。

空间基本单元理论研究发现，宇宙的生命体起源于质子空间能量$E_p/200^2$，其引发的电子轨道自旋能量（力）（也称卡西米尔力）及电子云能量（力），这两种能量可以提供约244K的空间能量并具有2种能量极性属性，对应的轨道半径为$200^2\lambda_p$，即质子外部的电子第一轨道半径。

同样，在太阳系里面，人类生活在地球上，地球携带着其卫星月球仍然按照729的运动规律运转。729周期是质子内部的高能量电子的运动周期。同时，地球的卫星——月球占据的空间半径又恰恰是太阳半径的$1/20^2$，以空间基本单元理论的视角看，月球既拥有729周期，又拥有太阳的1/400半径，月球与太阳的关系就是夸克与质子的关系。

这样一来，我们发现这样一个规律：生命的存在与繁衍同质子、恒星的空间能量密切相关，尤其是对应的电子轨道。在恒星体系内，生命存在于以太阳的空间能量轨道（20^2倍的太阳半径）以内的小行星带内，并且在以拥有同质子内部的高能电子轨道所特有的729周期的自转星球——地球上生存，同时在恒星半径的$1/20^2$的夸克星——月球上也可以获得最好的恒星能量。这两个条件都可以很好地获取恒星的空间能量和电子轨道运动能量。例如，在月球表面上因此而聚积起来的来自太阳的巨量的氦-3元素（大约有 5 亿吨），用这些氦 –3 和氘聚变来发电，可以供人类使用数千年。

反之，如果月球的半径不是太阳的 $1/20^2$，那么月球上就绝对不会谐振于太阳的能量并聚积起数亿吨的氦 –3。同样，如果地球不是按照 729 周期自转，那么地球上也不会拥有稳定的磁场，并繁衍出人类。以空间基本单元理论的视角看，小行星带内的太阳空间能量区域内的水星、金星、火星都不具有与太阳自转方向一致的 729 周期自转规律，也没有或几乎没有形成星球磁场，因此想在这些星球上繁衍出生命确实有困难。但是不排除更远古的时候，火星等也拥有 729 自转周期，并繁衍过生命。星球的磁场是保护星球免受太阳的高能量粒子轰击的保护罩，有了这层保护罩，构成生命体的 DNA 才不会遭受太阳爆发的高能量粒子轰击而断裂，并因此可以进行持续的复制和进化。我们在地球上的南北极看到的极光就是太阳的高能量粒子被地球磁场拦截到两极的结果。

上述研究告诉我们，在质子、中子中起到弱核力作用的 729 周期，在地球及金星运动中依然起到相关作用，并且金星运动周期是 729 的 1/3，即金星的每个自转周期为 243 天，金星需要运行 3 个自转周期才会形成 729 周期。我们继续研究一下金星的近日点（107476259 千米）、远日点（108942109 千米）、半径（6052 千米）与太阳的关系：

金星近日点与太阳半径的关系如下：

$$\frac{金星近日点}{太阳半径} = \frac{107476259}{696300} = 154.35338 \qquad (11.30)$$

按照金星的 3 个自转周期形成完整的 729 自转周期计算：

$$3 \times \frac{金星近日点}{太阳半径} = 3 \times \frac{107476259}{696300} = 463.06014 \qquad (11.31)$$

很明确，金星公转 3 周完成 729 个自转周期后，恰恰形成了金星的近日点与太阳半径之比的整数倍 "463"。这一点与水星的运动结构完全一致。但是水星循环中没有 729 周期，金星和地球遵循着 729 周期。我们继续研究金星的远日点与金星半径及 1193 之比：

$$\frac{金星远日点}{金星半径 \times 1193} = \frac{108942109}{6052 \times 1193} = 15.0889 \qquad (11.32)$$

从上面的结果来看，金星远日点依然是 1193 循环周期的倍数。

我们继续研究金星的远日点与太阳自转形成的等效封闭空间半径（球体自旋的等效封闭空间半径等于该球体半径除以 2π）之比：

$$\frac{金星远日点}{太阳自转等效封闭空间半径} = \frac{108942109}{\frac{696300}{2\pi}} = 983.058 \qquad (11.33)$$

因此，金星的远日点也受太阳自转的影响。

根据上述研究，我们排列出最靠近太阳的水星、金星、地球的运动周期，如表 11 –2 所示。

表 11-2　　　　　　**729 周期与循环素数下的星球运动周期**

729 周期	周期	星球	周期（天）	备注
729/2	364.5	地球	364.50357	日—月—地公转系统
729/3	243	金星	243.01	自转周期
729/5	145.8	水星	146.615	自转 + 公转周期
729/7	104.1428	太阳	35	太阳 3 倍极地自转周期

研究太阳系，未发现有其他星球周期对应 729/4、729/6，因为 4、6 是非循环素数。

11.6　空间密码 1193 是宇宙空间中一切稳定系统存在的必要条件——太阳系的所有行星也必须遵循这个规律

本书之前的著作，均未提及循环素数 1193 在星系中的作用。其实，这个现状与人类文明的发展程度有密切关系。根据空间基本单元理论的探索结果，电子、质子以及恒星，甚至黑洞都是由空间基本单元构成的。既然宇宙万物均由统一的物质构成，那么宇宙万物无论大小，其属性都应该一致，即宇宙万物既然都是由同样的物质——空间基本单元构成，那么就应该拥有共同的空间密码。如果循环素数 1193 是构成宇宙粒子的生命之数，那么 1193 就不应该仅仅在粒子构成中存在，在恒星系统中也势必存在 1193 周期的能量运动。按照这个思路，恒星内部的构造也一定是 1193 构成体系，但是我们目前还没有能力进入恒星内部观察其精细结构，不过，我们可以在恒星的附属星球中寻找 400、1193 这两个密码，以证明这些密码在主导着恒星体系的运转。

经研究发现，太阳的 20^2 空间能量轨道半径构成的小行星带边界与质子相对应的是质子内部 1595819 个空间基本单元集合能量，即质子的 1/400 能量，也是 400 倍的质子的康普顿波长。从这个角度看，小行星带内的 4 个小行星也应该属于太阳内部能量体系，也必定受太阳内部能量构成循环素数 1193 的影响。在前面我们知道地 - 月系统的公转周期最终也会等效为每 2 年运行 729 个周期。我们知道在质子内部的 729 周期，其单位是质子的康普顿波长，对应于太阳系，就可以认为地球每自转一周就对应着太阳的一个能量波长。依此规则，地球的一天就对应着太阳能量波长的一个周期。因此，如果太阳内部能量运动有 1193 周期，那么这个周期必定会反映在行星的运动周期（地球日）上。

我们知道，地球公转周期是 365.2564 天，水星公转周期是 87.9691 天，火星公转周期是 686.98 天，金星公转周期是 224.71 天。由于只有金星是逆行公转，其他 3 个星球都是顺行。因此，我们将 2 个顺行星球公转周期与逆行星球公转周期相减，就可以简单地获得如下结果：

2 倍地球公转周期 + 火星公转周期 – 金星公转周期 = 1192.7828 天

这个合成周期十分接近 1193。还有，土星的公转的恒星周期（日）即 10759.5 地球日，即 9.0188 × 1193 天。也非常接近 1193 的 9 倍数。很明显，太阳系内行星的公转周期是受太阳系内部的 1193 周期直接影响的。并且地球公转周期是同时受到了 729、1193 空间密码影响。更重要的是，太阳系的边缘划分依然是按照 400 周期分布的，如质子构成分析结果所展示的那样。我们从第 5 章中发现，400 周期在 3 的 n 次方作用下，一定会形成 1193 循环素数周期。

那么，有没有一个更为直接和普遍的公式可以展示太阳系的八大行星乃至所有行星按照 1193 素数运动的规律呢？如果 1193 确实是因为太阳的内部封闭空间形成的稳定的能量体系而形成的，那么经过研究就一定会发现在太阳系的各个星球的运动轨迹中存在 1193 密码。

我们知道，天体轨道（如太阳系）只有椭圆、抛物线、双曲线这三种，而太阳位于轨道的焦点处，对于抛物线、双曲线的天体轨道都是只接近太阳一次就一去不复返了，所以不存在远日点，也构不成一个稳定的天体运行体系，而椭圆轨道由于是能够多次环绕并构成稳定循环的天体运行轨道，因此有远日点，而且远日点的存在决定了该星球是否在围绕恒星进行稳定的运动。所以我们以太阳系八大行星的天体轨道的远日点来度量太阳对八大行星稳定运行状态的影响。我们知道所有的封闭空间，如质子、电子、恒星都是以循环素数 1193 为其能量体系的稳定构成规则的。既然如此，太阳自身的 1193 稳定性能量运动势必也要对太阳系内部的八个主要行星的稳定运行（既存在远日点）有决定性影响。

对宇宙未知秘密的探索肯定要建立于数据之上，才能让这个探索结果更有信服力。基于上述观点，我们以行星的赤道半径为基本单位来度量其远日点，并将其结果与 1193 进行比较。

将太阳系的八大行星及矮行星冥王星的赤道半径（等效于行星的自旋半径）、远日点作为研究对象，远日点与行星半径的比值除以 1193，以及 2 倍的远日点与行星半径的比值除以 1193，最终结果的因子分析如表 11 – 3 所示。

表 11 – 3　　　　　　　　八大行星及冥王星远日点遵从的 1193 规则

星球参数 星球名称	赤道半径 （千米）	远日点 （千米）	远日点/ 星球半径	（远日点/星球 半径）/1193	2 ×（远日点/星 球半径）/1193	素数因子
水星	2439	69816900	28625.21525	23.99431287		2 × 2 × 2 × 3
金星	6052	108942109	18001.00942	15.08885953		3 × 5
地球	6378	152097701	23847.24067	19.98930484		2 × 2 × 5

续　表

星球参数 / 星球名称	赤道半径（千米）	远日点（千米）	远日点/星球半径	（远日点/星球半径）/1193	2×（远日点/星球半径）/1193	素数因子
火星	3397	249230000	73367.67736	61.49847222	122.9969444	3×41
木星	71490	816520800	1421.46874	9.573737416	19.14747483	19
土星	60268	1514498923	25129.404	21.06404		3×7
天王星	25559	3004419704	17548.4058	98.53177352	197.063547	197
海王星	24779	4553946490	183782.4969	154.0507099		2×7×11
冥王星	1165	7375930000	6331270.386	5307.01625		3×29×61

在表 11-3 中，空间密码 1193 再一次显示出其神奇之处，经过计算我们发现太阳系八大行星及冥王星的远日点都按照 1193 的规律运转。其中靠太阳最近的水星、金星、地球的远日点与其各自的赤道半径（自旋半径）之比都为 1193 的整数倍数，并且其结果都完全是由 2、3、5 这 3 种循环素数组合构成的（见表 11-3 最后一列）。到了火星就出现了异变，火星赤道半径与其远日点之比值是 1193 的 1/2 倍，结果是 3×41，其中 3 是循环素数，41 是 6×6+5 型普通素数。

木星的质量为太阳的千分之一，是太阳系中其他七大行星质量总和的 2.5 倍。其质量甚至使太阳系的自转中心偏移到太阳表面。木星还拥有太阳系总质量最大的卫星群，受此影响其计算结果为 1193 的 19.147 倍，略微偏离了 1193，但结果也是素数 19，并且木星轨道的半长轴与木星半径之比恰恰为 10889.99（10890=66×33×5），10890 含有 1193（1193=66×3×6+5）循环中重要的子循环周期 66，而最靠近太阳的水星也拥有 66 周期。

土星和海王星（海王星赤道半径为 24764±15 千米，表中采用最大值）的计算结果中出现了 7、11 这两个循环素数。而天王星的计算结果中甚至出现了循环素数 197。

总结上述发现，运行于太阳内部能量体系中的循环素数 1193 直接控制着太阳系中八大行星的远日点，使得太阳系中的八大行星体系（包含行星的卫星）能够稳定地围绕太阳运行，没有任何一个是例外的，实际上被剔除的第九大行星冥王星的远日点也同样符合这个规则，其值为 5307.016。广泛地说，任何恒星体系都由其空间属性决定的空间密码 400、729、1193 控制着星系中的星体运转，无论大小，无一例外。由此，如图 11-8 所示，我们获得如下结论（式中 n 为整数）：

$$\frac{2}{1193} \times \frac{行星远日点}{行星赤道半径} = n \qquad (11.34)$$

在太阳自转引导着太阳系中的行星围绕太阳运动的理论中，太阳自转产生的等效封闭空间半径为太阳半径（696300 千米）除以 2π。无独有偶，天文学家的研究也认为，太阳内部也有一个核心，其密度是水的 150 倍，位于距离太阳中心点 0.2 倍的太阳

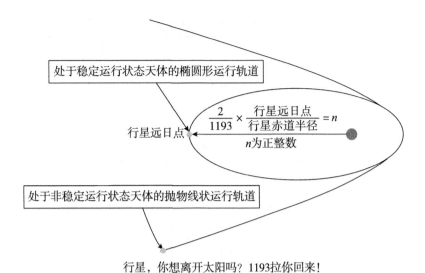

行星远日点

$$\dfrac{\dfrac{2}{1193} \times \dfrac{行星远日点}{行星赤道半径} = n}{n\text{为正整数}}$$

处于稳定运行状态天体的椭圆形运行轨道

处于非稳定运行状态天体的抛物线状运行轨道

行星,你想离开太阳吗? 1193拉你回来!

图 11 – 8 没有 1193 循环,任何星球系体系都是不稳定的

半径区域。而太阳半径除以 2π 恰巧是太阳半径的 0.16 倍处。与此同时,在分析水星、金星、地球远日点时,我们均发现了行星远日点与太阳自旋等效封闭空间半径的关系,并将八大行星与太阳自旋相关的数据列在表 11 – 4 中。从表 11 – 4 中可以看出,太阳系的八大行星运动轨道有如下特性:

①水星、金星、火星、木星、天王星这 5 个行星的远日点与太阳自旋产生的等效封闭空间半径之比是整数倍。

②地球依然是 2 个公转周期形成 729 周期,故在远日点与太阳自旋等效封闭空间半径之比乘以 2 之后也恰恰是整数倍。

③土星及最远的行星——海王星其远日点与太阳自旋产生的等效封闭空间半径之比的 3 倍恰恰也形成了整数倍关系。

④我们发现矮行星冥王星的远日点也与太阳自旋等效封闭空间半径成整数比,这说明该规则适用于任何行星远日点与恒星半径的关系,是普适规则。

综合以上信息及表 11 – 4,我们可以得出结论:太阳系的所有行星的运行轨道是由太阳自旋产生的等效封闭空间半径(太阳半径除以 2π)决定的,也就是太阳的自旋带动着太阳系中的行星同步运动,并且步调一致,这个步调就是太阳自旋的等效封闭空间半径,本书将其简称为太阳的自旋空间角能量半径。

在空间基本单元理论中,统一的力推导出的电磁力、万有引力公式中都有精细结构因子,也就是 1/137 或 1/(132 + 5) 因子,这个因子来自封闭空间的基本能量运动周期。9 个 132 围绕核心 5 的循环周期就会形成 9 × 132 + 5 = 1193。而在宇宙中,物质、粒子间的相互作用就是在角能量作用下彼此围绕对方做循环运动,这样 9 个 132 + 5 循环自然产生 1193 超级循环。因此,在各个恒星、行星中存在 1193 循环周期就不足为奇了。按照表 11 – 4 总结出如下的恒星控制下的行星远日点规律:

表 11－4　　　　　　　　　稳定运行行星的远日点与太阳自旋等效半径关系

星球参数	赤道半径（千米）	远日点（千米）	远日点/（太阳半径/2π）	2×远日点/（太阳半径/2π）	3×远日点/（太阳半径/2π）
水星	2439	69816900	630.0051	—	—
金星	6052	108942109	983.05825	—	—
地球	6378	152097701	1372.4803	2744.9606	—
火星	3397	249230000	2248.9707	—	—
木星	71490	816520800	7368.0188	—	—
土星	60268	1514498923	13666.34695	—	40999.04086
天王星	25559	3004419704	27110.9087	—	—
海王星	24779	4553946490	41093.3357	—	123280.007
冥王星	1165	7375930000	66557.9994	—	—

$$m \times \frac{行星远日点}{太阳半径/2\pi} = n \qquad (11.35)$$

式中，m 因子取决于行星对太阳自转的谐振模式，有 1、2、3 三种可选值，原则上行星的 m 值选择 1；特殊能量体系下 m 选 2 或 3 这两个因子，如地球—月系统是围绕太阳的 2 个公转周期形成 729 周期的，故地球的 m 因子取 2；土星的公转周期为 10832.327 天＝9.079×1193 天，明显以 3×3 倍的 1193 周期运转，故土星的 m 因子取 3，n 为正整数。矮行星冥王星也符合上述规则，说明上述规则对各种星体都是普遍适用的。

实际上源于质子、夸克构成的 1193 超级循环系统，遵循着以强力、弱力主导的基本粒子的内部能量运动规则，而衍生于强力的电磁力、万有引力均由精细结构常数乘以强力形成（见表 9－2）。精细结构常数的倒数就是 137，137 的 6×22＋5 结构是 1193 超级循环的一个基础循环部分，即精细结构常数源于 1193 的一个基础循环。故而，由强力、电磁力、万有引力主导的原子、分子、星系的内部能量运动规则自然拥有 1193 超级循环体系。

你所见、所知的宇宙现象中都会有 1193 超级循环，1193 就是宇宙的生命之数。

11.7　太阳系的能量环与氢原子能级的统一数学模型对应关系

我们根据表 11－1 的太阳系结构的探索发现成果，对比第 7 章中发现的电子能级轨道是按照 $(n \times 200)^2 \lambda_p$［其中 λ_p 为质子康普顿波长，n 为正整数，见公式（7.40）］进行运转的事实，汇总出原子结构与太阳系结构的对比表 11－5。

表 11 – 5　　氢原子电子轨道结构与太阳作为封闭空间产生的太阳系能量环结构的对应表

氢原子		太阳系	
对应原子核物理结构	质子	太阳	对应太阳系物理结构
质子康普顿波长	λ_p	R_{sun}	太阳光球半径
夸克能量波长	$(20)^2\lambda_p$	$(20)^2R_{sun}$	小行星带内轨道半径
电子第 1 级轨道半径	$(200)^2\lambda_p$	$(2^2 \times 20)^2R_{sun}$	柯伊伯带内轨道半径
电子第 2 级轨道半径	$(2 \times 200)^2\lambda_p$	$(2 \times 2^2 \times 20)^2R_{sun}$	日球层顶半径
电子第 4 级轨道半径	$(4 \times 200)^2\lambda_p$	$(4 \times 2^2 \times 20)^2R_{sun}$	柯伊伯带散射盘内轨道半径
电子第 8 级轨道半径	$(8 \times 200)^2\lambda_p$	$(8 \times 2^2 \times 20)^2R_{sun}$	奥尔特星云环内轨道半径
电子第 16 级轨道半径	$(16 \times 200)^2\lambda_p$	$(16 \times 2^2 \times 20)^2R_{sun}$	奥尔特星云环外轨道半径
电子第 32 级轨道半径	$(32 \times 200)^2\lambda_p$	$(32 \times 2^2 \times 20)^2R_{sun}$	奥尔特星云球内轨道半径
电子第 64 级轨道半径	$(64 \times 200)^2\lambda_p$	$(64 \times 2^2 \times 20)^2R_{sun}$	奥尔特星云球外轨道半径

由此，我们发现这样一个关系，太阳自旋空间能量轨道半径 $(200)^2\dfrac{R_{sun}}{2\pi}$ 与太阳空间能量轨道半径 $(2^2 \times 20)^2R_{sun}$ 之间仅仅存在 1/200 的误差：

$$2^4 = \frac{100.531}{2\pi} \tag{11.36}$$

在空间基本单元理论中，$(200)^2\dfrac{R_{sun}}{2\pi}$ 为太阳自旋产生的空间能量轨道半径，而 $(2^2 \times 20)^2R_{sun}$ 则代表太阳作为一个以太阳半径为半径的封闭空间在宇宙空间中产生的空间能量轨道半径。这两种能量环是同时存在的，并不是一个简单的数学误差。由此，表 11 – 5 可以进化成和氢原子电子轨道统一的模式，如表 11 – 6 所示。

表 11 – 6　　氢原子电子轨道结构与太阳自旋产生的太阳系能量环结构的统一模型对应表

氢原子		太阳系	
对应原子核物理结构	质子	太阳	对应太阳系物理结构
质子康普顿波长	λ_p	$\dfrac{R_{sun}}{2\pi}$	太阳光球半径/2π
夸克能量波长	$(20)^2\lambda_p$	$(20)^2\dfrac{R_{sun}}{2\pi}$	小行星带内轨道半径/2π
电子第 1 级轨道半径	$(200)^2\lambda_p$	$(200)^2\dfrac{R_{sun}}{2\pi}$	柯伊伯带内轨道半径

氢原子		太阳系	
对应原子核物理结构	质子	太阳	对应太阳系物理结构
电子第 2 级轨道半径	$(2 \times 200)^2 \lambda_p$	$(2 \times 200)^2 \dfrac{R_{sun}}{2\pi}$	日球层顶半径
电子第 4 级轨道半径	$(4 \times 200)^2 \lambda_p$	$(4 \times 200)^2 \dfrac{R_{sun}}{2\pi}$	柯伊伯带散射盘内轨道半径
电子第 8 级轨道半径	$(8 \times 200)^2 \lambda_p$	$(8 \times 200)^2 \dfrac{R_{sun}}{2\pi}$	奥尔特星云环内轨道半径
电子第 16 级轨道半径	$(16 \times 200)^2 \lambda_p$	$(16 \times 200)^2 \dfrac{R_{sun}}{2\pi}$	奥尔特星云环外轨道半径
电子第 32 级轨道半径	$(32 \times 200)^2 \lambda_p$	$(32 \times 200)^2 \dfrac{R_{sun}}{2\pi}$	奥尔特星云球内轨道半径
电子第 64 级轨道半径	$(64 \times 200)^2 \lambda_p$	$(64 \times 200)^2 \dfrac{R_{sun}}{2\pi}$	奥尔特星云球外轨道半径

　　表 11 - 5、表 11 - 6 不仅在公式模型上完全一致，而且与实验数据相匹配。更为重要的是，空间基本单元理论发现质子的 $(n \times 200)^2 \lambda_p$ 空间能量不仅仅推动电子在第一轨道上运动，还推动电子的自旋和"电子云"运动。同理，太阳的 $(n \times 200)^2 \dfrac{R_{sun}}{2\pi}$ 空间能量不仅仅推动太阳系的行星自转，还构成类似"电子云"的柯伊伯带以及奥尔特星云。空间密码揭示出的宇宙真理，无论是原子级别的 10^{-10} 米还是太阳系的 10^{16} 米，都是统一的数学公式模式。

　　另外，太阳的空间能量轨道仅延伸到 64 级就截止了，距离太阳大约 12 万天文单位。64 就是 2 的 6 次方，依然是因为太阳是封闭空间，因而 64 因子的存在是必然的。总之：

　　质子与太阳这样能"囚禁"光的封闭空间，无论大小都有同样的结构和对外部空间的影响。

11.8　宇宙空间 2.725K 的温度是从哪里来的——"电子云"回答了这个问题

　　对空间密码的研究，起源于目前已经发现的温度为 2.725K 的宇宙微波背景辐射，即宇宙空间的温度为 2.725K。随后，我们发现了 638327600 个 2.725K 的空间基本单元构成了电子，从电子的这一构造数据中，再次挖掘出空间基本单元构成质子、中子等各种粒子，并因此挖掘出重要的空间密码：2、132、137、400、729、1193，这些生成于空间基本单元的空间密码控制着宇宙中所有物质的运动及状态：从最微小的粒子到构成生命的 DNA，乃至星球等。

回过头来，人们会问：宇宙空间的 2.725K 的温度又是来源于哪里呢？同样，又是空间密码所发现的"电子云"能量体系回答了这个疑问。我们先梳理一下"电子云"的属性：

（1）"电子云"的等效波长及等效温度

我们回顾一下空间基本单元的等效质量的推导公式（1.5）：

$$3\,k_{\mathrm{B}}T = m_0 c^2$$

式中 m_0 为空间基本单元在 2.725K 空间能量态下的能量等效质量，$T = 2.725\mathrm{K}$，k_{B} 为玻尔兹曼常数。

为了方便对比，我们将 2.725K 下的空间基本单元能量等效成一个波长为 $\lambda_{2.725\mathrm{K}}$ 的波动，则有：

$$3\,k_{\mathrm{B}}T = \frac{hc}{\lambda_{2.725\mathrm{K}}} = m_0 c^2 \tag{11.37}$$

$$\lambda_{2.725\mathrm{K}} = \frac{hc}{3\,k_{\mathrm{B}}T} = \frac{6.62607015 \times 10^{-34} \times 299792458}{3 \times 2.72548 \times 1.380649 \times 10^{-23}} = 1.759662\,\mathrm{mm} \tag{11.38}$$

$$f_{2.725\mathrm{K}} = \frac{c}{\lambda_{2.725\mathrm{K}}} = \frac{299792458}{1.759662 \times 10^{-3}} = 170.37\,\mathrm{GHz} \tag{11.39}$$

上式显示，2.725K 的宇宙空间微波背景辐射能量可以等效为一个波长为 1.75966 毫米的光波。图 11 −9 为 2.725K 的宇宙微波背景辐射能量谱，可见等效的空间基本单元频率恰恰在 2.725K 的能量谱峰值附近，并位于能量谱的几何中心处。

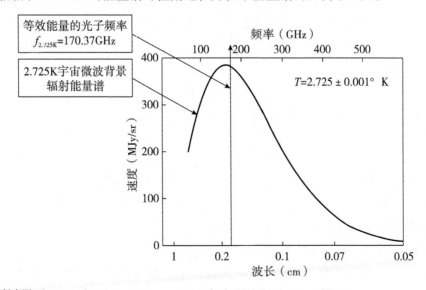

资料来源：http：//planetfacts.org/wp−content/uploads/2010/06/Cosmic−MW.jpg

图 11 −9　2.725K 的宇宙微波背景辐射能量谱

第 8 章给出了氢原子"电子云"能量的等效半径为 0.27529969mm，见公式（8.20），"电子云"轨道半径由电子轨道自旋周期及电子围绕质子运动 11955 个波长周期复合而成，说明"电子云"能量包含有电子轨道自旋翻转能量因子。按照角能量理论，角能量半径乘以 2π 即为其能量波长，"电子云"能量的等效波长用 $\lambda_{电子云}$ 表示，则有：

$$\lambda_{电子云}=2\pi R_{电子云}=2\pi\times0.27529969\text{mm}=1.72975897\text{mm} \tag{11.40}$$

可见，"电子云"能量波长与 2.725K 的能量等效波长特别相近，我们将"电子云"波长转换成温度会惊讶地发现，"电子云"波长拥有 2.772577K 的温度。

$$T_{电子云}=\frac{hc}{3\,k_{\text{B}}\lambda_{电子云}}=2.772577\text{K} \tag{11.41}$$

（2）"电子云"的心跳脉动及其等效温度

我们知道，"电子云"是由电子波长在其第一轨道上围绕核心质子运动 11955/2 个周期形成一个覆盖质子的"电子云"球，电子在轨道上运动 11955 个整数周期，才会依次形成覆盖质子的两个球形体。数字"2"是宇宙中 55 个循环素数中排名第一的循环素数。因此我们估计"电子云"球对是拥有正、负两个属性的"电子云"球，我们称其中一个为阳性"电子云"球，一个为阴性"电子云"球，那么它们差在哪里呢？我们仔细研究一下"电子云"的构造就会发现，确实存在两种能量体系，一个是电子自旋方向与其核心的质子自旋方向相同，另一个是电子自旋方向与其核心的质子自旋方向相反。早在 19 世纪 40 年代，物理学家、天文学家就发现了这个能量体系，并计算出在氢原子第一轨道上运动的电子与质子自旋方向相同时处于高能量态，反之则处于低能量态，阴、阳"电子云"球对的构造恰恰与两种电子自旋方向的能量态相互匹配，类似泡利不相容原理那样：在同一个轨道上不能同时存在两个自旋方向一样的电子，如图 11-10 所示。"电子云"的这两种能量态的能量差导致了电子自旋翻转辐射出 21 厘米波长光波。

$$\lambda_{21cm}=21.10611405413\text{cm}$$

这个 21 厘米光波能量的等效温度（通常也称为色温）为：

$$T_{21cm}=\frac{hc}{3\,k_{\text{B}}\lambda_{21cm}}=0.022723\text{K} \tag{11.42}$$

"电子云"中的电子自旋从高能量状态向低能量状态翻转变化一次，需要释放一个 21 厘米光波，其等效能量温度为 0.022723K。反之则最少需要吸收一个高于 21 厘米光波的能量才能实现从低能量态向高能量态的转变。翻转两次后"电子云"完成 11955 个电子运动周期，并恢复到原来状态，开始下一个"电子云"周期，"电子云"波拥有和电子轨道上、下自旋运动相匹配的极性能量变化。根据科学家们的计算，在没有外界影响下，氢原子处在质子与电子的自旋平行的高能量状态下的平均寿命为 1000 万年。在极寒冷的宇宙空间中，氢原子处于电子与质子自旋相反的低能量态下。总之，"电子云"拥有一个支持心跳式的球状稳定波动状态，如图 11 – 10 所示。

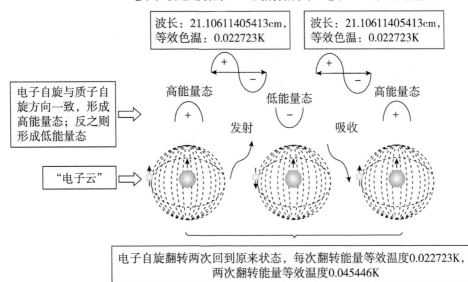

电子在轨道运动的11955周期合成的"电子云"的两个能量态

| 波长：21.10611405413cm，等效色温：0.022723K | 波长：21.10611405413cm，等效色温：0.022723K |

电子自旋与质子自旋方向一致，形成高能量态；反之则形成低能量态

"电子云"

高能量态　　　低能量态　　　高能量态

发射　　　　吸收

电子自旋翻转两次回到原来状态，每次翻转能量等效温度0.022723K，两次翻转能量等效温度0.045446K

图 11 – 10　"电子云"的心跳脉动

$$\text{"电子云"心跳脉动温度} = 0.022723\text{K}$$
$$\text{"电子云"心跳脉动波长} = \lambda_{21\text{cm}} = 21.10611405413\text{cm}$$

（3）低能态"电子云"对原子外部空间的耦合温度

我们将"电子云"能量的等效温度减去辐射 21 厘米光波的轨道总电势能的等效温度，就获得了低能量态下的"电子云"净温度，也称"电子云"对原子外部空间的耦合温度：

$$\text{"电子云"对外空间耦合温度} = \text{"电子云"温度} - 2 \times \text{"电子云"脉动温度}$$
$$= 2.772577\text{K} - 0.045446\text{K} = 2.72713\text{K} \tag{11.43}$$

"电子云"对原子的外部空间耦合温度似乎与一个天文学名词相对应，那就是脱耦光子的温度（色温）。虽然人类使用 WMAP 测量到的宇宙微波背景辐射谱非常精确地符合温度为 $2.72548 \pm 0.00057\text{K}$ 的黑体辐射谱，但是天文、物理学家普遍认为，在宇宙形成的大爆炸模型下，当宇宙空间冷却形成氢原子后，光子就不再与电中性的原子相互作用，并开始自由地在空间中旅行，这就导致了物质与辐射退耦合。通俗地讲就是空间的低能量光波不再与原子相互作用（如激发原子发光等），脱耦光子的色温伴随宇宙空间的膨胀逐渐降低，如今降至 $2.7260 \pm 0.0013\text{K}$。

很明显，脱耦光子的色温同"电子云"的温度一样都是略高于宇宙空间微波背景辐射 2.725K，并且脱耦光子的色温范围（2.7247 ~ 2.7273K）恰恰包含"电子云"对外空间的耦合温度 2.72713K。反过来说，"电子云"作为原子对外空间的耦合物质，其对外空间作用的等效温度是 2.72713K，这个温度也正是脱耦光子的色温。

更为重要的是，我们在第 1 章中发现了电子也是由 2.725K 的空间基本单元构成的，基于以上所发现的事实，如图 11-11 所示，我们可以这样说：

"电子云"产生了脱耦光子
"电子云"以略高点的温度维持着宇宙空间的 2.72548K 的温度，
宇宙空间的温度来源于 1193 超级循环下的"电子云"的运动

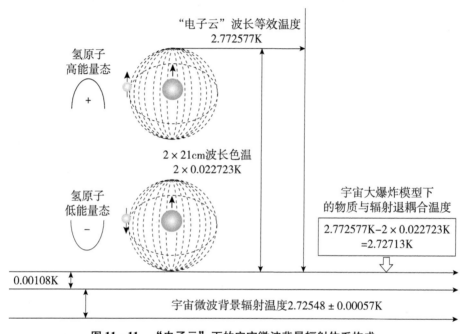

图 11-11 "电子云"下的宇宙微波背景辐射体系构成

11.9 "电子云"脉动与人类智慧

以上章节解开了那么多的宇宙奥秘，"电子云"的脉动形成了宇宙空间的基本温度标准——2.725K，联想到细胞也是以一个类似封闭空间的形态存在着，而现在发现细胞内部的人类基因约由 31.6 亿个碱基对构成，与 5 倍的质子内部中性物质数量（5 × 638327600 × 396/400 ≈ 31.6 亿）刚好相同。空间基本单元理论发现，电子、质子乃至细胞的这种十维度的封闭空间中存在着 638327600 个基本空间能量单元。在对宇宙中最基本封闭空间的氢原子的"电子云"的研究中发现如下信息：

①封闭空间中存在 638327600 = 400 × 1595819 个谐振因子或量子数。

②第 8 章公式（8.21）告诉我们，一个"电子云"的运动周期为 0.7907×10^{-9} s，这个时间也被普通物理学称为电子的弛豫时间，俗称电子脱离质子的时间。

③2 个"电子云"形成一个完整的阴—阳—阴—阳的"电子云"对周期。因此完整的"电子云"对周期为 $2 \times 0.7907 \times 10^{-9}$ s。

根据以上 3 点事实，我们尝试着设计一个类似细胞的封闭空间，其时钟谐振于"电子云"对周期，因此有：

$$638327600 \times \text{"电子云"对周期} = 638327600 \times 2 \times 0.7907 \times 10^{-9} \text{s} = 1.00945 \text{ 秒} \quad (11.44)$$

公式（11.44）显示，一个标准的封闭空间，能够使封闭空间内 638327600 个空间谐振因子依次完成一次对"电子云"周期的谐振，基本循环周期为 1.00945 秒，或每分钟谐振 59.43 次。生命体内的细胞活动与原子中的固有频率保持一致，这种情况可以使生命体系从构成生命体的原子的"电子云"能量中尽可能地获得生命能量，并保证生命的稳定性、协调性。这种稳定性和协调性也是建立在"电子云"内的 1193 超级循环能量基础之上的，因而它不仅仅极大地维护了生命体的健康，同时也使生命体拥有了智慧。

本节最后依据空间密码的发现规则再探讨一下宇宙的整体结构。在第 9 章中，我们得知所有的力均产生于强力，均是强力的周期性运动所致，如强力的 137 倍结合周期形成了电磁力，并导致强力的强度是电磁力强度的 137 倍；强力的 137×729 次运转周期形成了弱力，强力也因此是弱力的 137×729 倍；更为重要的是，发现了强力是万有引力的 $20 \times (1193)^{12}$ 的整数倍，因此发现了万有引力的周期是 $20 \times (1193)^{12}$。在第 10 章中的角能量篇中，我们还发现了角能量半径规则，以及万有引力在空间中是在电磁力基础上的，由电荷的正负极性叠加形成的中性能量引发的力；还发现电子的角能量半径为电子康普顿波长除以 2π（$\lambda_e/2\pi$）。

结合上述发现，我们获得了与万有引力周期对应的空间角能量半径。

万有引力的空间角能量半径：$2 \times 20 \times (1193)^{12} \dfrac{\lambda_e}{2\pi} = 135.7$ 亿光年 $\quad (11.45)$

万有引力的空间角能量半径半圆周长：$2\pi \times 20 \times (1193)^{12} \dfrac{\lambda_e}{2\pi} = 426.32$ 亿光年

$$(11.46)$$

万有引力的 20^2 空间角能量半径：$20 \times 20 \times 135.7$ 亿光年$= 5.428$ 万亿光年

$$(11.47)$$

由于天文学家没有发现可观测的宇宙中拥有核心区域，并且著名的宇宙大爆炸理论也认为宇宙是由 137.9 亿年前的一个爆炸形成的奇点，即宇宙的年龄为 137.9 亿年，其所跨越的时间周期恰恰等于光跨越万有引力的空间角能量半径的时间周期。故此，我们可以认为当今宇宙的核心中心半径也就是万有引力的空间角能量半径，大小为 135.7 亿光年。2020 年北京大学天文学团队实际观测到了当今最遥远的星系 GN－z11，年龄约 134 亿光年，即从 GN－z11 检测到的光大约是在 134 亿年前发出的。因为宇宙在膨胀，所以实际距离大约是 335 亿光年。这是 NASA 哈勃太空望远镜发现的最遥远的星系，也是目前已知的最遥远的天体。而大爆炸后的宇宙一直处于黑暗时代，直到 1.5 亿年后才形成第一代恒星。可见，最早的恒星年龄距离宇宙大爆炸约 135.5 亿年，其与万有引力的空间角能量半径的 135.7 亿光年完全吻合。

另外，公式（11.46）显示，万有引力的空间角能量半径形成的半圆周长约为 426.32 亿光年，这个距离与当今所观测到的宇宙尺寸大致相当。当今宇宙理论提出，以地球为中心的可观测的宇宙半径约为 465 亿光年。

现代宇宙理论比较流行的结论是宇宙直径约 11 万亿光年，这与万有引力的 20^2 空间角能量半径 5.428 万亿光年不谋而合！

总结《空间密码》的探索发现：从最微小的基本粒子、星系乃至宇宙的构成，都遵循着拥有旋转能量的角能量及角能量半径的 1193 结构规则，这一属性来源于宇宙万物都是由一种我们称为"空间基本单元"的基本物质构成的。

后　记

　　本书以空间密码的视角探索宇宙万物的奥秘，从最基本的空间物质单元、最微小的粒子，到宇宙星系的运转、神秘的 DNA 生命链的构造、形形色色的力的构成，最终获得了宇宙中 11 个神秘的空间密码。

　　空间密码 1：638327600。

　　638327600 个 2.725K 空间温度下的空间基本单元构成一个电子，实验数据是 638327600 ~ 638327591。由这个密码开始，我们揭开了宇宙的奥秘。标准封闭空间中拥有 638327600 个量子数。

　　空间密码 2：400。

　　638327600 由 400 个 1595819 素数聚合构成。空间基本单元构成电子、质子时有 400 因子。空间密码 400 为 20 的平方，直接指向能量在空间中的十个维度属性。400 是由极坐标下素数全景图结构体系形成的、独立的素数体系数量。

　　空间密码 3：1595819。

　　空间基本单元构成电子、质子时首次出现素数 1595819 因子。1595819 的精细素数结构展示了人类尚不可视的夸克的内部能量构成，并最终揭示出源于 1193 的超级循环结构。

　　空间密码 4：729。

　　729 个质子、中子康普顿波长分别构成质子、中子内的高能量电子。而且质子内部能量体系也是按照 729 周期运转的。强力的 729 个 137 基础循环周期因此构成弱核力。3 个相互垂直的封闭圆之间的 729 个相互作用周期构成完整的封闭空间。

　　空间密码 5：132。

　　质子内部能量分布在 3 个相互垂直封闭圆的内部能量量子数。

　　空间密码 6：137。

　　由密码 5（132）与密码 10（5）组合而成。强力的 137 次基础循环周期构成了电磁力。

　　空间密码 7：循环素数 1193。

　　循环素数 1193 是宇宙空间构成稳定能量体系的终极密码，并直接构成各种稳定粒子、各种力、各种生命，因此也称 1193 为宇宙万物的生命之数、生命密码。

　　空间密码 8：循环素数 2。

循环素数 2 是宇宙中 55 个循环素数的第一个，也是最基本的循环素数。2 构成宇宙空间每个维度上能量的 2 种状态，每个封闭圆空间中的左旋、右旋状态等。2 是万物运动的基础。

空间密码 9：循环素数 3。

循环素数 3 构成宇宙空间的 3 个相互垂直的封闭圆空间，并形成能量在这 3 个相互垂直封闭圆空间的 3 的 n 次方循环周期，并因此形成大尺度空间的 3 个维度及微小尺度下卷曲的六维空间。空间密码 729 也是基于 3 形成的。3 是万物成为有形态物体的基础。

空间密码 10：循环素数 5。

构成宇宙万物稳定能量体系的运转核心。任何物质的核心都要有量子数 5 存在。

空间密码 11：64。

由 3 个相互垂直的封闭圆构成的任何封闭空间，在几何构成上都会自然形成 64 种相互作用组合，如质子、原子、恒星等在结构上必然拥有 64 量子数。太阳系 64 阶能量环构成的奥尔特星云边缘是封闭空间中 64 种能量结构的体现。

本书的探索恰恰发现了 11 个空间密码，没有一个是多余的。空间密码中，2、3、5 是基础循环素数密码，并产生其他的高级空间密码。空间密码产生于空间基本单元的数学结构属性。在空间基本单元的无数种运动模式中，1193 循环素数的超级循环周期让宇宙空间中以光速运动的光波停顿下来，形成稳定的物质形态，因此各种运动模式都依靠这个超级循环周期稳定地存在于宇宙空间之中。1193 循环周期中的 132 + 5 基础循环周期形成电磁力，1193 的 729 次 132 + 5 循环周期形成弱力。1193 的 12 次方循环周期形成万有引力。因此宇宙中万物无论大小，所有稳定的体系均需要拥有 1193 超级循环。

宇宙中所有的稳定的物质都由超级循环 1193 主导并构成！

宇宙中所有的相互作用力都由超级循环 1193 主导并构成！

宇宙中所有的生命体都是依靠超级循环 1193 主导并构成！

超级循环 1193 是宇宙中的唯一的生长万物的生命密码！

无论历经多少年、多少星系，无论有多少民族、多少语言，空间密码都是永恒不变的宇宙真理！

姜放

2021 年 10 月 1 日于北京